可重复使用飞行器三维剖面制导方法

Three-dimensional Acceleration Profile Guidance Method for Reusable Vehicles

张远龙　谢　愈　著

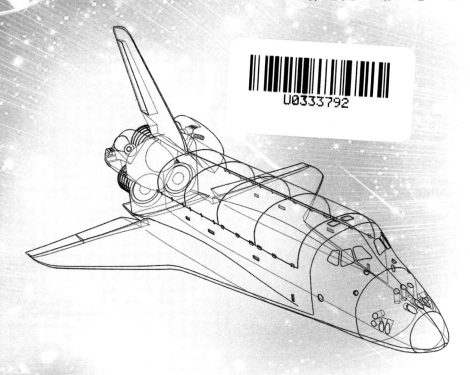

国防科技大学出版社

·长沙·

内容简介

受多种严苛过程约束的影响和强运动耦合关系的制约，传统方法在解决可重复使用飞行器目标点大范围变更、强约束复杂任务条件下的弹道生成问题时，存在由于机动能力未能充分释放而无法到达目标点的风险。针对这一问题，以充分发挥飞行器的横侧向机动能力为目标，本书开展了三维飞行走廊的建模及机动能力分析、面向复杂飞行任务的三维剖面规划方法、强约束复杂任务的三维剖面弹道优化设计方法以及基于三维剖面的跟踪制导方法等相关技术问题的探讨和研究。本书主要面向研究生、工程师等飞行器制导与控制领域专业人员。

图书在版编目（CIP）数据

可重复使用飞行器三维剖面制导方法/张远龙，谢愈著. —长沙：国防科技大学出版社，2023.10
ISBN 978 - 7 - 5673 - 0622 - 6

Ⅰ.①可… Ⅱ.①张… ②谢… Ⅲ.①飞行器 - 制导系统 ②飞行器 - 飞行力学 Ⅳ.①V47 ②V412.4

中国国家版本馆 CIP 数据核字（2023）第 166787 号

可重复使用飞行器三维剖面制导方法
Kechongfu Shiyong Feixingqi Sanwei Poumian Zhidao Fangfa
张远龙 谢 愈 著

责任编辑：熊立桃
责任校对：梁 慧
出版发行：国防科技大学出版社　　　　地　　址：长沙市开福区德雅路 109 号
邮政编码：410073　　　　　　　　　　电　　话：(0731) 87028022
印　　制：国防科技大学印刷厂　　　　开　　本：710 × 1000　1/16
印　　张：17.5　　　　　　　　　　　字　　数：324 千字
版　　次：2023 年 10 月第 1 版　　　　印　　次：2023 年 10 月第 1 次
书　　号：ISBN 978 - 7 - 5673 - 0622 - 6
定　　价：70.00 元

前言
PREFACE

可重复使用飞行器主要由助推火箭和滑翔飞行器两部分构成。助推火箭将飞行器整体助推到一定高度后分离，滑翔飞行器则利用其大升阻比气动外形在临近空间作远距离无动力高超声速滑翔飞行。早在1948年，我国著名科学家钱学森先生就提出了一种可以完成助推-滑翔式洲际机动飞行的高速运输系统，其飞行弹道被称为"钱学森弹道"。近年来，高超声速再入飞行技术突飞猛进，可以预计，随着高超声速飞行技术的不断发展和成熟，人类开发和利用临近空间的能力将进一步增强，低成本可重复的跨大气层飞行和天地往返即将成为现实，而实现全球洲际高超声速飞行也不再是遥不可及的梦想。在军事应用领域，可重复使用飞行器突破了传统弹道式导弹被动段惯性飞行模式，能在临近空间进行远距离大范围机动变轨飞行，其飞行速度快、机动能力强、飞行高度相对较低的特点，使得其难以被防御方探测、预报和拦截，成为远程快速精确打击的理想平台。随着航空航天技术的不断发展和军事需求的牵引，进入21世纪后，各国争相研发高超声速飞行器。美国已成功进行了一系列高超声速飞行器演示验证试验，而俄罗斯已将高超声速飞行技术成功应用于实战。

制导控制系统是飞行器的"大脑"，而弹道规划设计是飞行器总体设计、动力学特性分析和制导控制的基础，因此，弹道规划与制导技术是可重复使用飞行器的关键技术之一。可重复使用飞行器作为一类临近空间新型飞行器，其飞行环境、弹道特性、使用要求等与传统航空器或航天器均具有显著差异，因而其弹道规划与制导特点十分鲜明，难度也更高，具体体现在以下四个方面：一是复杂多约束性。由于可重复使用飞行器在高度为 $20 \sim 100$ km 的临近空间进行长时间高超声速滑翔飞行，在飞行过程中需要考虑各种复杂约束条件的影响。这些约束不仅包括过载、动压、气动热等一般飞行约束，也包括控制量约束和禁飞区、航路点等路径约束。二是强机动性。可重复使用飞行器具有大机动、强突防能力，但突防能力需要通过对弹道及制导律进行精心规划与设计才能有效发挥。三是强不确定性。飞行器在临近空间高超声速滑翔飞行，受到诸多不确定因素的影响，主要包括大气扰动、气动干扰、气动烧蚀导致的飞行器质量变化等。这些不确定因素是飞行器弹道规划和制导控制中必须加以考虑的，即要求可重复使用飞行器弹道设计及制导方法能够适应强不确定性要求。四是高动态性。可重复使用飞行器全程飞行在 $5Ma$ 以上，在滑翔飞行初段甚至达到 $20Ma$ 以上，整个飞行过程具有高动态的特点，这对弹道规划及制导算法效率提出了很高的要求。本书紧密围绕可重复使用飞行器上述四个主要特点，开展了三维飞行走廊的建模及机动能力分析、面向复杂飞行任务的三维剖面规划方法、强约束复杂任务的三维剖面弹道优化设计方法以及基于三维剖面的跟踪制导方法等相关技术问题的探讨和研究。

本书是作者攻读博士学位期间及参加科研工作后在可重复使用飞行器动力学与制导领域多年来研究成果的归纳与总结，主要面向从事相关领域研究工作的科研人员、工程技术人员及研究生。感谢课题组彭双春、范锦秀、程俊仁、李颖等同志在本书编写过程中提供的支持与帮助。感谢国家自然科学基金项目（项目编号：62173336、11902346、11502289）对本书的资助。

受工作经验和水平限制，书中不足和疏漏之处在所难免，恳请同行和读者提出宝贵意见。

作　者

2023 年 6 月

目　录
CONTENTS

第1章 绪 论

随着全球人口的扩张,地球资源正在不断衰竭,探索太空并寻找其他可替代地球的人类新栖息地成为航空航天领域的一个热点研究方向。[1]可重复使用飞行器(Reusable Launch Vehicle,RLV)正是在这样一个背景下诞生的,其一个重要的使命就是能够安全、可靠并尽可能廉价地将人或物资向空间站、月球或未来其他星球往返传送。一般而言,可重复使用飞行器主要包括以航天飞机为代表的第一代 RLV、以 X-33 为代表的第二代 RLV、空天飞机、天地往返飞行器等[2-3]。由于可依靠气动力在大气层内做长时间远距离滑翔飞行,这类飞行器的再入弹道灵活多变、机动性较强,可实现广域目标灵活可达和满足强约束复杂条件下的任务需求,因此受到诸多学者的喜爱。

再入段作为可重复使用飞行器整个飞行过程中飞行时间最长、任务最为复杂的阶段,其弹道规划与制导方法的性能直接影响整个飞行任务的完成情况。作为控制飞行器执行任务的"大脑",再入段弹道规划与制导方法的研究一直是一个充满乐趣而又富有挑战的工作,需要同时考虑再入过程的高动态、强耦合、非线性、多约束、高精度以及其他诸如航路点、禁飞区、航区安全等复杂任务需求。考虑到本书的重点是针对可重复使用飞行器再入段的弹道规划与制导方法进行研究,对于其他同样采用大升阻比、无动力滑翔再入的飞行器,如高超声速滑翔飞行器、通用航空飞行器(Common Aero Vehicle,CAV)等,本书阐述的方法也同样适用。因此,在后文介绍研究对象背景和仿真实验过程中,也将 CAV 等滑翔飞行器一并考虑进去。

1.1 研究背景

与传统采用惯性再入的弹道导弹不同,可重复使用飞行器再入时依靠气动力控制可进行长航时、远射程以及大横侧向机动飞行,具有飞行速度快、机动性能好、突防能力强、命中精度高等显著特点,在军事上和民用上都存在着巨大的战略应用价值[4-5]。从 1933 年德国科学家 Eugen Sänger 提出跳跃滑翔式构想的"银鸟"飞行器概念到美国航天飞机成功再入返回地球以及 HTV-2[6]演示机的验证飞行,滑翔式再入相关技术的研究和发展已近百年。在此期间,以航天飞机[7]、X-33、X-37 等飞行器为代表的 RLV 再入技术研究较为著名。由此演化和发展的标准剖面跟踪制导[8]和预测校正制导方法成为当前对 RLV 弹道规划与制导方法开展研究的依据和参照[9]。由于 RLV 再入时主要在临近空间飞行,受气动力、气动热等飞行环境的影响比较显著,同时受多约束、强耦合、快时变、强非线性及强不确定性等因素的影响也十分明显[10]。然而,由于飞行器在跨大范围空气层内高速运动产生的气动力以及气动热等相关科学问题的研究尚不成熟,因此上述因素对 RLV 运动机理的影响难以准确给出,导致制导控制系统的设计在理论上存在诸多难点[11]。

当前针对飞行器再入弹道规划与制导方法的研究,美国取得的成就较为突出,已经验证和正在实施的飞行器包括航天飞机、X-33、X-37B、HTV-2、AHW 等[12]。其中,AHW 的成功试射,有效验证了可重复使用飞行器的再入弹道规划与制导技术在大升阻比高超声速武器上应用的可能性[13]。2010 年 4 月美国国防高级研究计划局(Defense Advanced Research Projects Agency,DARPA)在范登堡空军基地开展了 HTV-2A 的首次飞行试验,其基本飞行方案如图 1.1 所示。遗憾的是在试验开始 9 min 后,地面与飞行器的通信中断,HTV-2A 解体后坠入太平洋。经专家分析,试验失败的主要原因是需要的滚动角速度超过了飞行器副翼的操纵极限,控制系统无法继续正常控制飞行器沿既定轨迹准确飞行。专家们指出,滚动角速度不断增加的主要原因在于飞行器的设计攻角过大,过大的攻角容易产生过大的偏航,从而耦合到横滚通道致使滚动角速度不断增大。后来,DARPA 基于 HTV-2A 的飞行试验结果调整了 HTV-2B 的重心以减小设计攻角,并通过反作用控制系统来提高飞行器的横侧向控制能力。然而在 2011 年 8 月 11 日的第二次飞行试验中,飞行器在初始下降末段未能拉起,试验再次以失败告终。DARPA 认为此次试验失败的原因是 HTV-2B 在初始下降段过高的飞行速度与复杂环境相互作用使得飞行器的表面出现了裂缝。这些裂缝使得飞行器周围出现脉冲激波,进而引起飞行器快速滚转,造成控制系统失稳[9,14]。从美国 HTV-2 的两次飞行试验失败可以看出:飞行器在受到大扰动时,制导控制系统设计的好坏直接决定飞行任务的成败,其中作为控制输入的攻角和倾侧角设计对于整个再入飞行控制过程尤为关键,过大或过小的攻角在一定飞行条件下都有可能产生致命的缺陷。

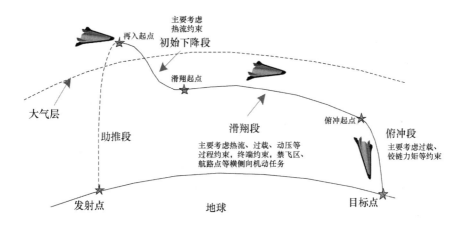

图 1.1　滑翔飞行器典型飞行弹道示意图

综上,制导控制系统给出的攻角和倾侧角指令在很大程度上直接决定了飞行任务的成败。因此,如何在飞行器总体方案给定的情况下,通过改进弹道规划与制导方法实现根据飞行任务自适应调整需要的攻角和倾侧角指令,同时最大可能发挥飞行器固有机动能力来最小化系统存在的风险成为解决上述问题的迫切需求,而这也是本书撰写的初衷。在开始阐述本书的主要工作前,首先回顾 RLV 的起源,进而引出近年来国内外 RLV 和高超声速滑翔飞行器的发展现状以及相关弹道规划与制导方法的研究进展。

1.1.1　RLV 的起源

关于 RLV 的研究最早可追溯到 20 世纪 30 年代德国火箭科学家 Eugen Sänger 提出的可重复使用火箭飞机的概念。在 Eugen Sänger 的设想中,该飞行器能够载人进入近地轨道,然后通过无动力再入滑翔的方式返回地球。这一设想对后来可重复使用飞行器的设计和研究产生了深远影响,极大推动了相关领域的研究进展。

1.1.2　RLV 的发展现状

目前,关于 RLV 的研究以美国取得的成果较为突出。根据研究的进展和飞行器的主要功能特性,一般将 RLV 分为两代。同时,在 RLV 的研制基础上,以 1 h 全球快速可达为目标,美国又相继推出了一系列高超声速滑翔飞行器的相关项目。

1. 第一代 RLV 项目

一般将航天飞机认为是第一代 RLV 的典型代表。早在 20 世纪 50 年代左右,美国就开始研究和发展可重复使用空间飞行器,并于 60 年代左右进行了相关的设计和测试。但是,大约在 1969 年时美国国家航空航天局(National Aeronautics and Space Administration,NASA)才开始提出航天飞机的概念,并于 1972 年获得时任总统尼克松批准进行研发。1981 年 4 月 12 日,人类第一架真正意义上的航天飞机"哥伦比亚"号在历时 9 年研制之后,从美国佛罗里达州的肯尼迪航天中心发射升空,在环绕地球飞行 36 周后顺利返回着落。航天飞机的成功再入返回,标志着人类的航天事业开启了新的篇章。

航天飞机的主要参数如表 1.1 所示[15]。作为一个重要的载人航天运载系统,航天飞机通过助推火箭(见图 1.2)垂直发射升空后再进行水平着陆,单次最大有效载荷可达 30 t,在轨运行时间少则 1 星期,多则 1 个月左右。再入返回时,航天飞机的最大纵程一般可达 8 000 km,侧向横程最大则只有 1 000 km,相对较少。美国自 1981 年成功发射第一架"哥伦比亚"号航天飞机后,还陆续发射了"挑战者"号、"发现"号、"亚特兰蒂斯"号和"奋进"号等航天飞机,前后总共将 850 余人次航天员成功送入太空,累计执行航天任务 130 多次。2011 年 7 月 8 日,"亚特兰蒂斯"号航天飞机成功从佛罗里达肯尼迪航天中心升空,开始谢幕之旅。在历时 13 日的飞行后,于 7 月 21 日顺利返回肯尼迪发射中心,完美结束旅程。至此,航天飞机的时代被宣告结束。

表 1.1 航天飞机的主要参数

总体参数	助推器	主发动机
全长:56.14 m	数量:2 台	数量:3 台
轨道器长:37.24 m	推进剂:PBAN	推进剂:液氧/液氢
轨道器翼展:23.79 m	质量:503.487 t/台	推进剂质量:730.158 t
起飞质量:约 2 040 t	真空推力:11 520 kN/台	真空推力:2 091 kN/台
低轨运载能力:24.95 t	真空比冲:2 632 N·s/kg	真空比冲:4 439 N·s/kg
货舱尺寸:18.3 m×4.57 m	燃烧时间:124 s	最大燃烧时间:761 s

燃料箱

助推器

主发动机

轨道器

图 1.2　美国"哥伦比亚"号航天飞机结构

2. 第二代 RLV 项目

第二代 RLV 项目是在第一代 RLV 发射和维护费用过高、可靠性低于预期值的情况下提出的,其目的在于降低发射成本,提高飞行安全性、可靠性和可重复性,典型代表有洛克希德·马丁公司研制的 X－33、轨道科学公司研制的 X－34 和波音公司研制的 X－37 等(见图 1.3)。X－33 试验飞行器主要用于验证单级入轨模式设想的可行性和进行一些可重复使用技术的测试,目前 NASA 已停止该项目的研发[16]。X－34 属于技术验证机,主要用于小型可重复使用运载器的关键技术演示和验证[17]。X－37 系列飞行器共分为 X－37A、X－37B 和 X－37C 三种[18],本书的研究中主要是指 X－37B(又称为轨道试验飞行器)。X－37B 是 X－37A 的变种,属于迷你型太空飞船,是早期设计的 X－40A 的放大版[19]。X－37B 由"宇宙神"(Atlas V)发射入轨,机体全长 8.9 m,翼展约 4.5 m,总重达 4 990 kg[20]。迄今为止,X－37B 共进行了 6 次成功在轨飞行。最近一次着陆时间是 2022 年 11 月 12 日,总共历时 908 天,是 6 次飞行中耗时最长的。

(a) X-33

(b) X-37

图 1.3 第二代 RLV 典型代表

3. 高超声速滑翔飞行器

高超声速滑翔飞行器[2]一般是指飞行超过 $5Ma$、具有乘波体构型的面对称型飞行器,主要包括分别以航天飞机和 X-33 为代表的部分第一代 RLV、第二代 RLV、CAV 和高超声速技术验证飞行器(Hypersonic Technology Vehicle,HTV)等。严格意义上言,高超声速滑翔飞行器不能归属于 RLV,但是高超声速滑翔飞行器的许多重要关键技术,尤其是大气层内再入返回技术与 RLV 基本共用,且当前许多高超声速滑翔飞行器的项目研究大多是从 RLV 上演变和继承而来。考虑到本书重点针对再入段飞行过程进行分析,因此在阐述飞行器相关进展时也将其一并纳入。

根据释放方式的不同,可将高超声速滑翔飞行器分为助推-滑翔式和天基平台再入式两种[21]。助推-滑翔式是指依靠助推火箭从地面发射到一定高度后再依靠气动力滑翔进入大气层空间飞行,而天基平台再入式则是依靠天基平台直接释放进入大气层,依靠气动力进行再入控制飞行[22-23]。与传统依靠惯性力再入的弹道不同,高超声速滑翔飞行器依靠气动力控制实现了长时间、长航程、大侧向机动飞行(见图 1.4),具有飞行速度快、机动突防能力强、打击精度高及目标覆盖区域范围广等显著特点,正逐渐成为各国航空航天领域研究的一个主要发展方向。

高超声速滑翔飞行器的起源最早可以追溯到 20 世纪 30 年代,由德国科学家 Eugen Sänger 率先提出的"银鸟"[24]飞行器构想。这是一种带翼的飞行器,初步设定以 $10Ma$ 进行高超声速滑翔。但由于研究耗时过长,当时的德国希特勒

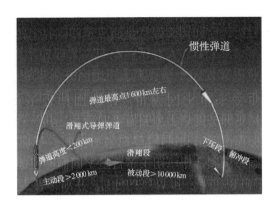

图1.4 滑翔式导弹弹道与传统弹道式弹道的比较

政府并没有及时采用这一方案。二战结束后,苏联和美国吸收了 Sänger 等的研究成果。在 Sänger "银鸟" 飞行器的研究设想上,美国先后提出了 BOMI 计划[25]、Dyna-Soar 计划[26],并在 1981 年 4 月实现了第一架航天飞机 "哥伦比亚"号的首飞。航天飞机的成功飞行,为美国航天航空事业的发展积累了大量宝贵经验。但由于航天飞机造价过高且可靠性远远低于人们的期望值,航天飞机项目的终止就只剩下时间问题。为此,美国自 20 世纪 90 年代后就开始提出以 "高效操作、安全、廉价" 为目标的第二代 RLV 研究计划,同时在 2003 年提出了 FALCON 计划。这两个计划的重点都是发展美国的空天飞行器。在这两个计划的牵引下,先后出现了诸如 X-33、X-37、CAV、HTV-2 等具有代表性的高超声速飞行器。苏联/俄罗斯在高超声速飞行器上的研究相对要缓慢些。苏联基于德国的大量飞行试验数据,研制出了自己的滑翔飞行器米格-105[27]的原型机,为后来开展的 "暴风雪" 号航天飞机的研发奠定了重要基础。虽然后来由于种种原因 "暴风雪" 号航天飞机最终没有得到成功运行,但其为苏联/俄罗斯高超声速滑翔飞行器的发展做出了不可磨灭的贡献。据报道,自 20 世纪 80 年代末开始启动高超声速滑翔机动飞行器的研制与试验研究以来,苏联/俄罗斯相继开展了 "快船" 号新一代可重复使用载人航天飞行器、"鹰-31" 高超声速飞行器、"针" 型滑翔机动弹头等项目的研究。相关技术研究成果已应用于战略武器系统,可以突破大部分导弹防御系统的拦截。相较于美俄两个大国,其他国家对于高超声速滑翔飞行器的研究相对较为滞后。欧空局和日本等主要集中在研究可重复使用的天地往返运载器方面,法国、印度、以色列等则主要集中研究 6Ma 左右的高超声速巡航飞行器关键技术[21,28]。

(1) 美国研究现状

美国是最早开始研究高超声速飞行器的国家之一。自二战后,美国吸收了德国大量飞行器设计专业的优秀人才,围绕高超声速飞行器相关技术相继推出了一系列项目。2010 年 4 月和 2011 年 8 月,美国先后两次试射由洛克希德·马丁公司研制的 HTV – 2 验证机。由于研究经费吃紧和准备不够充分等原因,两次 HTV – 2 的飞行试验都失败了[29]。尽管如此,HTV – 2 的两次试射积累了丰硕的试验数据,为后续高超声速滑翔飞行器研究项目的开展提供了重要参考。

2011 年 11 月 17 日,AHW 成功进行了第一次试射[13],完成了从夏威夷的太平洋靶场到里根测试阵地的既定飞行任务,获取了丰富的大气层内助推滑翔飞行试验数据。通过这次成功试射,验证了飞行器的导航、制导与控制系统以及气动性能、热防护性能等关键技术。然而,在 2014 年 8 月 25 日进行的第二次试射则由于发射台故障,飞行器在起飞 4 s 后坠毁[30]。

2017 年 10 月底,美海军 IRCPS 项目办公室牵头,联合美国能源部、陆军等单位成功完成了代号为"FE – 1"的首次潜射型高超声速助推滑翔飞行器的技术验证飞行试验。本次飞行试验采用的助推器与 AHW 第一次成功试飞时完全相同,但是为了适应潜射要求,试飞的飞行器虽然仍采用与 AHW 相同的双锥体气动布局,但是尺寸有所减小。[31]

综上,美国滑翔飞行器的研究涉及陆基、海基以及空基等多种发射平台,涵盖战略和战术两个层面的武器,已初步形成了全球快速打击武器体系。

(2) 俄罗斯研究现状

苏联/俄罗斯从 20 世纪 70 年代开始就积极开展了高超声速导弹的研制工作,例如"机械制造科学生产联合体"(NPOMash)研制的"陨石"导弹。2007 年俄军方联合 NPOMash 重启了之前的滑翔飞行器项目并进行了关键技术的改造和升级。据有关报道称,重启后的项目代号为"4202",新研制的滑翔飞行器仍采用 SS – 19 洲际弹道导弹进行助推,滑翔高度为 250 ~ 300 km,最高飞行马赫数有可能超过 20,可从陆地或海上平台进行发射,代号为 Yu – 71[32-33]。从公开报道中推测,俄罗斯在 2011—2016 年间至少已经进行了 6 次高超声速飞行器试验[34]。

2018 年 3 月,俄罗斯总统普京首次公开披露了其在研的高超声速滑翔导弹——"先锋"(Avangard)[35]。据称,Avangard 源于"4202"项目的研究成果,弹头编号为 15Yu71,其长度约达 5.4 m,高于美国之前试验的 HTV – 2(3.6 m),可携带 $1.5 \times 10^5 \sim 1.0 \times 10^6$ t TNT 当量的核战斗部或者常规战斗部。在此次俄罗斯官方公布的 Avangard 导弹飞行视频动画中(见图 1.5),其可以实时接收外部卫星信息并进行飞行路径的重规划,有效避开了禁飞区和敌方防御系统,具有较强的机动性能。

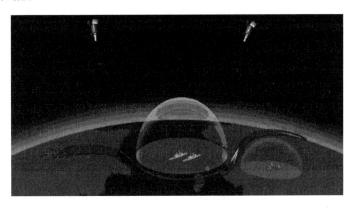

图 1.5 俄罗斯官方公布的"先锋"飞行轨迹视频截图

(3)其他国家研究现状

"高超声速国际飞行研究试验"是由美国和澳大利亚通过合作开展的低成本高超声速飞行试验项目[36],旨在研究下一代高超声速系统技术领域的动力、气动、材料、导航制导与控制等基础关键技术。印度早在 2008 年时就开始提出发展"可重复使用航天运载飞行器技术验证机"(RLV-TD)的研究计划[37],并借力俄罗斯大力发展高超声速巡航导弹的研发。2017 年 8 月,日本防卫装备厅批准了针对高超声速飞行的气动、热流等基础技术研究。此外,巴西空军已经完成了超燃冲压发动机 14-X 原型机的首次测试等。[38]

1.1.3 国内当前研究进展

我国关于可重复使用飞行器的研究相对较晚,但也在密切关注世界的发展动向。最早可追溯到 1948 年,著名导弹专家、我国"航天之父"钱学森提出并设计了助推滑翔式再入弹道——钱学森弹道。20 世纪 80 年代,在仔细研究国外航天飞机关键技术的过程中,我国专家曾提出"长城一号"和"天骄号"的航天飞机设计方案[39-40]。据报道,我国已开展了高超音速飞行器和可重复使用飞行器的相关研究试验。2002 年,以"高超声速技术持续发展战略"为主题的香山学术讨论会于北京召开,开启了我国对高超声速技术研究的新阶段。2017 年 3 月,在由美国航空航天学会主办的第 21 届国际航天飞机和高超声速系统与技术大会上,我国首次公布了大量关于高超声速飞行器技术领域的研究成果[41]。总体而言,我国距离实现可重复使用飞行器真正走向应用还有很长的路要走。

1.2　RLV 再入弹道规划与制导方法综述

　　RLV 的再入弹道规划与制导方法一直以来都是学者们研究的重点和难点,既要满足高速飞行过程中的强耦合、快时变以及强非线性的运动约束关系,同时还必须限制飞行过程中的最大动压、最大过载以及峰值驻点热流,以免产生过大力矩或高温破坏结构,损毁飞行器。复杂一些的飞行任务,还需要考虑航路点、禁飞区约束等。通常,RLV 有两种再入方式:从天基平台释放后再入和从地面通过助推器发射到一定高度后再入。以助推 – 滑翔式飞行器为例,飞行器从发射到命中目标点依次经历了助推段、再入段以及俯冲段三个不同的飞行阶段[9,14],其中,再入段又可细分为变轨段(或初始下降段)和滑翔段(见图 1.1)。本书主要基于滑翔段的运动特性开展弹道规划与制导方法研究,因为滑翔段是飞行器整个再入过程中飞行距离最长、弹道形式最为灵活、面临的约束最为复杂的飞行阶段,是最能体现 RLV 特征的飞行阶段。因此,RLV 再入弹道规划与制导方法的研究过程既充满挑战同时又富有无限乐趣,其方法的好坏成了 RLV 能否顺利完成整个飞行任务的关键。下面,将分别从当前相关技术的研究现状、热难点问题以及未来可能的发展趋势展开分析。

1.2.1　当前研究的现状分析

　　一般来说,再入段弹道规划与制导方法主要有两种:基于标准剖面规划的跟踪制导方法和预测校正制导方法。基于标准剖面规划的跟踪制导方法是指通过将再入段的主要过程约束转化为相应的再入走廊约束边界,然后利用再入走廊规划满足任务要求的参考剖面获得需要的标准轨迹;通过合理设计标准剖面或标准轨迹跟踪控制器,确保实际飞行状态可以准确跟踪期望弹道完成既定任务。为了提高制导精度,当实际弹道与标准弹道偏差过大时还应考虑标准剖面或轨迹的更新。因为标准剖面可以看作广义的标准轨迹,所以有时也称这种方法为基于标准轨迹的跟踪制导方法。预测校正制导方法是指基于当前飞行状态,利用数值积分或解析表达式预测出给定控制变量下的终端状态;通过计算预测终端状态与设定终端状态值的偏差调整控制变量,从而实现对飞行轨迹的准确控制。下面分别对这两种方法的发展现状进行分析。

1. 基于标准剖面规划的跟踪制导方法

基于标准剖面规划的跟踪制导方法是目前可重复使用飞行器弹道规划与制导领域应用最为广泛的一种方法,而其中又以基于标准阻力加速度剖面的跟踪制导方法最为著名。自从 20 世纪 70 年代在航天飞机上成功实现以来,基于标准阻力加速度剖面的跟踪制导方法一直受到学者的追捧和喜爱,已经发展成为再入飞行器制导方法的标杆。其核心思想主要包括以下几个部分[15,42]:

1)再入飞行走廊模型的建立:在参考攻角剖面给定的基础上,将再入飞行过程中的峰值驻点热流密度、最大动压以及最大过载等典型过程约束转换成关于阻力加速度 – 速度($D - V$)的函数,确定再入走廊的上边界。同时,以再入段飞行器保持准平衡滑翔飞行特性作为软约束,建立再入走廊的下边界。通过建立再入走廊约束边界,确定了飞行器可行弹道规划的边界,为标准剖面规划提供了依据。

2)标准阻力加速度剖面规划:在建立的再入约束走廊内,选择合适的函数设计参考飞行剖面。通过分析飞行器再入过程运动特性,经典航天飞机再入制导方法将标准剖面分成了五个部分,即温控段、过渡段、准平衡滑翔飞行段、过渡段以及线性能量变化段。温控段标准剖面设计的重点是控制飞行器初始再入时驻点热流,准平衡滑翔飞行段的设计目的在于尽可能使飞行器进行长时间滑翔,而线性能量变化段则是考虑飞行器在末段由于速度倾角过大产生的航程预测损失严重,因此将 $D - V$ 飞行剖面改为 $D - E$ 剖面形式,提高航程控制精度的同时平滑高度变化。当选定标准剖面形式后,根据阻力加速度与航程的对应关系,迭代确定满足航程约束的参考剖面。

3)侧向航程控制技术:为了确保满足终端位置精度要求,除利用标准飞行剖面控制总航程外,还应控制飞行器的横程或航向,因此设计了漏斗形的方位角误差走廊决定侧向倾侧翻转时机和符号。当飞行器的航向角与视线方位角差始终保持在设计的误差走廊内时,飞行器的航向渐进收敛到视线方向,从而通过调整漏斗形状实现满意的横程控制精度。

4)跟踪器设计及标准剖面更新技术:实际飞行与设计的标准情况之间总存在偏差,如飞行器本体在安装、制造过程中不可避免引入的系统偏差,加表和陀螺仪测量过程中产生的工具误差,以及实际大气、地球模型等无法精确测量和准确获取而产生的模型误差等。这些偏差的存在势必造成实际弹道与标准弹道发生偏离。为了确保飞行器能沿既定标准弹道完成飞行任务,通过求解关于阻力加速度的运动方程,建立阻力加速度二阶导数与控制量倾侧角的对应关系;然后利用反馈线性化等方法设计比例－微分（PD）形式的控制器求解跟踪参考阻力加速度及其一阶变化率所需的控制量大小，实现对参考飞行剖面或者标准轨迹的跟踪。同时，为了进一步消除实际弹道与参考弹道的偏差，每隔一段时间进行标准剖面的更新，提高终端位置的控制精度[43-44]。

虽然利用现有航天飞机再入制导方法已经可以较好地完成再入飞行任务，但是仍存在很大的改进空间，主要集中在标准剖面规划、侧向运动控制、轨迹跟踪控制器设计等方面。因为飞行器在滑翔段一直保持无动力飞行，飞行器的机械能必然单调递减。此外，由于能量同时包含了速度和高度信息，因此直接规划$D-E$剖面比传统$D-V$飞行剖面在控制高度、速度上更具有优势[45]。有的学者甚至利用能量同时包含高度和速度的特性，将原6个微分方程降维到关于能量的5个方程，从而提高了参考轨迹生成和剖面规划的效率。为了进一步改进参考剖面的生成效率和适应性，Lu[46]通过参数化方法将标准$D-V$剖面分为多个线性小段，并建立以最小吸热量为性能指标的优化函数进行快速优化计算；而Leavitt[47]则充分利用再入走廊边界，以再入走廊的最大最小边界的加权值作为参考剖面，通过调整权重系数即可快速产生参考剖面，从而极大降低了标准剖面生成的计算量消耗。飞行器在接近滑翔目标点时视线角迅速接近$180°$，而航向角的变化势必难以赶上视线角，从而造成传统航向误差走廊的控制失灵。因此，有的学者提出了一种基于横程误差走廊的侧向控制方式[48]。但有的学者则认为采用误差走廊的控制方式会产生太多倾侧翻转且次数不可控，故设计了一种通过迭代终端横程精度确定翻转时机的侧向控制方法。这种方法仅需一次翻转就可以到达目标点，有时为了确保终端控制精度，可在末段靠近目标点某一位置增加一次翻转[49]。在剖面跟踪制导方法上，Mease通过非线性反馈控制律设计了新的跟踪控制器，发现传统航天飞机再入跟踪制导方法是这种方法的局部实现[50]。Lu[51]则是借助滚动时域控制，重新设计了一种有效的非线性跟踪控制器。由于火星大气密度仅为地球的1/100左右，当飞行器进行火星再入时受到的不确定性干扰更为严重，对再入制导方法的要求也更高。为此，Talole[52]利用干扰观测器对不确定性影响进行估计和补偿，提高了制导系统的鲁棒性和适应性。相对来说，自抗扰控制技术除了对误差的估计和补偿外，还对参考输入进行了平滑，并且采用的是非线性组合方式获得控制律。因此，Xia[48]在传统$D-E$剖面跟踪制导的基础上融合了自抗扰控制技术，设计了一种鲁棒性更强的跟踪控制器。

值得一提的是，在对标准剖面跟踪制导方法进行改进的过程中，Mease等提出的演化的加速度制导（Evolved Acceleration Guidance Logic for Entry,

EAGLE)[53]方法表现较为突出。针对传统阻力加速度剖面由于未考虑轨迹曲率而采用大圆弧假设引起的航程计算误差问题,EAGLE将剖面规划转换为轨迹长度和轨迹曲率两个子问题进行求解。首先根据大圆弧假设得到的总射程解算初始阻力加速度剖面,并由此计算考虑轨迹曲率影响后的实际射程,然后调整阻力加速度剖面直至满足轨迹长度要求。同时,将侧向倾侧翻转时机在求解轨迹曲率子问题时作为待定参数,通过迭代搜索使其满足终端横程和航向约束要求[54]。在参考剖面跟踪上,将轨迹曲率子问题得到的航向角剖面和规划的阻力加速度剖面一起作为需要跟踪的参考剖面,通过分别设计PD控制器跟踪参考阻力加速度剖面和航向角剖面获得倾侧角大小,再将两者的加权值作为实际控制的倾侧角。显然,采用EAGLE算法获得的弹道有效提高了终端横程控制精度,美国马歇尔航天中心仿真系统MAVERIC的仿真结果也证明了这一点[55]。进一步,Xie等[56]将这一剖面规划方法拓展到考虑航路点和禁飞区规划的复杂飞行任务中。

事实上,传统航天飞机再入制导方法,尤其是标准剖面规划方法行之有效的一个重要前提是给定事先优化的参考攻角剖面,从而飞行器的控制量仅有倾侧角。之所以要将攻角剖面事先给定:一方面是飞行器再入时,尤其是在初始下降段产生的气动热十分严重,为了控制热流,确保再入时飞行器不被烧毁,必须要将攻角限制在一个合理的范围;另一方面,当同时调整攻角和倾侧角控制飞行轨迹时,由于纵、侧向运动耦合较为严重,暂时难以找到稳定收敛的双通道轨迹控制方法。因此,为了确保飞行器安全和降低弹道设计的难度,在标准剖面设计之前都先通过优化确定参考攻角剖面。这种策略在早期再入飞行器仅需实现从起点到目标点间简单的飞行任务下是可行且得到广泛认可的。但是,随着科技的进步和人们对再入问题认识的深入,人们对高超声速滑翔飞行器完成任务的复杂程度也赋予了更多的期望,尤其是在充分发挥其横侧向机动飞行能力上提出了更多的要求。所以,采用固定攻角剖面的传统标准剖面规划与制导方法限制了飞行器机动能力的发挥,已成为制约飞行器弹道规划与制导技术进一步发展的一个障碍[57]。早在1999年时,Mease[58]就曾将传统航天飞机的标准剖面规划方法拓展到三维空间并应用到RLV的再入返回试验中。由于拓展到三维空间,考虑侧向运动的再入走廊将会比传统走廊的形式更复杂也更难计算;同时,攻角得到释放后的标准剖面设计也更加复杂[57]。虽然Mease将剖面设计转换为再入走廊内的最优化求解问题[59],但复杂的计算量仍是这一方法得到应用的重要瓶颈。后来Zhang在Mease等的基础上,提出了一种分层策略的三维剖面规划方法[60]。通过分别求解纵、侧向的约束走廊,按照先确定纵向剖面后求解侧向剖面的顺序生成初始三维剖面。将获得的纵、侧向剖面利用侧向降阶运动模型进行反复迭代,直到满足终端纵横程要求。由于规划的剖面已进行参数化,仅需迭代几个关键参数就可以获得满足需求的三维剖面,从而大大降低了计算量。随后,He[61]基于确定的纵、侧向飞行走廊,将基于分层策略的三维剖面规划方法应用到覆盖区域的计算中。从可供查阅的文献来看,目前关于三维剖面弹道规划与制导方法的研究还较少,仍有待进一步深入研究。

除了基于阻力加速度剖面的跟踪制导方法外,基于高度－速度($H-V$)或高度－能量($H-E$)剖面的跟踪制导方法也是标准剖面跟踪制导方法的典型代表。与基于$D-V$的跟踪制导方法类似,基于$H-V$的跟踪制导方法同样需要先将过程约束转换为关于$H-V$的飞行走廊,然后再在走廊内规划满足任务要求的标准剖面生成需要的参考弹道,通过纵向跟踪参考剖面和侧向方位误差走廊同时完成整个飞行轨迹的控制任务。由于攻角剖面事先给定,因此$D-V$剖面或$D-E$剖面可以和$H-V$剖面或$H-E$剖面相互进行转换。事实上,为了获得设计剖面与航程的对应关系,规划好标准$H-V$剖面后仍需要先求出对应的$D-V$剖面以确定总的飞行航程。但是对于对高度变化比较敏感的飞行器来说,基于$H-V$剖面的跟踪制导比基于$D-V$剖面的跟踪制导效果更好。而且,在$H-V$空间内易于得到闭环弹道解析解,从而使得采用$H-V$剖面的跟踪制导方法求解效率更高[62]。

2. 预测校正制导方法

与基于标准剖面规划的跟踪制导方法不同,预测校正制导方法[63-64]不需要依赖标准剖面或轨迹,直接基于当前状态不断预测轨迹或终端状态而对控制量进行修正,从而完成轨迹控制任务。因此该方法的核心思想主要包括两部分:如何基于当前状态实现轨迹或终端状态预测和根据预测弹道修正控制量。根据弹道预测所采用的方法,预测校正制导分为解析预测校正制导和数值预测校正制导两种。

(1)解析预测校正制导方法

从20世纪80年代开始,解析预测校正制导方法就已经在火星探测项目中得到了广泛应用,比如Bryant[65]和Masciarelli[66]分别将基于参考阻力加速度－高度建立的解析预测校正制导律应用于火星再入问题的精确着陆和返回轨道设计。为了增强算法的适应能力和鲁棒性,后来Hanak[67]在他们的基础上又进行了改进。解析预测校正的关键在于预测模型的建立,因此一旦预测模型不同,即使是同一个问题也会产生不同结果。比如同样是火星精确着陆问题,

Lafontaine[68]基于常值飞行路径角和不旋转火星模型进行弹道预测,而Levesque[69]则是在不旋转火星模型下,通过建立飞行路径角与大气密度的比例关系实现轨迹预测。在建立预测校正制导模型时,都不同程度地对原问题模型做了简化和假设,如Tigges[70]在火星漫步者返回弹道任务设计中使用的高度变化率为常值假设和Lafontaine采用的不旋转火星、常值路径角等。对于高超声速滑翔飞行器,Xu[71]给出了一种基于准平衡滑翔条件的解析预测校正制导方法,后来Zhu[72]则在其基础上,将准平衡滑翔制导与最优控制结合,提出了一种基于能量损耗最优的准平衡滑翔制导方法。

(2) 数值预测校正制导方法

数值预测校正制导是在电子计算机计算能力不断跃升下的一个重要产物。与解析预测校正制导相比,数值预测校正制导精度和准度更高,但耗费的计算效能也将成倍增加。由于目前计算机的计算能力和优化算法都已经得到了巨大提升,数值预测校正制导越来越受到学者的青睐,比如之前Powell[73]将数值预测校正制导方法分别应用于救生舱返回制导面临的不确定性问题和火星探测器的轨道设计所产生的大量计算问题,如今都可以利用高性能计算机快速求解。Youssef[74]、Fuhry[75]、Lu[76]等一大批学者已经将数值预测校正制导方法应用于可重复使用飞行器弹道规划与制导、航天器轨道设计,甚至有的学者还结合神经网络[77-78]、模糊控制[79]、单纯形算法[80]等方法开展了弹道预测的研究。

1.2.2 当前研究的热点与难点

从早期的Apollo再入制导开始算起,再入弹道规划与制导方法发展到现在已经历了几十年。从最初的慢慢探索到形成以航天飞机再入制导方法为标杆,再到如今基于标准剖面规划的跟踪制导和预测校正制导方法齐放以及针对大升阻比滑翔飞行器运动特性而渐渐发展的准平衡滑翔制导方法,人们对再入弹道规划与制导问题的认识在不断深入,研究的热点和难点也在不断发展和变化。目前,关于再入弹道规划与制导方法的研究热点与难点主要有以下几个方面。

1. 多约束复杂任务条件下弹道规划与制导技术

由于地缘政治、军事斗争和防御等实际问题的存在,RLV在进行长时间远距离飞行时需要避开一些特定的禁飞区,通过某个特定的测控区域(或航路点)进行辅助导航定位或执行特定飞行任务。因此,再入弹道规划与制导方法的研究除了需要考虑常规的驻点热流、动压以及过载等约束条件外,还应满足航路点和禁飞区等复杂任务的需求。针对禁飞区约束问题,Jorris[81-82]从最优控制角度出发进行求解,而 Xie[56]、赵江[83]、王青[84]、Zhang[85]、Guo[86] 等采取的基本思路则是纵向采用规划标准阻力加速度剖面满足总航程要求,同时将传统固定侧向航向角误差走廊改进为考虑航路点和禁飞区约束的动态侧向方位误差走廊,有效提高了基于标准阻力加速度剖面的弹道规划与制导方法的适应性和可靠性。可见,在传统定攻角剖面框架下,通过规划纵向弹道满足总航程需求而调整侧向倾侧翻转时机实现多约束复杂条件下弹道规划与制导方法的研究工作已经开展得很多了,而将攻角剖面约束解除后的多约束复杂条件下标准剖面跟踪或预测校正制导则才刚开始进行研究。比如,He[87] 给出了一种基于三维加速度剖面实现禁飞区规避的弹道规划方法,但是其仅对飞行器不需要进行倾侧翻转情况下的弹道规划进行了研究。此外,Zhu[72] 基于准平衡滑翔最优制导,在确保纵向满足能量最优的前提下,采用侧向航向角沿视线方向飞行的策略实现禁飞区规避。但是这种策略需要飞行器在经过禁飞区参考点后立即转向下一个目标点飞行,控制量切换瞬间容易出现跳变,而且存在切换后触碰禁飞区的风险。

实际飞行环境下的地理约束可能会更复杂。除传统方法研究时大多采用的禁飞圆形式禁飞区外,Liang[88] 还给出了一种基于植物触手思想的弹道规划方法,研究了针对多种复杂构型下的禁飞区规避问题。但这种方法需要依赖大量数值仿真,计算量较大。可见,在变攻角和倾侧角控制下的强飞行机动能力和更加复杂情况下的禁飞区约束弹道规划与制导方法上还存在很多的技术问题需要解决,仍是当下继续深入研究多约束复杂条件下弹道规划与制导方法的一个重要发力点。

2. 弹道快速优化及在线生成技术

弹道快速优化及在线生成技术一直以来都是学者研究的热点[89],如 2003 年 Lu 和 Shen 就声称可以在桌面级电脑上实现 2 ~ 3 s 产生一条 25 min 左右的再入飞行弹道[90]。但是这种方法产生的弹道并没有考虑航路点和禁飞区约束的影响,而且对于飞行超过 $20Ma$ 的 RLV 而言,2 ~ 3 s 将产生很大的位置偏差。当然,随着计算机速度的飞速提升,2003 年需要 2 ~ 3 s 才完成一次弹道生成的方法如今已经被大大缩减到毫秒甚至微秒级。但是,复杂约束条件下弹道快速优化甚至在线生成的困难依然存在。随着数值优化算法的迅速发展,一大批先进的优化算法正在或已经被用于解决复杂约束条件下的再入弹道快速生成。其中,以基于伪谱法[91] 的弹道优化设计方法较多。比如,Yu[92] 针对火星再入轨迹优化问题,利用伪谱法设计了一种考虑干扰和初始状态偏差的再入轨迹,而 Ma[93] 则将高斯伪谱法应用于月球上升段常推力下的燃油轨迹优化设计;针对禁飞区和航路点等复杂约束条件下的弹道优化问题,Zhao[94]基于分段高斯伪谱法优化的策略进行求解;Zhang[95]则针对有限航程下滑翔飞行器吸热控制问题,利用高斯伪谱法给出了一种多约束复杂条件下弹道规划方法;Miller和Rao[96]针对包括动力上升段、离轨段、再入段等多段复杂约束条件下的轨迹优化问题,应用hp–高斯伪谱法进行求解。可见,伪谱法已基本被应用到再入轨迹优化设计问题的各个方面,但是计算量大甚至有时难以得到满意的收敛解的问题一直存在。因此,Yang[97]针对伪谱法求解再入轨迹优化问题时网格节点迭代计算量大的问题,研究出了一种网格精炼技术;Burchett[98]基于高斯伪谱研究了线性或准线性方程的弹道快速设计,并用线性二次型调节器(Linear Quadratic Regulator,LQR)实现跟踪制导的目标;Jiang和Li利用粒子群和高斯伪谱法协同优化实现了兼顾全局最优性与高精度的目标,即先利用粒子群优化算法产生初始弹道,再通过高斯伪谱法进行优化求解[99]。除了伪谱法之外,还有诸如Akima样条插值[100]、多分辨率技术[101]、遗传算法[102]、模糊控制[103]、鸽子启发式算法[104-105]等。事实上,包括伪谱法、Akima样条插值以及多分辨率技术等在内的这类优化算法在求解轨迹优化设计问题时,其基本思路都是将复杂非线性连续轨迹优化问题转换为离散非线性规划(Nonlinear Programming,NLP)问题进行求解,不同之处只是在于其离散方式和迭代搜索策略。但是,当下普遍采用的伪谱法等优化算法暂时还未能实现十分快速甚至在线生成多约束复杂条件下弹道的目标,其仍是眼下需要着力研究的一个难点问题。

近来,凸优化技术[106-107]因其快速收敛性而被广泛应用于航空航天领域的轨迹优化。但是,由于轨迹优化设计问题大多是非凸的,要应用凸优化技术求解就必然需要考虑如何将非凸问题进行凸化。比如,Açıkmeşe[108-109]团队在行星探测器和助推器的动力下降段、返回着陆段都利用凸优化技术进行了轨迹优化设计;Liu和Lu[110-111]针对火箭发射和返回着陆问题,将非凸问题转化为二阶圆锥规划问题后进行求解;天津大学Bai的团队[112-113]和北航的李慧峰团队[114-115]等也都应用凸优化技术分别进行了轨迹优化设计。但这类成功应用几乎都具有一个显著特征,即飞行器的动力作为主要控制力而气动力作为辅助甚至忽略。随着研究的深入,近来也有一些学者开始尝试将凸优化技术应用到以气动力为主要控制力的滑翔飞行器再入轨迹优化设计中,比如Liu[116]、Wang[117-118]、Zhao[119]等。尽管已经有学者开始进行研究,但就无动力滑翔再入轨迹优化设计问题而言,当前已取得的成果和认识还不够,仍需要继续深入研究。

此外,再入轨迹优化设计问题本身就与飞行器的气动构型、气动力和气动热等问题紧密相关[120]。在飞行器总体设计时需要统筹兼顾气动布局、结构安全和飞行器的机动能力等诸多方面因素的影响。因此,近来也有许多学者开始针对上述多学科优化设计问题开展研究,比如:Souza[121]对传统航天飞机再入制导方法存在指令不连续且对大气环境敏感等现象,基于多学科优化设计方法研究了一种解析和数值混合的再入制导方法;Lobbia[122]在气动分析、总体质量估计、沿弹道气动热分析基础上,设计使纵程、载荷质量以及升阻比最大的飞行器;Wang[123]则通过哈密顿分析,研究了兼顾气动热和飞行射程的多学科弹道优化设计问题。可见,多学科交叉优化设计,对提高飞行器性能、加深飞行器认识有较大促进作用,是当下值得继续深入研究的一个方向。

3. 强不确定条件下高精度强鲁棒制导技术

尽管再入制导方法从航天飞机成功返回到现在已经发展了几十年,但是在工程实践上,现在很多专家和学者还是优先考虑基于PID[124]的控制律,以确保任务成功实施的稳定性和可靠性。事实上,目前在理论上研究的很多先进制导方法,比如基于反馈线性化[50]、滑模控制[125]以及基于LQR[126]的跟踪制导等,最后都可以等价为传统PID控制器加修正项的形式。虽然通过增加这些修正项,理论上在某些情况下确实可以比传统PID控制器有效提高制导精度,但是控制器的收敛域和鲁棒性也相应降低。为了确保安全,当飞行器本体和飞行环境不确定性因素的影响较大时,设计者一般优先选择控制收敛域较大的控制器。因此,当前仍需加强不确定条件下高精度强鲁棒制导技术的研究。

20世纪80年代,韩京清先生率先提出了自抗扰控制器的概念,并于2009年和2011年分别通过了运动控制工业评估和取代了PID控制器首次应用于10条尼龙管挤压生产线的控制[127]。自抗扰控制器主要包括三个关键部分:跟踪微分器、扩张状态观测器以及误差的非线性组合。更为通俗的说法是,自抗扰控制器由参考输入的平滑器、未知干扰的估计和补偿器以及误差的非线性组合三部分组成。从原理上说,自抗扰和PID控制都属于通过深入挖掘输入输出信息以建立控制器模型而不依赖系统模型的控制方式。但相比而言,自抗扰控制增加了跟踪微分器和未知干扰的估计和补偿器[128],而且采用了更为一般的非线性方式进行误差组合。在收敛域和控制精度方面,理论上它比传统的PID控制器都更为优秀。因此,Xia[48]将自抗扰控制应用于火星再入制导;Talole[52]则只是将其中的干扰估计和补偿的思想与传统跟踪制导方法相结合,针对强不确定条件下的高超声速滑翔飞行器再入制导问题,给出了一种基于干扰观测器的标准剖面跟踪制导方法。此外,为了补偿由于强不确定条件产生的干扰影响,杨俊春、Zhu 等[129-132]通过气动辨识估计大气与气动系数乘积等方式对设计的再入制导律进行补偿。

可重复使用飞行器具有强耦合、快时变以及多约束复杂非线性等运动特性,当实际飞行中出现较大本体和环境的不确定性因素影响时,上述这些方法是否还能有效保证误差可靠收敛和控制精度,目前仍没有一个统一而严谨的理论回答。因此,这也是当下仍需要进一步深入研究的一个重要课题。

1.2.3 未来可能的发展趋势

当下,人工智能技术正开展得如火如荼,世界各主要国家都在关乎国家科技发展的重大计划中将人工智能列为其中一项关键技术。因此,无论是对于再入弹道规划与制导方法而言,还是对飞行器全飞行阶段的弹道规划与制导方法而言,都应该着力开展基于人工智能技术的弹道规划与制导方法研究。这不仅仅是顺应时代发展的需要,更是事物本身发展的一种自然需求。下面仅从三个方面阐述基于人工智能技术的未来再入弹道规划与制导方法的发展趋势。

1. 全射向、全空域、全任务的自适应规划与制导技术

未来可重复使用飞行器应该是只要输入发射点和目标点参数,就能自动实现包括助推段、再入段以及俯冲段的全程飞行任务自适应规划与制导的目标。飞行任务可以是在发射前就装订包含任意多个航路点和任意形式的地理障碍禁飞区约束,也可以是实际飞行中由导航卫星、预警雷达等在线探明的敌方防御区等。飞行器可以实现从任意点到全球范围内任意位置的全方位多角度精确到达。为了确保安全、可靠、有效地实现上述功能,飞行器应具备目标覆盖区域的实时预测能力、可行弹道的在线重规划技术以及高精度强鲁棒自适应制导技术等。

2. 面向大数据的重构制导技术

实际飞行环境错综复杂,任何意外都有可能随时出现。面对实际飞行中本体和环境的各种不确定性因素影响,飞行器应基于人工智能分析包含飞行器动力、控制器执行机构、热防护系统状态、结构等信息以获知飞行器当前的健康状态以及周围环境的压强、大气密度等外界环境状态,时刻准备并具有当飞行器出现某一执行机构突然卡死或动力系统工作异常等突发状况时仍能实现飞行任务在线重规划和重构制导的技术。为了实现上述功能,飞行器需要充分挖掘测量和感知的大数据信息,准确评估自身各个部件的健康状态和周边环境信息以确定当前飞行能力边界以及实现控制力的智能再分配,再以此为依据进行飞行弹道的在线重规划和重构制导。

3. 面向未知空间的智能自主制导技术

当前弹道规划与制导技术主要还是基于环境信息基本已知情况下,通过地面预先装订飞行方案后交由飞行器的弹道制导与控制系统进行实现。未来,人类的脚步显然不会止步于地球或月球、火星等近距离的太空探索,当面对深空等未知、未探明或存在强不确定干扰的突发环境时,飞行器只有具备类脑感知和分析技术,才能基于已有各种传统成功规划的飞行任务大数据,智能自主地处理各项新信息和执行新的任务规划,直到完成飞行任务。

1.3   研究的必要性

武器化的 RLV 以高机动、强突防以及远射程等特性备受学者瞩目。但是,目前大多数再入弹道规划与制导方法研究的初衷都是基于纵向运动为主、侧向机动为辅开展的。这类方法最主要的特征是将倾侧角作为主要控制量,通过纵向规划与制导方法确定倾侧角大小,同时设计相应的侧向控制器确定倾侧符号确保终端横程收敛,而攻角控制量则保持为设计值或微调以平滑弹道,比如经典的航天飞机再入规划与制导方法、改进的阻力加速度剖面规划与制导方法以及 Lu 等针对再入飞行器研究的预测校正制导方法等。

定义攻角剖面事先固定、仅通过调整倾侧角控制量进行轨迹控制的标准剖面规划与制导方法为二维剖面规划与制导方法,而攻角和倾侧角可同时根据任务需求实时大范围调整的为三维剖面规划与制导方法。之所以称前者为二维,是因为传统弹道规划与制导方法实际上主要是在飞行器纵向平面内开展的理论研究,飞行器的侧向运动只是作为一种被动运动甚至有害运动参与飞行器的轨迹控制,比如侧向运动控制的方位角误差走廊,其设计的初衷就是为了消除侧向有害运动产生的横程偏差。这种设计理念在不考虑任何侧向机动,仅需要完成在给定过程约束下从起始点到目标点导引的典型飞行任务中取得了较好结果。但是这与 RLV,尤其是高超声速滑翔飞行器兴起的背景,即解决传统惯性再入弹道导弹由于飞行轨迹固定而容易被拦截、难以实现目标大范围覆盖和灵活可达的初衷是相悖的。因此,结合飞行器本身特性和当前国际形势发展现状,开展基于三维剖面的弹道规划与制导方法研究的必要性主要体现在以下两个方面:

1)解决目标大范围覆盖和灵活可达的问题:不同攻角、高度以及马赫数对应不同的升阻比,飞行器的机动能力各不相同。固定攻角下,飞行器机动能力无法充分发挥,目标覆盖范围不够广,难以应对任务多样化、灵活可达的任务需求。

2)解决强约束复杂任务条件下可行弹道生成问题:与典型飞行任务相区分,定义考虑航路点、禁飞区约束的飞行任务为复杂飞行任务,而进一步增加有限航程、期望高度剖面、期望驻点热流密度或者期望动压等约束的为强约束复杂飞行任务。由于强约束复杂飞行任务要求更多,约束也更严苛,若仍将攻角束缚在固定攻角剖面上,将难以充分发挥飞行器机动能力来解决这类问题。

相较于传统二维剖面规划与制导,三维剖面规划与制导方法在设计初始就同时考虑纵向和侧向运动的影响,甚至为了获得某些强约束复杂飞行任务的弹道而优先考虑侧向机动的需求。此外,解除固定攻角剖面限制,势必会促进飞行器机动能力的进一步释放,从而更加有利于实现广域目标高精度灵活可达的目标和完成多样化强约束复杂条件的飞行任务。

1.4 主要内容和特色

本书针对 RLV 再入弹道规划与制导问题,以充分发挥 RLV 机动能力和实现广域目标灵活可达为目标,通过分析飞行器在攻角实时可调后机动能力的释放程度,分别研究了针对典型飞行任务、复杂飞行任务以及强约束复杂飞行任务的三维剖面规划及优化设计方法。此外,针对实际飞行中存在干扰而难以跟踪并准确到达目标的问题,利用设计的三维剖面在线更新策略分别探讨了基于标准剖面和标准轨迹跟踪制导方法的控制性能。全书共分为 8 章,除去第 1 章对问题的研究背景、与问题相关弹道规划与制导方法的研究进展以及研究工作开展必要性的阐述外,后续章节的内容安排如下:

第 2 章,构建了 RLV 的再入运动模型,并分析 RLV 再入过程的典型约束条件。运动建模是全书的基础,更是开展再入弹道规划与制导方法研究的先决条件。通过定义相关常用坐标系及其相互转换关系,引出当前分析和设计 RLV 弹道规划与制导方法常用的半速度坐标系下的一般运动模型。同时,为帮助读者更好理解 RLV 再入飞行过程的运动特点和后续弹道规划与制导方法的设计思路,该部分还针对 RLV 再入过程的典型过程约束进行了建模分析。

第 3 章,开展了基于三维剖面的飞行走廊建模及机动能力分析。飞行走廊是标准剖面规划的基础,直接决定了剖面规划的可行边界。通过将再入飞行过程的多种约束转换为飞行走廊的边界,探讨了再入走廊模型中关键参数的影响特性,为进一步分析飞行器的机动能力奠定基础。飞行器的机动能力,主要是指其覆盖区域,可以看作是对再入飞行走廊的形象化展示。通过先求解传统经典再入飞行走廊及其对应的覆盖区域,进而引出三维飞行走廊对应的覆盖区域,对深入理解三维剖面规划方法的优势和充分利用飞行器的机动能力具有极大的促进作用。

第4章,回顾了经典标准剖面规划方法,并阐述了为适应相应任务需求的标准剖面改进方法。三维剖面规划方法本质上仍是一种基于标准剖面的规划方法。因此,在阐述三维剖面规划方法前,首先介绍了传统 RLV 经典标准剖面规划方法及其改进,主要包括为提高机动能力的准三维剖面规划方法以及为适应航路点、禁飞区约束等复杂任务需求而分别从纵向和侧向两个角度进行改进的标准剖面规划方法。

第5章,分别设计了三种典型案例,着重阐述了基于三维剖面的弹道规划方法。首先考虑典型飞行任务,基于规划的纵、侧向飞行走廊边界,给出了一种纵 - 侧向的三维剖面规划方法。当设计的飞行任务中需要考虑航路点和禁飞区约束时,将三维剖面规划的策略调整为侧 - 纵向,即优先设计侧向指令剖面以满足机动任务的需求,再求解相应的纵向阻力加速度剖面。与典型飞行任务下的纵 - 侧向三维剖面规划方法相比,以满足侧向机动任务需求为主的三维剖面规划方法适应性更强,但是其规划过程也相对更复杂。最后,针对沿期望高度剖面飞行的弹道规划问题,提出了一种基于修正的准平衡滑翔条件下三维剖面弹道规划逻辑,进而给出了相应的覆盖区域求解方法。

第6章,针对不同的复杂任务需求,分别介绍了两种基于三维剖面的弹道优化设计方法。针对沿期望高度剖面飞行的弹道规划问题,由于求解的问题更为复杂,采用简单的迭代搜索难以获得满足任务需求的标准弹道,因此提出了一种基于 SQP 的三维剖面优化设计方法。针对有限航程约束下大吸热量模拟的弹道设计问题,基于三维剖面规划思想,研究给出了一种利用高斯伪谱法实现的多段最优弹道设计方法。与基于 SQP 的三维剖面优化设计方法相比,基于高斯伪谱法的弹道优化设计方法将三维剖面弹道规划思想进一步拓展,是更为广义的三维剖面弹道规划方法。

第7章,探讨了考虑本体和环境偏差的三维剖面跟踪制导方法。首先,阐述了三维剖面跟踪制导问题及其相应技术难点,并研究了基于三维剖面的跟踪制导策略和三维剖面在线更新策略。其次,作为标准剖面跟踪制导问题的延伸,在详细阐述三维剖面跟踪制导方法前,介绍了一种基于标准轨迹的三维滑模跟踪制导方法。进一步,根据提出的三维剖面跟踪制导策略,分别从基于标准轨迹和标准剖面的两种不同策略,详细介绍了基于三维剖面的跟踪制导方法,并利用通用飞行器模型对两种方法的制导性能进行了仿真对比分析。最后,从飞行器任务需求出发,研究给出了一种控制能力按需分配的三维剖面跟踪制导方法。

第8章,对全书的研究工作进行了归纳和总结,并对后续可进一步深入研究的内容进行了展望。除去绪论和总结部分,全书的组织结构如图1.6所示。

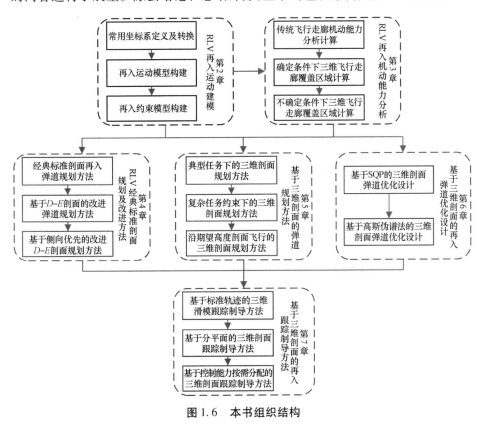

图1.6　本书组织结构

本章小结

本章首先综述了可重复使用飞行器,尤其是在其基础上发展起来的高超声速滑翔飞行器的起源和发展历程,着重概述了美国、俄罗斯等世界军事强国在滑翔飞行器方面的研究进展和动态分析。然后,详细阐述了目前可重复使用飞行器再入弹道规划与制导方法的基本概况、研究进展以及当前研究的热点与难点。最后,概述了本书研究的必要性和主要研究内容,并给出了全文的组织结构。本章属于全书的研究背景,旨在交代全书的研究对象、研究方法以及目的和意义,为后续各章研究内容的展开作铺垫。

第 2 章　RLV 再入运动建模

　　飞行器运动建模是开展弹道规划与制导方法研究的前提和基础,基于合适的参考坐标系来建立运动模型,不仅可以方便问题的分析,更能简化弹道规划算法。目前,国内外在开展 RLV 弹道规划问题的研究中,通常在半速度坐标系中建立对应的运动模型,并采用速度大小、当地速度倾角和航迹偏航角来描述飞行器速度,而用经度、地心纬度和高度描述飞行器位置。然而,在考虑航路点和禁飞区等复杂约束情况下,上述传统运动模型已经难以满足弹道规划特别是弹道快速规划的要求。为此,有必要研究有利于简化复杂约束再入弹道规划问题的运动模型。

　　为了满足复杂约束下 RLV 再入弹道规划与制导任务需求,本章首先重点定义了常用坐标系及相互转换关系;然后给出了飞行器在半速度坐标系下的一般运动模型及简化模型;最后针对再入过程的典型约束条件,给出了其相应的数学模型描述。本章的内容是后续一切工作开展的基础。

2.1　常用坐标系及其转换

　　坐标系的定义是研究 RLV 再入空间运动的基础。为了建立 RLV 再入运动模型,研究其运动特性、设计合适的弹道规划与制导方法,需要定义一些坐标系。虽然坐标系的定义和选取并无统一格式和要求,但是选择的坐标系不同,所建立的运动方程形式和复杂程度也各不相同,从而会影响最终求解运动方程的难易程度和运动参数的直观程度。因此,选取合适的坐标系对构建再入运动模型十分重要。根据后续求解再入弹道规划与制导问题的需要,下面将重点介绍一些常用的坐标系定义及其相互转换关系。

2.1.1 坐标系定义

为方便合理地描述飞行器运动状态和控制量形式,定义以下几种坐标系。

1)发射坐标系 $o-xyz$:将坐标系原点选取为发射点 o,ox 轴指向瞄准方向,oy 轴则垂直于该水平面向上,oz 轴与 ox、oy 轴构成右手直角坐标系。

2)地心坐标系 $O_E-X_EY_EZ_E$:将坐标原点选取为地心 O_E,O_EX_E 轴在赤道面内指向发射点所在的子午线,O_EY_E 轴指向北极垂直于赤道平面,O_EZ_E 轴与 O_EX_E、O_EY_E 轴构成右手直角坐标系。

3)地理坐标系 $o_1-x_Ty_Tz_T$:将坐标系原点选取为飞行器质心 o_1;o_1y_T 轴在由地心指向飞行器质心的矢量方向上;o_1x_T 轴在质心子午面内,垂直于 o_1y_T 轴且指向北极;o_1z_T 轴与 o_1x_T、o_1y_T 轴构成右手直角坐标系。

4)弹体坐标系 $o_1-x_1y_1z_1$:将坐标系原点选取为飞行器质心 o_1;o_1x_1 轴平行于机身轴线指向前;o_1y_1 轴垂直于飞行器的主对称面指向飞行器右方;o_1z_1 轴在飞行器主对称面内,垂直于 $o_1x_1y_1$ 平面,指向飞行器下方。

5)速度坐标系 $o_1-x_vy_vz_v$:定义坐标系原点为飞行器质心 o_1;o_1x_v 轴沿飞行器速度矢量方向;o_1y_v 轴在飞行器的主对称面内垂直 o_1x_v 轴,且指向飞行器的背部;o_1z_v 轴与 o_1x_v、o_1y_v 轴构成右手直角坐标系。

6)半速度坐标系 $o_1-x_Hy_Hz_H$:将坐标系原点选取为飞行器质心 o_1,o_1x_H 轴与飞行器速度矢量重合,o_1y_H 在速度矢量和地心矢径构成的铅垂面内垂直于 o_1x_H 轴指向上方,o_1z_H 轴与 o_1x_H、o_1y_H 轴构成右手直角坐标系。

7)再入坐标系 $O_e-x_ey_ez_e$:研究飞行器的再入运动时常需要再入坐标系,其定义与发射坐标系类似。以再入时刻地心 O_E 与飞行器质心 o_1 的连线同地球表面的交点作为坐标系原点 O_e,O_ex_e 轴指向再入飞行器运动方向,O_ey_e 轴沿地心矢径方向指向上,O_ez_e 轴与 O_ex_e、O_ey_e 轴构成右手直角坐标系。

2.1.2 坐标系转换

首先,根据基本旋转矩阵的定义,分别列写绕 x、y、z 轴旋转的三种基本转换形式。定义绕 x、y、z 轴正向旋转 A 角的转换矩阵分别为 $M_1(A)$、$M_2(A)$、$M_3(A)$,则可以得到其表达式为:

$$\begin{cases} \boldsymbol{M}_1(A) = \begin{bmatrix} 1 & 0 & 0 \\ 0 & \cos A & \sin A \\ 0 & -\sin A & \cos A \end{bmatrix} \\[3mm] \boldsymbol{M}_2(A) = \begin{bmatrix} \cos A & 0 & -\sin A \\ 0 & 1 & 0 \\ \sin A & 0 & \cos A \end{bmatrix} \\[3mm] \boldsymbol{M}_3(A) = \begin{bmatrix} \cos A & \sin A & 0 \\ -\sin A & \cos A & 0 \\ 0 & 0 & 1 \end{bmatrix} \end{cases} \tag{2.1}$$

1）发射坐标系 $o-xyz$ 至弹体坐标系 $o_1-x_1y_1z_1$：将发射坐标系沿 z 轴旋转俯仰角 φ，再沿 y 轴旋转偏航角 ψ，最后沿 x 轴旋转滚转角 γ，得到弹体坐标系。转换矩阵为

$$\boldsymbol{B}_G = \boldsymbol{M}_1(\gamma)\boldsymbol{M}_2(\psi)\boldsymbol{M}_3(\varphi) \tag{2.2}$$

2）速度坐标系 $o_1-x_vy_vz_v$ 至弹体坐标系 $o_1-x_1y_1z_1$：将速度坐标系沿 y 轴旋转 β，再沿 z 轴旋转 α，得到弹体坐标系。转换矩阵为

$$\boldsymbol{B}_v = \boldsymbol{M}_3(\alpha)\boldsymbol{M}_2(\beta) = \begin{bmatrix} \cos\beta\cos\alpha & \sin\alpha & -\sin\beta\cos\alpha \\ -\cos\beta\sin\alpha & \cos\alpha & \sin\beta\sin\alpha \\ \sin\beta & 0 & \cos\beta \end{bmatrix} \tag{2.3}$$

3）半速度坐标系 $o_1-x_Hy_Hz_H$ 至速度坐标系 $o_1-x_vy_vz_v$：半速度坐标系与速度坐标系实际上只相差一个倾侧角 υ，将半速度坐标系绕 x 轴旋转 υ 角即得到速度坐标系。方向余弦阵为

$$\boldsymbol{V}_H = \boldsymbol{M}_1(\upsilon) = \begin{bmatrix} 1 & 0 & 0 \\ 0 & \cos\upsilon & \sin\upsilon \\ 0 & -\sin\upsilon & \cos\upsilon \end{bmatrix} \tag{2.4}$$

4）地理坐标系 $o_1-x_Ty_Tz_T$ 至半速度坐标系 $o_1-x_Hy_Hz_H$：将地理坐标系绕 y 轴旋转 σ 角，再绕 z 轴旋转 θ 角。其中，θ 角为当地速度倾角，σ 角为航向角。方向余弦阵为

$$\boldsymbol{H}_T = \boldsymbol{M}_3(\theta)\boldsymbol{M}_2(\sigma) = \begin{bmatrix} \cos\sigma\cos\theta & \sin\theta & -\sin\sigma\cos\theta \\ -\cos\sigma\sin\theta & \cos\theta & \sin\sigma\sin\theta \\ \sin\sigma & 0 & \cos\sigma \end{bmatrix} \tag{2.5}$$

2.2 RLV 无动力再入运动模型构建

假设地球为旋转椭球。为了描述方便,在半速度坐标系 $o_1 - x_H y_H z_H$ 中建立运动方程。描述飞行器运动状态的变量包括:地心距 r、经度 λ、纬度 ϕ、速度大小 V、速度倾角 θ 和航向角 σ。

2.2.1 一般空间运动模型

RLV 在无动力滑翔飞行期间主要受到空气动力和地球引力的作用,下面根据 RLV 再入时的运动特性,选择半速度坐标系作为基准坐标系建立运动模型。如图 2.1 所示,右手坐标系 $O_E - xyz$ 的原点 O_E 为地心,$O_E x$ 轴的方向为从地心指向飞行器的当前位置,$O_E y$ 轴在赤道平面 $O_E XY$ 内,指向东方并与 $O_E x$ 轴保持垂直,而 O_1 表示飞行器某一时刻质心的位置。飞行器任意时刻的位置和速度分别用矢量 $\boldsymbol{r}$ 和 $\boldsymbol{V}$ 表示,其中位置大小用地心距 r、经度 λ 和纬度 ϕ 表示,而速度大小的三个量则分别用 V、航向角 σ 以及当地速度倾角 θ 表示。

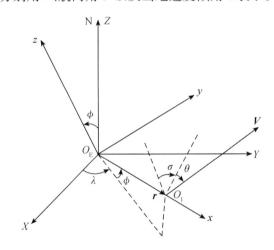

图 2.1 坐标系的定义

由于滑翔飞行器主要依靠气动力实现控制,因此根据牛顿定律有

$$\frac{\mathrm{d}\boldsymbol{V}}{\mathrm{d}t} = \boldsymbol{R} + \boldsymbol{g} \tag{2.6}$$

式中,空气动力加速度和引力加速度分别用 $\boldsymbol{R}$ 和 $\boldsymbol{g}$ 表示。取再入坐标系 $O_\mathrm{E} -x_ey_ez_e$ 为参考系,令 $\boldsymbol{\omega}_e$ 表示地球自转的角速度矢量,则可将式中速度矢量关于时间的导数 $\mathrm{d}\boldsymbol{V}/\mathrm{d}t$ 改写为

$$\frac{\delta^2 \boldsymbol{r}}{\delta t^2} = \boldsymbol{R} + \boldsymbol{g} - \boldsymbol{a}_e - \boldsymbol{a}_k \tag{2.7}$$

式中, $\dfrac{\delta^2 \boldsymbol{r}}{\delta t^2}$ 为相对加速度, $\boldsymbol{a}_e$ 和 $\boldsymbol{a}_k$ 分别表示离心加速度和哥氏加速度。下面将各力产生的加速度在半速度坐标系内进行描述。

1. 空气动力加速度

设空气动力加速度 $\boldsymbol{R}$ 沿速度坐标系分解成 D、L、Z,则在半速度坐标系上的投影为

$$\boldsymbol{R}_\mathrm{h} = \begin{bmatrix} R_{xh} \\ R_{yh} \\ R_{zh} \end{bmatrix} = \boldsymbol{H}_\mathrm{V} \begin{bmatrix} -D \\ L \\ Z \end{bmatrix} = \begin{bmatrix} -D \\ L\cos\upsilon - Z\sin\upsilon \\ Z\cos\upsilon + L\sin\upsilon \end{bmatrix} \tag{2.8}$$

由于侧滑角为零,因此 $Z = 0$,而 D、L 分别为阻力加速度和升力加速度,对应表达式为

$$\begin{cases} L = \dfrac{1}{2}\rho V^2 S_\mathrm{r} C_\mathrm{L}/M \\ D = \dfrac{1}{2}\rho V^2 S_\mathrm{r} C_\mathrm{D}/M \end{cases} \tag{2.9}$$

式中: S_r 和 M 分别表示飞行器的气动参考面积和结构质量; C_L 和 C_D 分别表示气动升力和阻力系数,一般将其表示为攻角 α 和马赫数 Ma 的函数;大气密度 ρ 采用指数公式进行近似计算,即

$$\rho = \rho_0 \mathrm{e}^{-\frac{h}{h_\mathrm{s}}} \tag{2.10}$$

其中, h 表示飞行器当前高度, h_s 表示泛化大气密度高度,其值一般取 $h_\mathrm{s} = 7\,110\ \mathrm{m}$, $\rho_0 = 1.225\ \mathrm{kg/m^3}$ 为海平面大气密度。

2. 引力加速度

引力加速度 $\boldsymbol{g}$ 在 r 方向上的分量为

$$g'_r = -\frac{fM}{r^2}\left[1 + J\left(\frac{a_e}{r}\right)^2 (1 - 5\sin^2\phi)\right] \tag{2.11}$$

式中: fM 为地球引力常数; J 代表地球带谐系数相关项,一般取 $J = \dfrac{3}{2}J_2$; a_e 为赤

道半径。因此,g'_r 在半速度坐标系上的投影为

$$\begin{bmatrix} g'_{rxh} \\ g'_{ryh} \\ g'_{rzh} \end{bmatrix} = \boldsymbol{H}_\mathrm{T} \begin{bmatrix} 0 \\ g'_r \\ 0 \end{bmatrix} = \begin{bmatrix} g'_r\sin\theta \\ g'_r\cos\theta \\ 0 \end{bmatrix} \tag{2.12}$$

引力加速度 $\boldsymbol{g}$ 在 $\boldsymbol{\omega}_\mathrm{e}$ 方向上的分量在地理坐标系的投影为 $\begin{bmatrix} g_{\omega_\mathrm{e}}\cos\phi & g_{\omega_\mathrm{e}}\sin\phi & 0 \end{bmatrix}^\mathrm{T}$,其中

$$g_{\omega_\mathrm{e}} = -\frac{2fM}{r^2} J \left(\frac{a_\mathrm{e}}{r}\right)^2 \sin\phi \tag{2.13}$$

故 g_{ω_e} 在半速度坐标系的投影为

$$\boldsymbol{g}_{\omega_\mathrm{e}h} = \begin{bmatrix} g_{\omega_\mathrm{e}xh} \\ g_{\omega_\mathrm{e}yh} \\ g_{\omega_\mathrm{e}zh} \end{bmatrix} = \boldsymbol{H}_\mathrm{T} \begin{bmatrix} g_{\omega_\mathrm{e}}\cos\phi \\ g_{\omega_\mathrm{e}}\sin\phi \\ 0 \end{bmatrix} = \begin{bmatrix} \cos\sigma\cos\theta\cos\phi + \sin\theta\sin\phi \\ -\cos\sigma\sin\theta\cos\phi + \cos\theta\sin\phi \\ -\sin\sigma\cos\phi \end{bmatrix} g_{\omega_\mathrm{e}} \tag{2.14}$$

3. 离心加速度

$$\boldsymbol{a}_\mathrm{e} = \boldsymbol{\omega}_\mathrm{e} \times (\boldsymbol{\omega}_\mathrm{e} \times \boldsymbol{r}) \tag{2.15}$$

则

$$\boldsymbol{a}_\mathrm{eh} = \begin{bmatrix} a_{\mathrm{e}xh} \\ a_{\mathrm{e}yh} \\ a_{\mathrm{e}zh} \end{bmatrix} = \boldsymbol{H}_\mathrm{T} \begin{bmatrix} -\omega_\mathrm{e}^2 r\cos\phi\sin\phi \\ \omega_\mathrm{e}^2 r\cos^2\phi \\ 0 \end{bmatrix} = \begin{bmatrix} -\cos\phi\sin\phi\cos\sigma\cos\theta + \cos^2\phi\sin\theta \\ \cos\phi\sin\phi\cos\sigma\sin\theta + \cos^2\phi\cos\theta \\ \cos\phi\sin\phi\sin\sigma \end{bmatrix} \omega_\mathrm{e}^2 r$$

$$\tag{2.16}$$

4. 哥氏加速度

$$\boldsymbol{a}_\mathrm{k} = 2\boldsymbol{\omega}_\mathrm{e} \times \boldsymbol{V} \tag{2.17}$$

地球自转角速度 $\boldsymbol{\omega}_\mathrm{e}$ 在半速度系中的投影为

$$\boldsymbol{\omega}_\mathrm{eh} = \begin{bmatrix} \omega_{\mathrm{e}xh} \\ \omega_{\mathrm{e}yh} \\ \omega_{\mathrm{e}zh} \end{bmatrix} = \boldsymbol{H}_\mathrm{T} \begin{bmatrix} \cos\phi \\ \sin\phi \\ 0 \end{bmatrix} \omega_\mathrm{e} = \begin{bmatrix} \cos\sigma\cos\theta\cos\phi + \sin\theta\sin\phi \\ -\cos\sigma\sin\theta\cos\phi + \cos\theta\sin\phi \\ -\sin\sigma\cos\phi \end{bmatrix} \omega_\mathrm{e} \tag{2.18}$$

则

$$\boldsymbol{a}_\mathrm{kh} = \begin{bmatrix} a_{\mathrm{k}xh} \\ a_{\mathrm{k}yh} \\ a_{\mathrm{k}zh} \end{bmatrix} = 2\boldsymbol{\omega}_\mathrm{e} \times \boldsymbol{V} = 2 \begin{bmatrix} 0 & -\omega_{\mathrm{e}zh} & \omega_{\mathrm{e}yh} \\ \omega_{\mathrm{e}zh} & 0 & -\omega_{\mathrm{e}xh} \\ -\omega_{\mathrm{e}yh} & \omega_{\mathrm{e}xh} & 0 \end{bmatrix} \begin{bmatrix} V \\ 0 \\ 0 \end{bmatrix} \tag{2.19}$$

对上式进行展开,得

$$\boldsymbol{d}_{kh} = \begin{bmatrix} a_{kxh} \\ a_{kyh} \\ a_{kzh} \end{bmatrix} = \begin{bmatrix} 0 \\ 2V\omega_{ezh} \\ -2V\omega_{eyh} \end{bmatrix} = 2V\omega_e \begin{bmatrix} 0 \\ \sin\sigma\cos\phi \\ -\cos\sigma\sin\theta\cos\phi + \cos\theta\sin\phi \end{bmatrix} \quad (2.20)$$

5. 相对加速度

$$\frac{\delta^2 \boldsymbol{r}}{\delta^2 t} = \begin{bmatrix} \dot{V} \\ V\Omega'_{zh} \\ -V\Omega'_{yh} \end{bmatrix} = \begin{bmatrix} \dot{V} \\ V\left(\dot{\theta} - \dfrac{V\cos\theta}{r}\right) \\ V\left(\dot{\sigma}\cos\theta - \dfrac{V\tan\phi\,\cos^2\theta\sin\psi}{r}\right) \end{bmatrix} \quad (2.21)$$

最终得在半速度坐标系内的动力学方程为

$$\begin{cases} \dot{V} = R_{xh} + g'_{rxh} + g_{\omega_e xh} + a_{exh} + a_{kxh} \\ \dot{\theta} = \dfrac{1}{V}\left[R_{yh} + g'_{ryh} + g_{\omega_e yh} + a_{eyh} + a_{kyh} \right] + \dfrac{V\cos\theta}{r} \\ \dot{\sigma} = \dfrac{1}{V\cos\theta}\left[R_{zh} + g'_{rzh} + g_{\omega_e zh} + a_{ezh} + a_{kzh} \right] + \dfrac{V\tan\phi\cos\theta\sin\sigma}{r} \end{cases} \quad (2.22)$$

即

$$\begin{cases} \dot{V} = -D + g'_r\sin\theta + (\cos\sigma\cos\theta\cos\phi + \sin\theta\sin\phi)g_{\omega_e} + \\ \qquad (-\cos\phi\sin\phi\cos\sigma\cos\theta + \cos^2\phi\sin\theta)\omega_e^2 r \\[4pt] \dot{\theta} = \dfrac{L\cos\upsilon}{V} + \dfrac{g'_r\cos\theta}{V} + \dfrac{(-\cos\sigma\sin\theta\cos\phi + \cos\theta\sin\phi)g_{\omega_e}}{V} + \\ \qquad \dfrac{(\cos\phi\sin\phi\cos\sigma\sin\theta + \cos^2\phi\cos\theta)\omega_e^2 r}{V} + \\ \qquad 2\omega_e\sin\sigma\cos\phi + \dfrac{V\cos\theta}{r} \\[4pt] \dot{\sigma} = \dfrac{L\sin\upsilon}{V\cos\theta} + \dfrac{(-\sin\sigma\cos\phi)g_{\omega_e}}{V\cos\theta} + \dfrac{(\cos\phi\sin\phi\sin\sigma)\omega_e^2 r}{V\cos\theta} + \\ \qquad \dfrac{2\omega_e(-\cos\sigma\sin\theta\cos\phi + \cos\theta\sin\phi)}{\cos\theta} + \\ \qquad \dfrac{V\tan\phi\cos\theta\sin\sigma}{r} \end{cases} \quad (2.23)$$

运动学方程为

$$\begin{cases} \dot{r} = V\sin\theta \\ \dot{\lambda} = V\cos\theta\sin\sigma / (r\cos\phi) \\ \dot{\phi} = V\cos\theta\cos\sigma / r \end{cases} \tag{2.24}$$

2.2.2 简化空间运动方程

假设地球为不旋转的圆球,同时令 $\mu = fM$,则式(2.23)可简化为

$$\begin{cases} \dot{V} = -D - \dfrac{\mu}{r^2}\sin\theta \\ \dot{\theta} = \dfrac{L\cos\upsilon}{V} - \dfrac{\mu\cos\theta}{r^2 V} + \dfrac{V\cos\theta}{r} \\ \dot{\sigma} = \dfrac{L\sin\upsilon}{V\cos\theta} + \dfrac{V\tan\phi\cos\theta\sin\sigma}{r} \end{cases} \tag{2.25}$$

运动学方程同式(2.24)。

2.2.3 质心平面运动方程

建立质心平面运动方程时,可做如下假设:

1)不考虑地球旋转,$\omega_e = 0$;

2)地球为圆球,即引力加速度与地心距平方成反比,$g = \mu / r^2$;

3)认为飞行器纵轴始终处于再入点速度矢量与地心矢量所确定的平面内。

在上述假设情况下,根据式(2.24)及式(2.25)可推出飞行器质心平面运动方程为

$$\begin{cases} \dot{V} = -D - g\sin\theta \\ \dot{\theta} = \dfrac{1}{V}(L - g\cos\theta) + \dfrac{V\cos\theta}{r} \\ \dot{r} = V\sin\theta \\ \dot{\beta}_e = \dfrac{V\cos\theta}{r} \end{cases} \tag{2.26}$$

其中,β_e 为射程角。

2.3 RLV 再入约束模型构建

根据作用时间不同,将影响 RLV 再入飞行的约束条件主要分为三类,即过

程约束、控制约束以及初始和终端状态约束。过程约束是指影响飞行器整个再入飞行过程的约束条件,主要包括峰值驻点热流密度约束、最大动压约束以及最大过载约束。控制约束是针对控制量攻角和倾侧角的幅值和变化速率的约束,本质上也属于过程约束。而初始和终端状态约束则是分别针对滑翔初始和终端时刻的限制条件,属于瞬态约束。此外,飞行器在滑翔过程中还应满足准平衡滑翔条件。相比于前面几种约束,准平衡滑翔条件属于"软约束",即并不是要求飞行器必须满足这一条件。增加这一条件,目的在于使滑翔飞行轨迹变化更平缓,同时也更利于轨迹控制实现。

1. 峰值驻点热流密度约束

驻点热流密度是指飞行器再入飞行过程中由于高速飞行与大气摩擦在驻点产生的热流密度。根据大量工程试验和理论分析知,RLV 驻点产生的热流密度是整个再入过程中最为显著的[95]。因此,通过限制飞行器驻点热流密度的峰值,即可确保飞行器的温度保护系统不被高温烧蚀,保证再入过程的结构安全性。为了快速获得驻点热流密度的大小,工程上通常采用如式(2.27)所示的经验公式进行计算。

$$\dot{Q} = K_h \rho^n V^m \tag{2.27}$$

式中:$\dot{Q}$ 表示驻点热流密度;ρ 和 V 分别表示飞行过程中的大气密度和飞行器速度;K_h,m 以及 n 均为热流密度公式常数。根据经验,取 $m = 3.15$,$n = 0.5$,而 K_h 的大小则与飞行环境和飞行器的驻点端头半径有关。令 $\dot{Q}_{max}$ 表示飞行器允许的最大热流密度值,则驻点热流密度约束可表示为

$$K_h \rho^{0.5} V^{3.15} \leqslant \dot{Q}_{max} \tag{2.28}$$

2. 最大动压约束

动压是指飞行器相对大气高速飞行时大气反作用于飞行器的压力。通过限制飞行过程中的最大动压,可以有效约束再入过程中的最大气动力以及气动力矩,保护飞行器的结构安全。令 q 表示飞行过程中的动压,则其可以通过式(2.29)得到。

$$q = 0.5 \rho V^2 \tag{2.29}$$

因此,飞行过程中的最大动压约束可以表示为

$$0.5 \rho V^2 \leqslant q_{max} \tag{2.30}$$

式中,q_{max} 表示飞行器允许的最大动压值。

3. 最大过载约束

与动压相类似,限制飞行器的最大过载也是为了保护其结构以免被较高的气动力或力矩破坏。与动压约束不同,最大过载约束是综合动压与飞行器本身的气动系数约束的结果。如果忽略高度、速度的影响,最大过载约束也可以看作是另一种形式的动压与攻角的乘积约束。工程设计时一般对飞行器的法向过载或者总过载进行约束。对于法向过载 n_F,其计算式为

$$n_F = \frac{L_F \cos\alpha + D_F \sin\alpha}{Mg_0} \tag{2.31}$$

式中, L_F 和 D_F 分别表示飞行器的升力和阻力, α 为攻角, M 代表飞行器质量, g_0 为海平面处引力加速度。令 n_{max} 表示飞行器允许的最大过载值,此时最大过载约束可表示为

$$\frac{L_F \cos\alpha + D_F \sin\alpha}{Mg_0} \leq n_{max} \tag{2.32}$$

若采用总过载 n_T,则其计算公式为

$$n_T = \frac{\sqrt{L_F^2 + D_F^2}}{Mg_0} \tag{2.33}$$

此时最大过载约束为

$$\frac{\sqrt{L_F^2 + D_F^2}}{Mg_0} \leq n_{max} \tag{2.34}$$

采用式(2.32)的法向过载或式(2.34)的总过载都可以对飞行器的过载进行约束。若无特殊说明,后续计算中将统一采用式(2.34)的总过载作为过载约束的计算式。

4. 控制量约束

RLV 再入过程中主要采用攻角和倾侧角控制气动力进行轨迹控制。为了确保执行机构产生可靠的气动力、保护飞行器结构安全,必须要对飞行过程中的攻角 α 和倾侧角 υ 进行幅值约束和变化速率约束。令 α_{max}、υ_{max} 分别表示最大允许攻角和倾侧角,相应的 $\dot{\alpha}_{max}$、$\dot{\upsilon}_{max}$ 分别为最大允许变化速率,则控制量约束可表示为

$$\begin{cases} \dot{\alpha} \leq \dot{\alpha}_{max}, \alpha \in [\alpha_{min}, \alpha_{max}] \\ \dot{\upsilon} \leq \dot{\upsilon}_{max}, \upsilon \in [\upsilon_{min}, \upsilon_{max}] \end{cases} \tag{2.35}$$

5. 初始和终端状态约束

飞行器的初始和终端状态约束是飞行器轨迹设计时必须考虑的一个瞬态约

束,否则就偏离了飞行任务的设计要求。针对 RLV 再入飞行而言,其弹道状态主要包括位置和速度共 6 个状态量,在半速度坐标系下的运动模型中通常用高度 h(或地心距 r)、速度 V、速度倾角 θ、航向角 σ、经度 λ 以及纬度 ϕ 表示。令 $\boldsymbol{x}_{\text{trj}} = [h, V, \theta, \sigma, \lambda, \phi]^{\text{T}}$,$(\,\cdot\,)_0$ 和 $(\,\cdot\,)_{\text{f}}$ 分别表示相应的初始和终端状态,则

$$\begin{cases} \boldsymbol{x}_{\text{trj}}(t_0) = \boldsymbol{x}_{\text{trj}0} \\ \boldsymbol{x}_{\text{trj}}(t_{\text{f}}) = \boldsymbol{x}_{\text{trj}f} \end{cases} \tag{2.36}$$

对于强受控系统,飞行器的初始和终端控制量还必须满足约束,即

$$\begin{cases} \boldsymbol{\alpha}(t_0) = \boldsymbol{\alpha}_0, \boldsymbol{\alpha}(t_{\text{f}}) = \boldsymbol{\alpha}_{\text{f}} \\ \boldsymbol{v}(t_0) = \boldsymbol{v}_{\text{f}}, \boldsymbol{v}(t_{\text{f}}) = \boldsymbol{v}_{\text{f}} \end{cases} \tag{2.37}$$

6. 准平衡滑翔条件

准平衡滑翔条件是飞行器在滑翔段飞行时所特有的约束条件。严格来说,它并不能称为约束,只是确保飞行器平稳飞行的一个充分条件,即飞行器在纵平面的升力加速度 L 满足

$$\left(g - \frac{V^2}{r} \right) \cos\theta - L\cos v_{\text{EQ}} \leqslant 0 \tag{2.38}$$

式中,v_{EQ} 表示准平衡滑翔倾侧角。式(2.38)右端取等号时表示飞行器保持准平衡滑翔所需的最小升力加速度分量。因此,当飞行器的总升力加速度恒大于这个最小值时就能确保飞行器实现准平衡滑翔飞行。

本章小结

本章首先定义了飞行器再入时的常用坐标系,包括发射坐标系、再入坐标系、半速度坐标系等。同时,考虑后续飞行器运动特性研究的需要和方便,确定了坐标系间的相互转换关系,还给出了一些常用姿态角的定义。进一步,给出了研究飞行器再入运动的三自由度一般空间运动模型以及相应的简化空间运动模型和质心平面运动模型。最后,针对再入飞行过程中的驻点热流密度、动压以及过载等典型过程约束、控制约束以及初始和终端状态约束,给出了相应的数学模型描述。本章的坐标系定义和运动模型构建是全书一切运动分析和弹道规划与制导方法研究的基础。

第3章 RLV 再入机动能力分析

机动能力大小决定了标准剖面规划和任务设计的可行边界,是标准剖面规划和飞行任务设计的基础。为了表征 RLV 的再入机动能力,本章分别建立了经典再入飞行走廊和三维飞行走廊模型,然后以此为基础计算了滑翔终端的目标覆盖区域[133]。飞行走廊是典型过程约束的集合,确定了标准剖面规划的可行边界;目标覆盖区域则是满足给定过程和初终端等约束下滑翔段弹道终端落点的集合,明确了任务的可行边界。目标覆盖区域越大,飞行器的机动能力越强,完成绕过禁飞区或通过航路点等横侧向大机动飞行任务的可靠性越好。因此,它是 RLV 机动能力大小的重要指标,是国内外诸多学者都在进行广泛而深入探索的重要问题。

为了分析 RLV 再入时在攻角剖面约束解除下机动能力的发挥程度,本章首先建立基于参考攻角剖面的经典再入飞行走廊,并求出对应的覆盖区域大小;然后,以此为基础,给出参考攻角剖面约束解除下滑翔段典型过程约束与三维飞行走廊的映射模型,分析了走廊模型中关键参数的影响特性,并提出了一种侧向优先的三维剖面覆盖区域求解方法;最后,研究了飞行器本体和环境不确定性因素对覆盖区域影响的快速估算方法,为后续规划可行的三维剖面奠定基础。

3.1 经典再入飞行走廊模型

早在航天飞机再入制导时就已提出了基于阻力加速度－速度剖面的再入走廊[44],其最大特点在于可以将飞行过程中的过载、热流等过程约束转换到走廊的约束边界,为标准轨迹设计提供极大的方便。下面将详细介绍再入飞行过程中的各种典型过程约束及相应飞行走廊模型的构建方法。

3.1.1 基于标准剖面的再入飞行走廊模型构建

为了直观地分析驻点热流密度、动压、过载及准平衡滑翔条件等对 RLV 弹道特性的影响规律及影响程度,将各约束条件经过一定转换并投影到特定坐标平面内,构成所谓的飞行走廊。常见的飞行走廊有高度 – 速度($H-V$)、阻力加速度 – 速度($D-V$)、高度 – 能量($H-E$)、阻力加速度 – 能量($D-E$)等不同表示形式。$D-E$ 和 $H-E$ 飞行走廊分别与 $D-V$ 和 $H-V$ 飞行走廊类似,仅坐标横轴不一样。虽然各飞行走廊描述形式不同,但是都能从不同的侧面反映出各飞行约束条件对飞行弹道的影响特性,因此它们是等价的。对再入弹道规划来说,理论上只需将实际飞行剖面限制在飞行走廊内,即可保证对应的弹道满足各飞行约束条件。

确定飞行走廊首先需要设计参考攻角剖面。借鉴航天飞机攻角剖面设计的经验,在初始飞行段以大攻角飞行,可以减轻热防护的负担,在通过气动加热严重的飞行阶段后再以大升阻比攻角飞行,以增加纵向航程和侧向机动能力。取攻角剖面为速度的分段线性函数:

$$\alpha = \begin{cases} \alpha_{\max} & V \geqslant V_1 \\ \dfrac{\alpha_{\mathrm{LDmax}} - \alpha_{\max}}{V_2 - V_1}(V - V_1) + \alpha_{\max} & V_2 \leqslant V < V_1 \\ \alpha_{\mathrm{LDmax}} & V < V_2 \end{cases} \tag{3.1}$$

其中,$\alpha_{\max}$、α_{LDmax} 分别为最大飞行攻角和最大升阻比对应攻角;V_1 和 V_2 为攻角曲线的分段参数,其大小可根据飞行器防热及航程需求加以确定。

1. $D-V$ 飞行走廊数学建模

首先,根据建立的约束模型,将再入飞行过程中的驻点热流、动压、过载等典型过程约束以及准平衡滑翔条件转换为关于 $D-V$ 飞行走廊的形式。下面将分别对各约束的转换过程进行详细叙述。

(1)驻点热流密度约束边界

综合式(2.9)中第二式及式(2.28)中的驻点热流密度计算公式,得

$$D(V) \leqslant D_{\dot{Q}_{\max}}(V) = \frac{S_{\mathrm{r}} \dot{Q}_{\max}^2 C_{\mathrm{D}}}{2 M K_{\mathrm{h}}^2 V^{2m-2}} \tag{3.2}$$

式(3.2)将驻点热流密度约束转换成阻力加速度 D 与速度 V 的数学关系式,其含义是当速度为 V 时,为满足驻点热流密度约束,飞行器阻力加速度必须小于最大驻点热流密度对应的阻力加速度边界值 $D_{\dot{Q}_{\max}}$。

（2）动压约束边界

根据阻力加速度及动压计算公式易得最大动压约束对应的 $D-V$ 飞行走廊边界为

$$D(V) \leqslant D_{q_{max}}(V) = \frac{q_{max} S_r C_D}{M}$$ (3.3)

同理,式(3.3)的含义是当速度为 V 时,为满足动压约束,飞行器阻力加速度必须小于最大动压对应的阻力加速度边界值 $D_{q_{max}}$。

（3）总过载边界

考虑到升力和阻力加速度有如下关系

$$L = \frac{C_L}{C_D} D$$ (3.4)

将式(2.9)第二式代入式(2.34)中的飞行器总过载约束条件,得

$$D(V) \leqslant D_{n_{max}}(V) = \frac{n_{max} g_0}{\sqrt{1+(C_L/C_D)^2}}$$ (3.5)

（4）准平衡滑翔边界

根据零倾侧角平衡滑翔条件可得

$$\left(g - \frac{V^2}{r}\right) - D\frac{C_L}{C_D} \leqslant 0$$ (3.6)

由式(3.6)不难得出

$$D(V) \geqslant D_{eg}(V) = \frac{C_D}{C_L}\left(g - \frac{V^2}{r}\right)$$ (3.7)

考虑到高度相对于地心距为小量,式(3.7)中 r 可近似取为 $R_e + \tilde{h}$,其中 R_e 为地球平均半径,$\tilde{h}$ 为平均滑翔飞行高度。

（5）上下边界确定

$D-V$ 飞行走廊的上边界 $D_{up}(V)$ 由 $D_{\dot{Q}_{max}}(V)$、$D_{n_{max}}(V)$ 及 $D_{q_{max}}(V)$ 构成,而下边界 $D_{down}(V)$ 由 $D_{eg}(V)$ 构成,即

$$\begin{cases} D_{up}(V) = \min\{D_{\dot{Q}_{max}}(V), D_{n_{max}}(V), D_{q_{max}}(V)\} \\ D_{down}(V) = D_{eg}(V) \end{cases}$$ (3.8)

2. $D-E$ 飞行走廊数学建模

假设再入起始点和终端能量分别为 E_0 和 E_f,对能量 E 进行归一化处理,即令 $e = (E - E_0)/(E_f - E_0)$,使得再入起点和终端归一化能量分别为 $e_0 = 0$ 和

$e_f = 1$。假定 $r \approx \tilde{r}(\tilde{r}$ 的取值方法同 $e)$，则可由 $D-V$ 飞行走廊获得驻点热流密度、动压、过载以及准平衡滑翔条件对应的 $D-E$ 走廊模型。

$$\begin{cases} D(e) \leqslant D_{\dot{Q}_{\max}}(e) = \dfrac{C_D[\alpha, Ma(e,\tilde{r})]S_r \dot{Q}_{\max}^2}{2MK_h^2 V^{2m-2}} \\[4mm] D(e) \leqslant D_{q_{\max}}(e) = \dfrac{q_{\max} C_D[\alpha, Ma(e,\tilde{r})]S_r}{M} \\[4mm] D(e) \leqslant D_{n_{\max}}(e) = \dfrac{n_{\max} g_0}{\sqrt{1 + \left\{\dfrac{C_L}{C_D}[\alpha, Ma(e,\tilde{r})]\right\}^2}} \\[6mm] D(e) \geqslant D_{eg}(e) = \dfrac{C_D}{C_L}\left(g - \dfrac{V^2}{\tilde{r}}\right) \end{cases} \tag{3.9}$$

式中，$V = \sqrt{2[e(E_f - E_0) + E_0] + 2\mu/\tilde{r}}$。在标准条件下，若将再入弹道对应 $D-E$ 剖面限制在 $D-E$ 飞行走廊内，即可满足驻点热流密度、动压、过载和准平衡滑翔约束。

3. $H-V$ 飞行走廊数学建模[42]

为推导方便，假设大气密度采用指数模型，即

$$\rho(h) = \rho_0 e^{-\frac{h}{h_s}} \tag{3.10}$$

将式(2.28)、式(2.30)、式(2.34)和式(2.38)中各表达式转换为高度和速度的函数表达式，得

$$\begin{cases} H(V) \geqslant H_{\dot{Q}_{\max}}(V) = 2h_s \ln\left[\rho_0 \left(\dfrac{V^{3.15} K_h}{\dot{Q}_{\max}}\right)\right] \\[4mm] H(V) \geqslant H_{q_{\max}}(V) = h_s \ln\left(\dfrac{\rho_0 V^2}{2q_{\max}}\right) \\[4mm] H(V) \geqslant H_{n_{\max}}(V) = h_s \ln\left[\dfrac{S_r V^2 \sqrt{C_D^2 + C_L^2}}{2n_{\max} M g_0}\right] \\[4mm] H(V) \leqslant H_{eg}(V) \end{cases} \tag{3.11}$$

其中：$H_{\dot{Q}_{\max}}$、$H_{q_{\max}}$、$H_{n_{\max}}$、H_{eg} 分别表示热流密度、动压、总过载、准平衡滑翔条件对应的高度边界；H_{eg} 无解析解，需要迭代计算。$H-V$ 剖面内的飞行走廊上下边界为

$$\begin{cases} H_{up} = H_{eg}(V) \\ H_{down} = \max\left[H_{q_{max}}(V), H_{n_{max}}(V), H_{\dot{Q}_{max}}(V) \right] \end{cases} \quad (3.12)$$

3.1.2 标准飞行走廊模型特性分析

根据 3.1.1 中建立的三种不同再入走廊模型知,当以速度或能量为自变量时,对于每一个离散点时刻,影响飞行走廊的因素主要是参考攻角剖面。考虑到 $D - V$、$D - E$ 或者 $H - E$ 仅是再入飞行走廊模型不同的表现形式,因此可选择其中一个作为典型代表详细分析不同攻角剖面对再入走廊模型的影响。

将驻点热流、过载、动压以及准平衡滑翔条件约束关于能量的表达式(3.9)转换为图 3.1 所示的再入走廊,其中热流、过载和动压构成再入走廊的上边界,零倾侧准平衡滑翔条件为走廊的下边界,攻角取值范围为 $\alpha \in \left[10°,20° \right]$。与传统再入走廊相比,纵向阻力剖面走廊由于攻角并未事先给出,故而其上下边界分别由最大最小攻角求得,从而相应的走廊也会变宽。由图可见,随着攻角的增加,再入飞行走廊边界整体向上平移。同时,就具体某一攻角对应的走廊而言,上边界并不像传统飞行走廊边界(图中虚线)那样可以明确区分驻点热流、过载和动压边界。对固定攻角时得到的再入走廊,仅可以明确区分出驻点热流影响的部分,过载和动压之间的区分则不明显。但总体而言,随着再入走廊宽度增加,可行解的取值范围也相应增大。

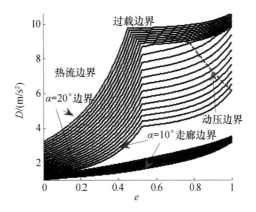

图 3.1 不同攻角剖面下经典 $D - E$ 走廊变化

3.2 基于经典走廊的覆盖区域求解方法

到目前为止,RLV 目标覆盖区域的计算仍是一个比较棘手的问题:既需要满足多项严苛等式和不等式的约束,同时还要考虑快时变、强耦合以及强非线性等因素的影响。此外,目标覆盖区域的计算还要求快速和准确兼顾。因此,通过穷举所有控制量进行纯数值积分的方法由于计算耗时过长而被迫放弃。针对这一问题,阮春荣(Vinh)首先提出了一种不改变初始速度方向,通过求解一系列给定纵程下最大横程轨迹的方法来获得覆盖区域[134]。但这种方法过于粗糙,没有考虑动压、过载以及驻点热流等约束的影响,弹道计算误差相对较大。Mease 等则利用航程与阻力加速度近似成反比的特性,提出了一种基于阻力加速度剖面跟踪的覆盖区域生成方法[47]。因为覆盖区域是通过跟踪走廊内的可行剖面获得,故求解过程自然满足约束要求;由于仅需要跟踪少量可行剖面即可获得较高精度,从而有效兼顾了准度和计算速度的要求。但这种方法对跟踪制导方法的性能依赖性较强且仍需大量数值积分计算,故也不能很好地满足实时计算需求。为此,Zhang[135]基于几何变换,通过建立阻力加速度剖面与纵、横程的半解析映射模型,探索了一种覆盖区域的快速生成算法。Lu 和 Xue 则利用最优控制求解得到的倾侧角指令控制轨迹逼近一系列事先设置的虚拟目标点来获得结果[136]。虽然其推导过程比较烦琐,但是可以解析表达最优控制量与落点的对应关系,从而使得该方法在实现快速求解覆盖区域的同时保持了较高精度。上述覆盖区域的计算基本都是在给定攻角剖面下完成的,He[61]首先针对不定攻角的覆盖区域求解问题给出了一种有益探索,但其研究的重点主要是环境不确定性因素对覆盖区域的影响。

为此,本节将基于经典飞行走廊,通过插值求解走廊内所有可行剖面并产生所有可行剖面弹道的终端落点,进而获得 RLV 的再入覆盖区域。值得注意的是,该部分求解的覆盖区域是针对参考攻角剖面给定情况下的。求解基于经典走廊的覆盖区域,一方面是为了加深读者对基于再入走廊求解覆盖区域方法的理解和认识;另一方面则是为了与后文基于三维剖面的覆盖区域求解过程相对比,进一步凸显三维剖面覆盖区域的广域覆盖能力。

3.2.1 基于经典走廊的机动能力分析策略

RLV 在飞行过程中发生异常事件时,需要基于当前位置预测终端目标区域覆盖范围以做出最佳机动抉择。覆盖区域的范围由弹道终端落点位置决定,即所有最外侧的落点位置围成的区域就是满足约束下的覆盖区域。当飞行器沿着设计的飞行剖面飞行时,出于某种需求而需要基于当前位置点进行机动能力预测时,一般只需求出基于当前飞行剖面向上或向下平移直至再入走廊边界后得到的覆盖区域即可,因为飞行器在飞行过程中对剖面进行较大的调整是十分困难的。当然,在方案设计初期或者飞行器还未进入飞行剖面时,需要事先知道其机动能力以确保飞行任务的顺利完成和安全。

目前,大多数关于跟踪参考剖面求解覆盖区域的文献都是采用将最外侧落点直接连接或者简单增加最远纵程点连接获得。当初始、末端剖面的两侧终端落点相距较远时,这种近似计算得到的结果与真实情况将会相差较大,如图 3.2 所示。基于这一点,本书提出先采用轨迹快速生成方法生成单条剖面可达边界,然后将剖面扩展到再入走廊边界,以此获得覆盖区域。

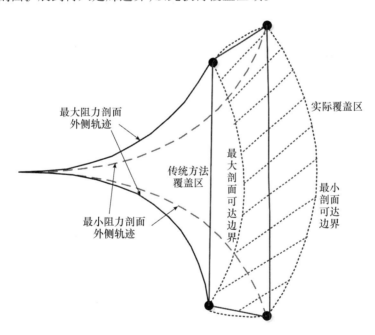

图 3.2　传统方法求解覆盖区域的弊端

1. 单条剖面可达边界计算

如果飞行过程中倾侧翻转的次数和时机不相同,飞行器沿着同一 $D-E$ 剖面飞行的终端落点也会发生变化。图 3.3 表示的是飞行器从准平衡滑翔段开始

沿设计的 $D-E$ 剖面飞行时,从滑翔段某一点开始改变倾侧翻转次数和时机而获得的终端落点分布的样图。若将图3.3上的终端落点逐次连起来,即可获得该剖面满足约束条件下的覆盖区域。可见,沿剖面飞行的目标覆盖区域是由内外两侧的落点围成的一个狭小区域,类似月牙形。由于这个区域过于狭小,在做快速预测时将其看作一条曲线。显然,最大纵程点应该落在最外侧边界,即可达边界上。因此根据上下两侧的落点和最大纵程点,可以拟合得到一条通过这三点的二次曲线,即沿该剖面飞行时满足约束下的可达边界。

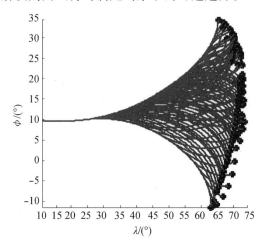

图3.3　单条剖面落点分布样图

记两侧轨迹终端落点分别为 (λ_1,ϕ_1)、(λ_2,ϕ_2),最大纵程点为 (λ_0,ϕ_0),则

$$\begin{cases} c = (\lambda_1 - a)^2 + (\phi_1 - b)^2 \\ c = (\lambda_2 - a)^2 + (\phi_2 - b)^2 \\ c = (\lambda_0 - a)^2 + (\phi_0 - b)^2 \end{cases} \quad (3.13)$$

式中,(λ_1,ϕ_1)、(λ_2,ϕ_2) 可以根据剖面直接由轨迹快速预测方法获得,而 (λ_0,ϕ_0) 则可通过纵横程与经纬度转换得到,只需将横程设为0、纵程设为最大即可(详见3.2.2节)。解式(3.13),得

$$\begin{cases} a = \dfrac{1}{2} \dfrac{(\lambda_0^2 + \phi_0^2)(\phi_1 - \phi_2) + (\lambda_2^2 + \phi_2^2)(\phi_0 - \phi_1) + (\lambda_1^2 + \phi_1^2)(\phi_2 - \phi_0)}{\lambda_0(\phi_1 - \phi_2) + \lambda_2(\phi_0 - \phi_1) + \lambda_1(\phi_2 - \phi_0)} \\[3mm] b = -\dfrac{1}{2} \dfrac{(\lambda_0^2 + \phi_0^2)(\lambda_1 - \lambda_2) + (\lambda_2^2 + \phi_2^2)(\lambda_0 - \lambda_1) + (\lambda_1^2 + \phi_1^2)(\lambda_2 - \lambda_0)}{\lambda_0(\phi_1 - \phi_2) + \lambda_2(\phi_0 - \phi_1) + \lambda_1(\phi_2 - \phi_0)} \\[3mm] c = (\lambda_1 - a)^2 + (\phi_1 - b)^2 \end{cases}$$

$$(3.14)$$

由求得的可达边界曲线与最外侧两条预测弹道曲线围成的扇形区域即为沿当前剖面飞行所能获得的满足约束条件下的可达区,而可达边界则近似为当前剖面的覆盖区域。

2. 覆盖区域计算

考虑两种情况下覆盖区域的计算:沿初始飞行剖面仅作小范围调整时的覆盖区域和再入走廊内覆盖区域。

针对沿初始剖面作小范围调整的情况,只需将最大和最小单条剖面的可达边界求出,再将两者直接连起来即可(见图 3.2 虚线框部分)。记 D_{up} 和 D_{dn} 分别表示再入走廊上下边界阻力加速度大小,则

$$\begin{cases} D_{max} = \min(D_{up}(E_1), D_{up}(E_2)) \\ D_{min} = \max(D_{dn}(E_1), D_{dn}(E_2)) \end{cases}$$

$$(3.15)$$

对于再入走廊内的覆盖区域求解,则相对要复杂些。需要依靠再入走廊的上下边界,通过插值产生所有可行的飞行剖面。首先,求出最大最小剖面的可行边界,再利用阻力剖面与轨迹的映射关系求出其他所有剖面的两侧终端落点,并依次连接后与可行边界围成一个封闭区域,即覆盖区域。记当前飞行器能量为 E 时对应的阻力加速度为 $D(E)$, D_{minf}、D_{maxf} 分别表示最小、最大阻力剖面,其余各种情况下剖面采用最大和最小剖面线性插值求得。插值公式为

$$D(E) = D_{maxf}(E) + k_{cd}(D_{minf}(E) - D_{maxf}(E)) \tag{3.16}$$

式中,k_{cd} 称为插值系数,$k_{cd} \in [0,1]$。通过遍取 k_{cd} 的值,对产生的所有可行剖面求出终端落点,从而获得整个再入走廊内的覆盖区域。

根据上述覆盖区域计算策略,无论是求解沿初始飞行剖面仅作小范围调整时的覆盖区域还是再入走廊内覆盖区域,其关键都在于快速获得走廊内标准剖面对应的落点轨迹。因此,在开始求解覆盖区域前,先给出一种基于 $D-E$ 剖面的轨迹近似解析预测方法,然后结合前面的覆盖区域求解策略快速获得 RLV 的再入覆盖区域。

3.2.2 基于 $D-E$ 剖面的轨迹近似解析预测方法

为了快速生成参考轨迹,除了 2.1 节中定义的常用坐标系外,还需再重新定义一个如图 3.4 所示的地面轨迹坐标系。以当前状态点为坐标原点,平行于速度方位角方向为 x 轴正方向,z 轴垂直当地水平面指向上,y 轴则通过右手定则确定。根据物理意义,所求得的 x、y 轴上的分量分别为地面轨迹的纵程和横程。当纵、横程求出后,利用几何关系即可求出相应的弹道落点经纬度,从而得到剖面的地面轨迹曲线。

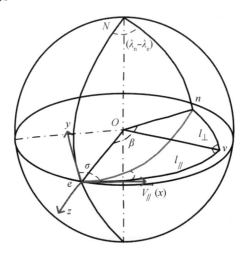

图 3.4　飞行器轨迹在地球上的投影

1. 纵横程预测模型

以曲线上凹时为例,假设飞行器在 $[t, t+\mathrm{d}t]$ 时间区间内对应的地面投影为 $\widehat{en}$,曲线上 e 和 n 两点对应的曲率半径分别为 R_1 和 R_2;C_1、C_2 分别为对应的瞬时曲率中心,C' 为两条曲率半径的交点,如图 3.5 所示。定义瞬时曲率半径与坐标轴 y 的夹角为瞬时转弯角。那么,在 $\mathrm{d}t$ 时间内,x、y 方向的位移增量 $\mathrm{d}x$、$\mathrm{d}y$ 分别表示为

$$\begin{cases} \mathrm{d}x = R_2 \sin(\psi + \mathrm{d}\psi) - R_1 \sin\psi + C_x \\ \mathrm{d}y = R_1 \cos\psi - R_2 \cos(\psi + \mathrm{d}\psi) + C_y \end{cases} \tag{3.17}$$

式中,C_x、C_y 分别表示瞬时曲率中心在 $\mathrm{d}t$ 内移动后投影到 x、y 方向的分量。因此,若能求解出任意时刻的瞬时曲率半径 R、瞬时转弯角 ψ 及补偿项 C_x、C_y,则

对应的地面轨迹曲线就可以得到。

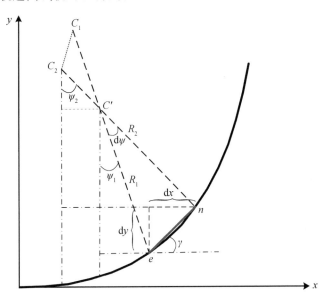

图 3.5 水平面轨迹

结合图 3.4、图 3.5,根据几何关系有弦长 en 为

$$en = 2R_0 \sin(\beta/2) \qquad (3.18)$$

式中,R_0 为地球的平均半径,β 为从 e 到 n 的射程角。考虑到转角增量 $\mathrm{d}\psi$ 为小量,$\triangle eC'n$ 可近似看作等腰三角形。若令 $eC' = R'$,则

$$R' = \frac{en}{2\sin(\mathrm{d}\psi/2)} = R_0 \frac{\sin(\beta/2)}{\sin(\mathrm{d}\psi/2)} \qquad (3.19)$$

定义 R' 为特征半径,其主要与单位转角相关。由式(3.19)知,特征半径大小与地球半径大小相近,故而在短时间内弦长 en 相对于 R' 恒为小量;同时,在弦长 en 一定的条件下,单位转角越大,特征半径越小。据此,以 $R' < R_2 < R_1$ 为例(见图 3.6),对式(3.17)有

$$\begin{cases} \mathrm{d}x = R_2 \sin(\psi + \mathrm{d}\psi) - R_1 \sin\psi + \left[(R_1 - R')\sin\psi - (R_2 - R')\sin(\psi + \mathrm{d}\psi) \right] \\ \qquad = R'\sin(\psi + \mathrm{d}\psi) - R'\sin\psi \\ \mathrm{d}y = R_1 \cos\psi - R_2 \cos(\psi + \mathrm{d}\psi) + \left[(R_2 - R')\cos(\psi + \mathrm{d}\psi) - (R_1 - R')\cos\psi \right] \\ \qquad = R'\cos\psi - R'\cos(\psi + \mathrm{d}\psi) \end{cases}$$

$$(3.20)$$

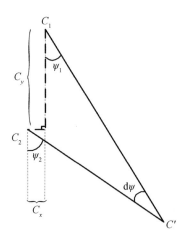

图 3.6　圆心移动产生的补偿项

将式(3.19)代入式(3.20)，化简得

$$dx = 2R_0 \sin(\beta/2) \cos\left(\psi + \frac{d\psi}{2}\right) \tag{3.21}$$

$$dy = 2R_0 \sin(\beta/2) \sin\left(\psi + \frac{d\psi}{2}\right) \tag{3.22}$$

事实上，将 $\triangle eC'n$ 近似看作等腰三角形存在着计算误差。下面不做近似，分别令 $C'e = R_1'$，$C'n = R_2'$，则

$$\begin{cases} dx = R_2' \sin(\psi + d\psi) - R_1' \sin\psi \\ dy = R_1' \cos\psi - R_2' \cos(\psi + d\psi) \end{cases} \tag{3.23}$$

对比式(3.20)、式(3.23)可知，采用等腰三角形近似求解补偿项所得结果与真实值之间的误差呈正余弦曲线变化。当 $d\psi$ 足够小时，是可以保证结果的精度的。因为射程角 β 可以通过剖面航程预测得到，由式(3.21)、式(3.22)可知，只要求出转角 ψ 和单位转角 $d\psi$ 值，积分即可得到所求地面轨迹。

为简化问题，不考虑地球自转，分析水平内的侧向运动有

$$m \frac{(V\cos\theta)^2}{R} = C_L q S_r \sin\upsilon \tag{3.24}$$

因为 θ 为小量，故可认为 $\cos\theta = 1$。将动压 q 展开消去 V^2，得转弯半径

$$R = \frac{2m}{\rho C_L S_r \sin\upsilon} \tag{3.25}$$

式中：升力气动系数 C_L 与所选飞行器有关，一般将其看作攻角和马赫数的函数；ρ 为大气密度，采用拟合公式 $\rho = \rho_0 e^{-\beta h}$ 进行近似；S_r 为飞行器参考特征面积，υ

为倾侧角。通常,飞行器再入时采用优化计算得到的攻角 – 速度函数剖面进行控制。因此,倾侧角的大小和符号直接决定了飞行器在当前时刻的瞬时曲率半径大小和方向。根据航天飞机再入弹道规划方法知,阻力加速度剖面直接决定了 υ 的大小。下面简要介绍基于剖面求解 υ 的方法。

根据参考 D – E 剖面,结合阻力加速度的定义可以计算出对应于某个能量 E 下的参考地心距 r_0 和速度 V_0。以 $D = E_0 + k(E - E_0)$ 表示设计的 D – E 剖面,则对 D 求关于 t 的导数得

$$\frac{\mathrm{d}D}{\mathrm{d}t} = -kDV \tag{3.26}$$

由

$$\dot{h} = V\sin\theta \approx V\theta \tag{3.27}$$

两边同时对 t 继续求导,得

$$\ddot{h} = \dot{V}\theta + V\dot{\theta} = -D\frac{\dot{h}}{V} + \left(\frac{V^2}{r} - g\right) + (L\cos\upsilon/D)D \tag{3.28}$$

根据标准大气指数模型

$$\rho = \rho_0 \mathrm{e}^{-h/h_s} \tag{3.29}$$

上式两边分别对时间 t 求导可得

$$\frac{\dot{\rho}}{\rho} = -\frac{\dot{h}}{h_s} \tag{3.30}$$

利用阻力加速度定义式,将其对时间 t 求导可得

$$\frac{\dot{D}}{D} = \frac{\dot{\rho}}{\rho} + \frac{2\dot{V}}{V} + \frac{\dot{C}_D}{C_D} \tag{3.31}$$

将式(3.30)代入式(3.31),则

$$\dot{h} = -h_s\left(\frac{\dot{D}}{D} + \frac{2D}{V} - \frac{\dot{C}_D}{C_D}\right) \tag{3.32}$$

此时,将式(3.32)两边分别对时间 t 求导,可得高度二阶变化率的另一种表达式

$$\ddot{h} = -h_s\left(\frac{2\dot{D}}{V} + \frac{2D^2}{V^2} + \frac{\ddot{D}}{D} - \frac{\dot{D}^2}{D^2} + \frac{\dot{C}_D^2}{C_D^2} - \frac{\ddot{C}_D}{C_D}\right) \tag{3.33}$$

联立式(3.31)~(3.33),可解出

$$\ddot{D} - \dot{D}\left(\frac{\dot{D}}{D} - \frac{3D}{V}\right) + \frac{4D^3}{V^2} = -\frac{D}{h_s}\left(\frac{V^2}{r} - g\right) - \frac{D^2}{h_s}(L\cos\upsilon/D) - \frac{\dot{C}_D D}{C_D}\left(\frac{\dot{C}_D}{C_D} - \frac{D}{V}\right) + \frac{\ddot{C}_D D}{C_D}$$

$$(3.34)$$

忽略气动系数 C_D 的一二阶导数,进一步可得到对应设计的 $D-E$ 剖面参考升阻比指令为

$$(L/D)_0 \cos\upsilon = -\frac{1}{D_0}\left(\frac{V_0^2}{r_0} - g\right) - h_s\left(\frac{4D_0}{V_0^2} - 2k\right)$$

$$(3.35)$$

故倾侧角大小为

$$\upsilon = \arccos\left(\frac{(L/D)_0 \cos\upsilon}{(L/D)_0}\right)$$

$$(3.36)$$

式中, $(L/D)_0$ 为由参考速度 V_0 和地心距 r_0 解算的标准升阻比。

实际上,飞行器在滑翔段为了抑制弹道跳动、保持平飞,还应满足准平衡滑翔条件,即

$$L\cos\upsilon \geqslant \left(g - \frac{V^2}{r}\right)\cos\theta$$

$$(3.37)$$

解之,得

$$\upsilon = \arccos\left[\frac{1}{D}\frac{1}{(L/D)}\left(g - \frac{V^2}{r}\right)\right]$$

$$(3.38)$$

对比式(3.36)和式(3.38)知,式(3.36)是对剖面跟踪后的结果,即对式(3.37)取大于号得到的解。但由于两者差别不大,在近似计算时可直接采用式(3.38)进行求解,即

$$R = \frac{MV^2}{\sqrt{L^2 - \left(g - \frac{V^2}{r}\right)^2}}$$

$$(3.39)$$

考虑 dt 内轨迹曲线转过的角度

$$d\psi = \omega dt = \frac{V\cos\theta}{R}\left(-\frac{1}{DV}dE\right)$$

$$(3.40)$$

将式(3.39)代入,两边积分得

$$\psi = \int_{E_0}^{E}\left(-\frac{\sqrt{L^2 - \left(g - \frac{V^2}{r}\right)^2}}{MDV^2}\right)dE$$

$$(3.41)$$

根据定义,初始时刻的 $\psi_0 = 0$。则利用式(3.39)和式(3.41)即可求出沿设计的 $D-E$ 剖面飞行至任意能量处对应的转弯半径和转弯角。将式(3.40)、

式(3.41)代入式(3.21)和式(3.22),积分即可求得地面轨迹曲线在所建立坐标系中的投影分量。

2. 纵横程与经纬度互换关系

为了验证预测模型的准确性,将所得结果与传统航天飞机再入制导得到的结果进行比较。通过本小节前述预测模型求得的投影分量,即纵横程,可利用球面三角变换将其分别转换为相应的经纬度。记 λ_e、ϕ_e 分别表示当前点经纬度,σ_e 为当前速度方位角,λ_n、ϕ_n 为下一时刻落点的经纬度,β 为它们之间的射程角。则由图 3.4 有

$$
\begin{cases}
\cos\beta = \sin\phi_n\sin\phi_e + \cos\phi_n\cos\phi_e\cos(\lambda_n - \lambda_e) \\
\cos\left(\dfrac{\pi}{2} - \phi_e\right) = \cos\beta\cos\left(\dfrac{\pi}{2} - \phi_n\right) + \sin\beta\sin\left(\dfrac{\pi}{2} - \phi_n\right)\cos\angle Nne \\
\cos\left(\dfrac{\pi}{2} - \phi_n\right) = \cos\beta\cos\left(\dfrac{\pi}{2} - \phi_e\right) + \sin\beta\sin\left(\dfrac{\pi}{2} - \phi_e\right)\cos\angle Nen
\end{cases}
\tag{3.42}
$$

解出 $\angle Nne$、$\angle Nen$,故

$$
\angle ven = \angle Nen - \angle Nev \approx \angle Nen - \sigma
\tag{3.43}
$$

$$
\angle vne = \arctan\left(\frac{\cos\angle ven}{\cos\beta\sin\angle ven}\right)
\tag{3.44}
$$

因此横程角 $\angle vOn$ 为

$$
\angle vOn = \arccos\left(\frac{\cos\angle ven}{\sin\angle vne}\right)
\tag{3.45}
$$

纵程角 $\angle vOe$ 为

$$
\angle vOe = \arccos\left(\frac{\cos\angle vne}{\sin\angle ven}\right)
\tag{3.46}
$$

反过来,若已知纵程、横程,由 $\cos\beta = \cos\angle vOe\cos\angle vOn$,根据正弦公式可直接求解角 $\angle ven$:

$$
\angle ven = \arcsin\left\{\frac{\sin\angle vOn}{\sin[\arccos(\cos\angle vOe\cos\angle vOn)]}\right\}
\tag{3.47}
$$

1)若轨迹向下偏转,则速度方位角增加,即

$$
\angle Nen = \angle ven + \angle Nev
$$
$$
\approx \angle ven + \sigma
\tag{3.48}
$$

2)若轨迹向上偏转,则速度方位角减少,即

$$
\angle Nen = \angle Nev - \angle ven
$$
$$
\approx \sigma - \angle ven
\tag{3.49}
$$

故可求得对应的落点经度 λ_n 和纬度 ϕ_n 分别为

$$\phi_n = \arcsin(\cos\beta\sin\phi_e + \sin\beta\cos\phi_e\cos\angle Nen) \tag{3.50}$$

$$\lambda_n = \arccos\left(\frac{\cos\beta - \sin\phi_n\sin\phi_e}{\cos\phi_n\cos\phi_e}\right) + \lambda_e \tag{3.51}$$

3. 剩余状态量求解

根据纵横程预测模型和纵横程与经纬度互换关系,基于阻力加速度剖面可获得终端经纬度、参考高度和速度以及控制量攻角和倾侧角,仅剩下速度倾角 θ 和速度方位角 σ 未知。将式(3.32)代入式(3.31),并将微分变量换为能量,得

$$\frac{\partial D}{\partial E} = \left(\frac{\partial C_D}{\partial E}\frac{1}{C_D} + \frac{2}{V^2}\right)D + \left(\frac{1}{h_s} + \frac{2\tilde{g}}{V^2}\right)\sin\theta \tag{3.52}$$

其中

$$\tilde{g} = g\left(1 - \frac{2h}{r}\right)$$

忽略阻力系数的导数,将由剖面计算的高度、速度代入即可得到参考速度倾角。又由动力学方程,可反求出参考速度方位角

$$\sigma = \arccos\left(\frac{Drd\phi}{dE}\right) \tag{3.53}$$

4. 仿真分析

本章主要研究滑翔段覆盖区的快速计算,因此直接从滑翔段起点开始仿真。设置滑翔段的初始高度和速度分别为 $h_0 = 56$ km, $V_0 = 6\,400$ m/s,驻点热流、动压和过载约束分别为 $\dot{Q}_{max} = 1\,600$ kW/m^2, $q_{max} = 80$ kPa, $n_{max} = 2.6g$。考虑终端能量管理,要求滑翔终端高度和速度分别为 $h_f = 30(\pm1)$ km, $V_f = 2\,500(\pm50)$ m/s,滑翔终端位置 $\lambda_f = 40°$, $\phi_f = -11.5°$。假设飞行器初始经纬度坐标为 $(0°, 0°)$,初始速度倾角 θ 为 $0°$,初始速度方位角 $\sigma = 71.56°$。同时,设置倾侧角和攻角的幅值约束分别为 $v \in [-80°, 80°]$, $\alpha \in [10°, 20°]$。仿真的对象选择洛克希德·马丁公司的 CAV–H 模型,其质量和气动参考面积分别为 907 kg 和 0.4893 m^2,气动系数与攻角和马赫数的关系详见附录 A。

给定图 3.7 所示参考攻角 – 速度剖面,结合飞行任务设计如图 3.8 所示的参考 D – E 飞行剖面。根据轨迹快速预测方法,将传统航天飞机再入跟踪制导得到的结果与之进行比较,验证方法的正确性。图 3.9 为预测模型与传统方法得到的三维弹道曲线比较,图 3.10 表示预测模型相对传统方法的经纬度误差变化曲线。

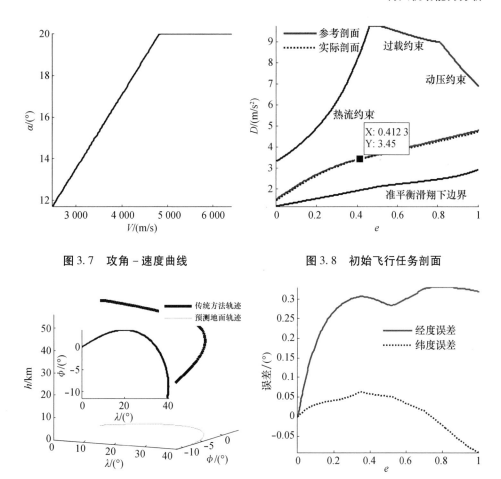

图 3.7　攻角 - 速度曲线　　　　图 3.8　初始飞行任务剖面

图 3.9　传统数值积分与预测模型轨迹比较　图 3.10　传统数值积分与预测模型的误差

　　结合图 3.8、图 3.9 可知,当实际飞行剖面可以良好跟踪参考剖面时,提出的轨迹快速生成方法可以较好地匹配传统跟踪制导方法得到的结果,两者之间的误差保持在 50 km 以内。同时,CAV - H 仿真得到的终端速度和经纬度分别为 $V = 2~474.16$ m/s,$\lambda = 39.80°$,$\phi = -11.46°$,基本满足给定的任务要求。

　　不失一般性,改变初始条件为 $h_0 = 50.34$ km,$V_0 = 6~392$ m/s,$\theta_0 = 0°$,$\sigma_0 = -95°$,$\lambda_0 = 12°$,$\phi_0 = 19.5°$,同时改用分段折线形式 $D - E$ 剖面(见图 3.11(a)),再将两种方法得到的结果进行比较。图 3.11(b) 为从滑翔起点开始采用预测模型计算得到的弹道曲线与通过动力学方程数值积分求解的结果,图 3.11(c)、(d) 为两者所得结果的经纬度误差和方位角变化比较。图 3.12 为两种求解方法所得三维弹道轨迹比较。

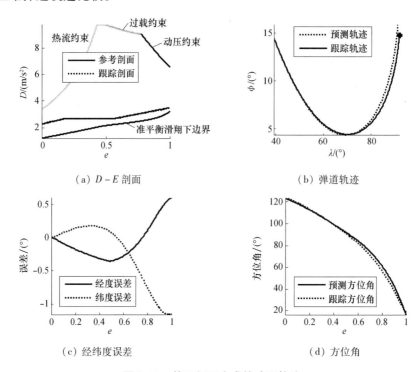

（a）$D-E$ 剖面 （b）弹道轨迹

（c）经纬度误差 （d）方位角

图 3.11　基于剖面生成的地面轨迹

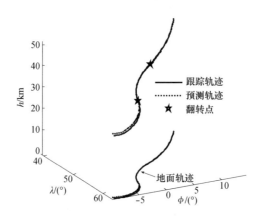

图 3.12　三维轨迹

由图 3.11（c）可以发现,预测模型获得的弹道曲线与传统航天飞机再入制导的结果近似呈正余弦关系,这与本小节第 1 点中的分析是一致的。分析两者之间的误差变化曲线,可以发现在 4 000 km 射程范围内两者的差异在 50 km 以内,而当射程超过 5 000 km 后,两者的差异增大,达到 100 km 左右。一方面是由于预测航程较大,产生较大的累积误差;另一方面则是由于跟踪制导方法对标准剖面跟踪产生的误差,反映到了动力学积分获得的弹道上。由于跟踪制导算法并不能够完美地跟踪标准剖面,而航程大小与阻力加速度近似成反比关系,故当实际飞行剖面并未完全与标准剖面重合时就会产生航程误差,且随着预测的航程增加而增大。图 3.13 ~ 3.16 分别为中等射程和短射程模型预测结果与传统航天飞机再入制导方法的比较。可见,预测的射程越短,模型的预测结果精度越高。同时,对比两种飞行剖面的结果还可以发现,连续型 $D-E$ 剖面的精度较折线型的精度高,其主要原因是折线型剖面在剖面不连续处会出现小波动,引起制导方法跟踪产生小差异。

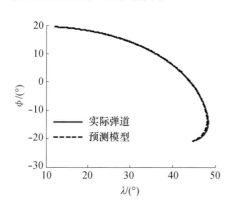

图 3.13　中等射程预测

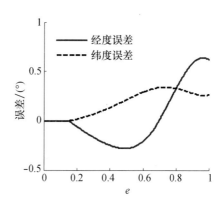

图 3.14　中等射程预测相比的经纬度误差

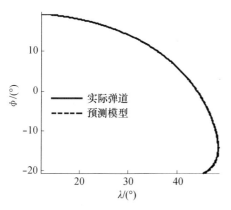

图 3.15　短射程预测

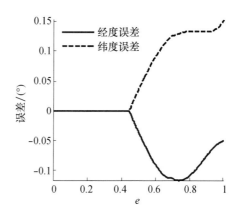

图 3.16　短射程预测相比的经纬度误差

可重复使用飞行器三维剖面制导方法

相较于传统航天飞机再入制导方法而言,虽然所得结果存在一定的偏差,但是由于不需要逐步跟踪设计剖面进行积分求解,计算效率大大提高,同时计算结果的精度可以根据需要设置求解的计算步长而决定。图 3.17、图 3.18 分别为轨迹上凹和下凹时不同仿真点个数下预测模型所得结果的精度比较。可见,在提取约 40 个能量计算点时所得结果就可以达到很高的精度。

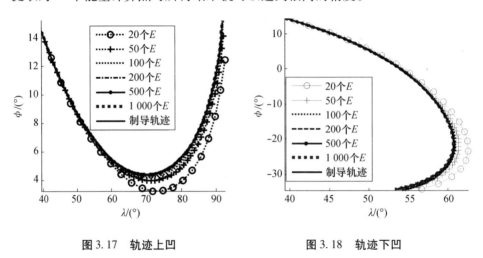

图 3.17　轨迹上凹　　　　　　　图 3.18　轨迹下凹

3.2.3　基于轨迹近似解析预测的覆盖区域生成

依据飞行器当前状态及再入飞行走廊,通过求解走廊内最大最小剖面后,插值获得整个走廊内所有剖面并进行跟踪制导获得目标覆盖区域。根据 3.1 节的分析知,再入走廊上边界一般是由多段线段连接而成的一条不光滑曲线。考虑到跟踪制导时需要求解阻力加速度的一二阶导数,因此对拐点处进行光滑处理。

1. 再入走廊边界的平滑处理

结合再入走廊的具体形状,对走廊约束边界的突变转角处采用三次曲线光滑过渡拟合且保证衔接处导数相等的方式进行光滑处理,具体方法如下。

在距两条曲线交点处各选择一点,左侧一点记为 (D_0,E_0),右侧一点记为 (D_f,E_f)。设待拟合曲线为

$$D = C_1 + C_2E + C_3E^2 + C_4E^3 \tag{3.54}$$

则

$$\begin{cases} D_0 = C_1 + C_2 E_0 + C_3 E_0^2 + C_4 E_0^3 \\ D_f = C_1 + C_2 E_f + C_3 E_f^2 + C_4 E_f^3 \\ D_0' = C_2 + 2C_3 E_0 + 3C_4 E_0^2 \\ D_f' = C_2 + 2C_3 E_f + 3C_4 E_f^2 \end{cases} \tag{3.55}$$

联立方程,可求解出拟合曲线系数 C_1、C_2、C_3、C_4。设飞行器当前位置对应的状态为 (D_c, E_c),要求飞行器在能量变化 ΔE 之后转移到最大(小)阻力加速度剖面上,记此时对应的阻力加速度为 D_e。D_e 由最大(小)阻力加速度剖面求得,则

$$\begin{cases} D_c = C_1' + C_2' E_c + C_3' E_c^2 \\ D_e = C_1' + C_2' (E_c + \Delta E) + C_3' (E_c + \Delta E)^2 \\ D_e' = C_2' + 2C_3' E_0 \end{cases} \tag{3.56}$$

同样可求解出系数 C_1'、C_2'、C_3',即可拟合得到最大阻力加速度剖面。同理,亦可拟合得到最小阻力加速度剖面,如图 3.19 和图 3.20 所示。

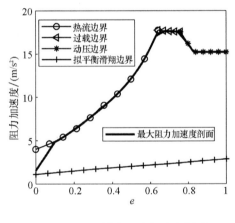

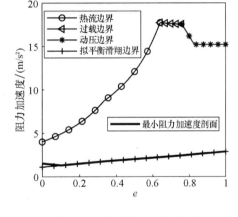

图 3.19　最大阻力加速度剖面　　　　　图 3.20　最小阻力加速度剖面

记当前飞行器能量为 E 时对应的阻力加速度为 $D(E)$,其余各种情况下剖面采用最大和最小剖面线性插值求得。插值公式为

$$D(E) = D_{\text{maxf}}(E) + k_{\text{cd}}(D_{\text{minf}}(E) - D_{\text{maxf}}(E)) \tag{3.57}$$

式中,k_{cd} 称为插值系数。在确定阻力加速度的剖面后,通过剖面跟踪算法可以确定倾侧角大小,积分弹道从而可确定对应的剖面下的落点覆盖范围。飞行器飞行过程中,初始再入时采用大步长积分,以提高计算速度,滑翔末段时为了控制精度,则应采用小步长。

根据式(3.54)~(3.57),结合滑翔段再入制导方法,仿真得到结果如

图 3.21 和图 3.22 所示。当插值系数取得越小,得到的中间剖面越多,仿真得到的弹道数也越多,结果也就越精细,但耗时也越长。

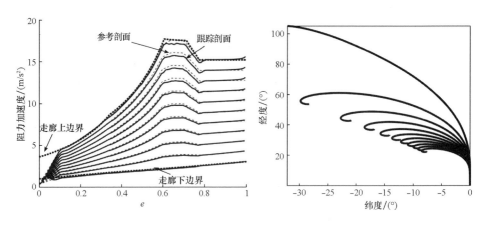

图 3.21 插值拟合阻力加速度剖面   图 3.22 单侧落点覆盖范围

2. 仿真结果分析

根据 3.2.1 节提出的覆盖区域求解策略,先要求解出单条剖面对应的可达边界。将飞行器从当前点至飞行终点的剩余剖面航程作为纵程求出最大纵程点,同时利用弹道快速生成方法预测得到上下两侧边界落点,利用式(3.31)拟合后得到结果如图 3.23 所示。图上五角星位置处即为最大纵程点,其所在的粗虚线即为剖面可达边界,也就是单条剖面的覆盖区。由图可见,拟合得到的可达边界较好地近似了单条剖面的所有终端落点分布区域。为了更进一步验证模型的准确性,还仿真了不同剖面不同起点下的模型预测结果,如图 3.24 所示。

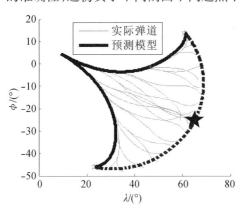 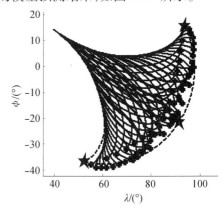

图 3.23 单条剖面覆盖范围拟合   图 3.24 单条剖面覆盖区域验证

保持起点和剖面终点不变,根据目标覆盖区域生成方法,将初始飞行剖面上下平移小范围后,仿真得到结果如图 3.25 所示。图 3.26 为初始剖面在走廊内平移的结果。由图 3.25 可见,从预测起点开始到终端结束点,基于飞行任务的覆盖区域为最外和最内两条剖面的可达边界与两端落点连线构成。由于在求解单条剖面覆盖区域时是以最大纵程点进行拟合的,故最内侧剖面求得的覆盖区域相对靠里,从而整个覆盖区域比实际要小些。

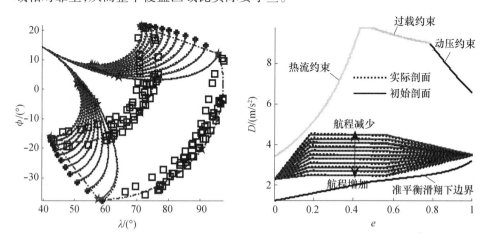

图 3.25　基于飞行任务的覆盖范围　　图 3.26　插值获得所有剖面

同样的方法,通过再入走廊上下边界,根据式(3.34)产生所有可飞行剖面后,将由模型预测的所有终端落点连起来即可得再入走廊内的覆盖区域,如图 3.27 所示。显然,图 3.27 所示的覆盖区域更大,主要是图 3.28 中的剖面范围更宽更大引起的。与文献[133]的研究结果相比,该方法的最大优势在于从数学上直接建立一套完整的覆盖区域生成方法,可以快速、准确地获得基于剖面的目标覆盖区域。

理论上,图 3.25 和图 3.27 表示的覆盖区域是飞行器在预测起点时所具有的最大机动能力范围,但由于飞行器本身硬件条件的限制,比如倾侧翻转次数、速率,制导、控制回路的响应时间及效果等都会制约其机动能力的发挥,故而飞行器实际飞行时所能到达的覆盖区域要比理论仿真的稍小一些。

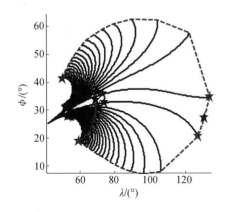

图 3.27　再入走廊内剖面覆盖范围

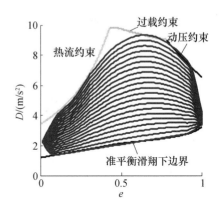

图 3.28　再入走廊内的插值剖面

3.3　基于三维剖面的飞行走廊模型

与传统滑翔走廊不同,三维飞行走廊需要将侧向运动同时考虑到再入走廊的建立中。通过建立的三维飞行走廊实现对飞行器纵向和侧向的运动约束,确保飞行轨迹的可行性。下面将通过分析再入飞行过程中的约束条件,研究并给出一种三维飞行走廊的建立方法,并分析三维飞行走廊模型中关键参数的影响特性。

3.3.1　三维飞行走廊模型构建方法

阻力加速度本身隐含了丰富的纵向运动信息,因此可以用作纵向运动的特征量。同时,根据加速度与力的直接对应关系,通过约束加速度即可实现对控制力的限制。此外,阻力加速度与飞行总航程近似成反比关系,因此通过调整阻力加速度剖面即可调节飞行的总航程。传统(二维)飞行走廊大多通过将再入多种过程约束转换为阻力加速度形式,建立 $D-V$ 或 $D-E$ 飞行走廊。为了将侧向运动考虑到飞行走廊模型中,引入侧向指令变量 L_z,其表达式为

$$L_z = (L/D)\sin\upsilon \tag{3.58}$$

式中,L/D 表示飞行器的升阻比。事实上,可以代表侧向运动的特征量有很多,比如航向角或者侧向加速度,而且它们看起来都更能直观表征侧向运动。但是,航向角的可行变化范围很难直接准确得到。一种可行的方法是基于动力学方

程,经过大量的简化假设,同时再借助侧向指令或侧向加速度进行变换得到。因此航向角也就不如侧向指令或侧向加速度更能直接、精准表征侧向运动。此外,通过分析文献[59 - 60]的前期工作可知,选择 L_z 表示的侧向走廊更能体现三维剖面的优越性,同时也更方便后续三维剖面的设计。因此,建立的三维飞行走廊形式为 $f(D, L_z, E)$,其中 E 表示飞行器单位质量的机械能,即

$$E = \frac{V^2}{2} - \frac{\mu}{r} \qquad (3.59)$$

式中:r 表示从地心到飞行器质心的径向距离;μ 为地球引力常数,计算时取 $\mu = 3.986\,005 \times 10^{14}\ \mathrm{m^3/s^2}$。根据式(3.59)的定义,整个滑翔飞行过程中 E 一直为负值。为了计算方便,通常将 E 用下式进行归一化:

$$e = \frac{E - E_0}{E_f - E_0} \qquad (3.60)$$

其中,E_0 和 E_f 分别表示利用式(3.59)求得的初始和终端机械能。根据式(3.60)的归一化方法,能量从初始到终端变为从 0 ~ 1 单调递增,更加容易理解和计算。

为了建立三维飞行走廊,需要将 2.3 节的约束条件转换为阻力加速度和侧向指令关于能量的形式,即确定三维飞行走廊函数 $f(D, L_z, E)$。参照传统 $D - E$ 飞行走廊的建立方法,可以得到

$$\begin{cases} D(E) \leqslant D_{\dot{Q}_{max}}(E) = \dfrac{C_D[\alpha, Ma(E,h)]S_r \dot{Q}_{max}^2}{2MK_h^2 V^{4.3}} \\[3mm] D(E) \leqslant D_{n_{max}}(E) = \dfrac{n_{max} g_0}{\sqrt{1 + \left\{\dfrac{L}{D}[\alpha, Ma(E,h)]\right\}^2}} \\[3mm] D(E) \leqslant D_{q_{max}}(E) = \dfrac{q_{max} C_D[\alpha, Ma(E,h)]S_r}{M} \\[3mm] D(E) \geqslant D_{eg}(E) = \dfrac{1}{\dfrac{L}{D}[\alpha, Ma(E,h)]}\left(g - \dfrac{V^2}{r}\right) \end{cases} \qquad (3.61)$$

其中,第四个不等式是令式(2.38)的 $v_{EQ} = 0$ 得到的。当给定参考攻角剖面后,即可根据式(3.61)求得传统 $D - E$ 飞行走廊。对于三维飞行走廊而言,则需要遍历攻角取值范围以获得式(3.61)确定的纵向飞行走廊边界。

对于侧向指令 L_z,有

$$|L_z| = \sqrt{(L/D)^2 - [(L/D)\cos v]^2} \qquad (3.62)$$

将准平衡滑翔条件作为硬约束,并忽略地球自转影响。考虑到滑翔段高度变化相对比较缓慢,速度倾角长期保持在 0 附近,因此近似计算时可以令 $\cos\theta = 1$,那么简化后的准平衡滑翔条件可表示为

$$L\cos\upsilon = g - \frac{V^2}{r} \qquad (3.63)$$

由于阻力加速度与升力加速度之间相互依存,对于某一特定的能量点,当高度值给定后,可直接由规划的阻力加速度剖面唯一确定侧向指令的大小。将能量定义式(3.59)代入式(3.63),有

$$L\cos\upsilon = -2\frac{E}{r} - \frac{\mu}{r^2} \qquad (3.64)$$

由式(3.64)知,当能量 E 给定时,$L\cos\upsilon$ 随 r 单调递增。所以,侧向指令可表示为

$$|L_z| = \sqrt{\left(\frac{L}{D}\right)^2 - \left(\frac{L\cos\upsilon}{D}\right)^2} = \sqrt{\left(\frac{L}{D}\right)^2 - \left(2\frac{E}{Dr} + \frac{\mu}{Dr^2}\right)^2} = f(\alpha, E, h) \quad (3.65)$$

如果定义气动系数为攻角和能量的函数,则当能量和攻角给定时,侧向指令 L_z 的大小随地心距或者高度减少而增加。根据飞行任务要求,滑翔段高度控制在 $[h_0, h_f]$ 之间。因此,侧向剖面应满足

$$|L_z| \in [f(\alpha, E, h_0), f(\alpha, E, h_f)] \qquad (3.66)$$

从式(3.66)可知,当能量给定时,侧向走廊边界 $|L_z|$ 的边界与倾侧角无关,仅由攻角和高度决定。事实上,由于滑翔段高度变化相对较小,当能量和攻角给定后高度变化对侧向指令的影响十分有限。故以能量为自变量时,侧向走廊主要由攻角的变化范围确定。值得注意的是,滑翔飞行器的最大升阻比与最大阻力加速度一般不在同一攻角处取得,因此最大侧向边界通常在最大攻角与最大升阻比对应攻角之间某个攻角处产生,后续将会通过仿真结果说明。

3.3.2 三维飞行走廊模型特性分析

参照3.1节中经典飞行走廊的生成方法,设置滑翔段的初始高度为 60 km,初始速度大小为 6 000 m/s,滑翔终端高度和速度分别为 30 km 和 2 500 m/s。同时要求飞行器在滑翔过程中的峰值驻点热流密度、最大动压以及最大过载分别不得超过 2 200 kW/m²、80 kPa、3g。仿真对象仍采用 CAV - H 模型。但是为了简化计算,在实际仿真中通常采用附录 A 中攻角和马赫数的拟合函数求解飞行器的气动系数。由于三维滑翔飞行走廊不再需要事先优化参考攻角剖面,因此在增加控制量的同时也造成了高度解的不唯一性。而倾侧角已经被准平衡滑翔

条件约束,所以影响走廊宽度和形状的主要参数为攻角和高度的变化范围。为了深入分析两者对三维走廊的影响特性,采用控制变量法,即先固定其中某个变量再分析另一个变量对走廊的影响情况。在建立三维飞行走廊之前,首先分别讨论纵、侧向走廊在定攻角随高度、能量和在定高度随攻角、能量的变化情况。

根据设置的仿真条件,令攻角取 $\alpha = 10°$,同时对于每一个能量点均令高度在 h_0 到 h_f 之间变化,分别仿真得到的纵向阻力加速度走廊和侧向指令走廊与高度、能量的关系如图 3.29 所示。根据图 3.29(a)、(b)分别给出的纵向阻力加速度走廊上边界和下边界与高度、能量的变化关系可以发现:当能量给定时,高度即使从最大 h_0 降到最小 h_f,阻力加速度的改变量基本保持在 5% 以内;而当高度给定时,能量变化引起的走廊变化则是质的提升。所以,单独就纵向阻力加

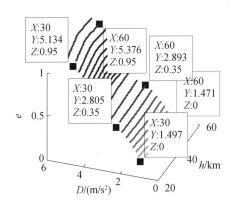

(a)阻力加速度上边界 – 高度 – 能量曲线

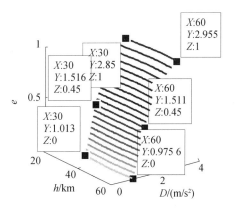

(b)阻力加速度下边界 – 高度 – 能量曲线

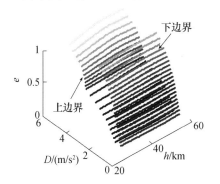

(c)阻力加速度 – 高度 – 能量曲线

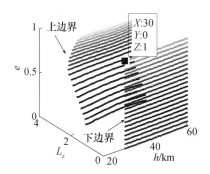

(d)侧向指令大小 – 高度 – 能量曲线

图 3.29　纵、侧向走廊 – 高度 – 能量变化曲线

速度－高度－能量曲线（图3.29（c））而言，当攻角给定时，高度对走廊形状的影响非常有限。同理，分析侧向指令大小－高度－能量曲线（图3.29（d））亦可以发现高度的影响同样非常小。

参照前面的方法，在固定高度的前提下分别仿真纵、侧向走廊随攻角、能量的变化情况。图3.30（a）～（d）分别依次给出了高度保持为h_0时纵向阻力加速度上边界、下边界以及纵向阻力加速度和侧向指令大小走廊随攻角和能量的变化曲线。与高度变化对走廊的影响不同，攻角的改变无论是对于阻力加速度走廊上边界（图3.30（a））还是下边界（图3.30（b））都产生显著的影响。但是相对来说，上边界的变化要比下边界明显一些。分析图3.30（c）给出的整个纵向走廊知，走廊宽度随着归一化能量的递增而逐渐变宽。分析图3.30（d）给出的侧向指令走廊，同样可以发现攻角改变对走廊的影响也是十分显著的。

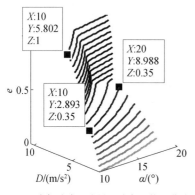

（a）阻力加速度上边界－攻角－能量曲线

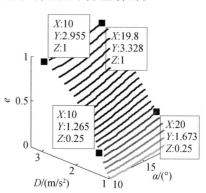

（b）阻力加速度下边界－攻角－能量曲线

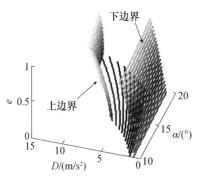

（c）阻力加速度－攻角－能量曲线

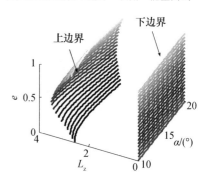

（d）侧向指令大小－攻角－能量曲线

图3.30　纵、侧向走廊－攻角－能量变化曲线

进一步,从全局研究攻角和高度变化对三维耦合飞行走廊的影响。以归一化能量 $e=0.4$ 为例,仍采用前文设置的仿真环境。以准平衡滑翔条件产生的阻力加速度为最小值、过程约束式(3.61)前三项求得最小值作为阻力加速度的最大值,分别在每一次遍取攻角可行值时对应的最小和最大阻力加速度之间均匀产生其他所有值,利用式(3.65)即可求得相对应的侧向指令大小,仿真结果如图 3.31(a)所示。图 3.31(a)中,从最左侧往右攻角逐渐增加,阻力加速度和侧向指令的可行范围也在相应变化。通过分析知,图 3.31(a)所示的阻力加速度和侧向指令可行范围实际上是由最大、最小攻角边界以及过程约束边界围成的一个封闭"左凹"型区域。当飞行器在归一化能量 $e=0.4$ 时,只要 D 和 L_z 取值落在这个封闭区域即代表飞行器轨迹状态保持在给定约束范围,且可以实现准平衡滑翔飞行。

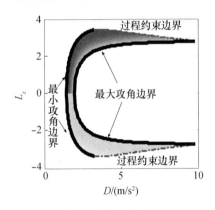 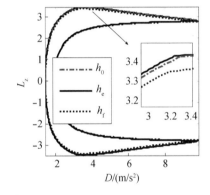

(a) 侧向指令 - 阻力加速度随攻角变化曲线　　(b) 不同高度取值下 $L_z - D$ 曲线

图 3.31　$e=0.4$ 时的局部三维飞行走廊曲线

图 3.31(a)求得的 $L_z - D$ 区域是在高度为 h_0 到 h_f 之间某一值时得到的。因此,当取不同的高度时也将得到不同的局部三维飞行走廊曲线。为了说明这一情况,图 3.31(b)给出了高度分别取 h_0 和 h_f 时得到的结果,同时加入图 3.31(a)的结果进行对比(标注为 h_e)。分析图 3.31(b)可知,对于外侧的三条过程约束边界,随着高度的降低,上边界先增大后减小。这主要是因为当前归一化能量 $e=0.4$ 时过程约束边界对应的主要约束为驻点热流密度约束。由式(3.61)的第一式知,速度越大对应的驻点热流密度越小,即对于同一能量,高度越大对应的驻点热流密度约束也就越大。而对于最大、最小攻角构成的边界,由于其影响因素相对较多,其边界变化也就不如过程约束边界明显。但总体来看,高度在

$[h_f, h_0]$ 间变化时对走廊的改变十分有限。图 3.32 进一步将图 3.31（b）的仿真情况拓展到滑翔段全程。从图 3.32 中可以清晰看出即使在整个滑翔段飞行过程中，高度在 $[h_f, h_0]$ 间变化时三维走廊的形状基本没有改变。因此，为了简化计算，令高度为从 $[h_f, h_0]$ 间关于能量线性变化的函数是合理的。

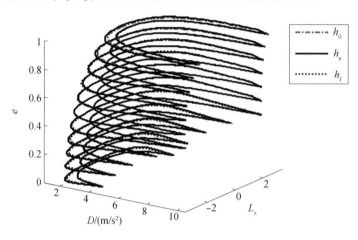

图 3.32　不同高度下三维飞行走廊曲线

因此，基于高度随能量线性变化假设，仿真得到的纵向阻力加速度、侧向指令走廊分别如图 3.33（a）、（b）所示。为了凸显三维剖面飞行走廊的优势，图 3.33（a）、（b）中还分别给出了传统给定攻角剖面下的纵向和侧向飞行走廊边界，图 3.33（c）为相应的参考攻角剖面。由图可见，无论是纵向还是侧向，传统定攻角剖面的走廊明显比三维剖面的要窄得多。同时，仔细观察图 3.33（b）给出的侧向指令大小走廊边界，其最大值大约在攻角为 13° 时产生。分析式（3.65）知，攻角仅是决定走廊边界大小的其中因素之一，这与阻力加速度的上边界在最大攻角处产生不同。最后，将传统飞行走廊拓展到三维空间并与三维剖面飞行走廊进行对比，得到的仿真结果如图 3.33（d）所示。由于传统飞行走廊的攻角剖面给定，二维剖面拓展到三维空间后得到的走廊仅为一个从三维剖面走廊底端最内侧向顶端最外侧渐变的空间异面平面。故传统弹道规划方法为了实现沿设计剖面飞行的同时准确导引到期望目标点，大多通过侧向方位误差走廊或迭代倾侧翻转点使侧向剖面或倾侧角来回切换；否则只能在异面平面上开展十分有限的弹道规划任务。

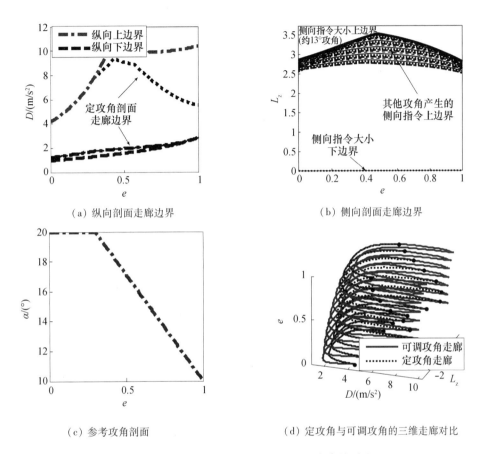

（a）纵向剖面走廊边界　　　　　　　（b）侧向剖面走廊边界

（c）参考攻角剖面　　　　　　（d）定攻角与可调攻角的三维走廊对比

图 3.33　三维剖面飞行走廊与传统飞行走廊的对比

3.4　基于三维剖面的覆盖区域求解方法

RLV 由于具有较大升阻比，可利用气动升力进行复杂的横侧向机动飞行。为了确保后续三维剖面规划和弹道设计的可行性，在设计前需确定飞行器的机动能力大小。一般来说，RLV 的机动能力可以利用飞行器的目标覆盖区域表征，即飞行器基于当前状态点，在满足给定的多种过程和终端约束条件下所能覆盖的滑翔终端目标点的范围。由于攻角剖面事先给定，传统基于阻力加速度剖面的弹道规划方法只需控制倾侧角跟踪再入走廊内所有可行的标准剖面即可产生所有弹道落点。而基于三维剖面的弹道规划方法，其攻角和倾侧角都由设计的三维剖面直接求出,在提高控制自由度的同时也给可行弹道设计增加了困难。因此,需要针对基于三维剖面的弹道规划方法研究相应的覆盖区域求解策略以及计算方法。

3.4.1 基于三维飞行走廊的机动能力分析策略

传统基于阻力加速度剖面的覆盖区域求解思路是通过控制飞行器的倾侧角跟踪再入走廊内所有可行的剖面,同时固定倾侧翻转方向产生所有可行落点围成的区域。因此,在求解基于三维剖面的覆盖区域时首选考虑通过跟踪三维走廊内所有的可行剖面产生[47]。首先,将三维飞行走廊拆解为满足约束条件的纵向和侧向子走廊。通过纵向走廊边界插值产生所有可行的阻力加速度剖面,并利用纵向和侧向运动的耦合关系求解给定纵向参考剖面后的侧向子走廊边界,从而确定相应侧向可行子剖面。然后,根据产生的纵向和侧向子剖面,设计相应的剖面跟踪器获得标准弹道,从而得到给定阻力加速度剖面对应的常倾侧翻转下的滑翔终端可达区域。最后,遍取纵向子走廊内的所有阻力加速度剖面,重复上述方法分别求取同一倾侧方向的所有弹道终端落点所围成的区域即为滑翔终端覆盖区域。

值得说明的是,上述方法获得的轨迹落点集合为所求覆盖区域的一个重要前提是所产生的弹道落点围成的区域是最大的,即囊括了其他所有可能的弹道落点。为了解释这一问题,假设利用上述方法求得的覆盖区域如图 3.34 所示。因为滑翔终端高度、速度一般是给定的约束,所以终端覆盖区域转化为二维平面内经纬度的落点集合 $F_g(\lambda, \phi) \in \mathbb{R}^2$。令 (λ_i, ϕ_i) 表示第 i 次求得的弹道落点位置,F_{gc} 表示覆盖区域的中心,其到 (λ_i, ϕ_i) 的距离为 $r_{ft}^{(i)}$,则覆盖区域大小可用 $r_{ft}^{(i)}$ 所扫过的面积表示。文献[137]通过极坐标变换方法,将不同发射点和目标点的飞行任务都等价到位于赤道的初始点和目标点,极大地降低了弹道规划的难度,并通过理论推导和仿真验证了这一方法的可行性和有效性。因此,对于初始点和发射方向不在赤道或不沿赤道的飞行任务,都可以通过极坐标变换为等效问题,从而可以用终端经度和纬度直接代表规划弹道的纵程和横程。结合图 3.34可知,当 λ_i 相同时,$|\phi_i|$ 越大则覆盖区域越大;反之亦然。故有的学者在快速求解覆盖区域时,分别用两组最大横程和纵程特征点围成的几何区域进行表示[23]。

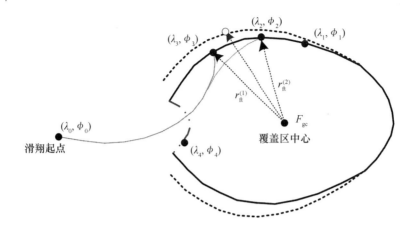

图 3.34　覆盖区域示意图

由运动学几何关系有

$$
\begin{cases}
\dfrac{\mathrm{d}r}{\mathrm{d}t} = V\sin\theta \\[2mm]
\dfrac{\mathrm{d}\lambda}{\mathrm{d}t} = \dfrac{V\cos\theta\sin\sigma}{r\cos\phi} \\[2mm]
\dfrac{\mathrm{d}\phi}{\mathrm{d}t} = \dfrac{V\cos\theta\cos\sigma}{r}
\end{cases}
\tag{3.67}
$$

定义航向角 σ 为飞行器速度方向在当地水平面投影与正北向的夹角,顺时针为正,则沿赤道自西向东飞行时 σ 为 $\pi/2$。根据式(3.67)知,当 $\sigma < 0$ 时,飞行器开始反向飞行,经度 λ 开始减小,但此时纬度仍继续增加,对应于图 3.34 中从 (λ_1,ϕ_1) 变化到 (λ_2,ϕ_2)。当 $\sigma < -\pi/2$ 时,纬度 ϕ 开始减小,即 (λ_2,ϕ_2) 变化到了 (λ_3,ϕ_3),飞行弹道在终端处发生了回旋。结合图 3.34 知,由于一直保持相同倾侧方向,当出现终端回旋后 σ 仍继续减小,故必然导致 $r_{\mathrm{ft}}^{(i)} < r_{\mathrm{ft}}^{(i-1)}$,从而使求得的覆盖区域小于实际值。弹道出现终端回旋的主要原因是飞行器的机动能力过强,其过剩的机动能力在将弹道强制拉回反向后未及时转向。对于传统定攻角剖面飞行方案,由于飞行器可供调节的控制量只有倾侧角,故回旋现象不明显,如图 3.35 所示。因为飞行弹道必须沿设计的参考阻力加速度剖面飞行,当攻角剖面和阻力加速度剖面确定后,其倾侧角大小实际上已经给定。因为攻角剖面事先确定后,纵向再入走廊边界也随之确定,即飞行器所能实现的最大侧向机动能力实际上直接由设计的攻角剖面决定。因此,图 3.35(a)中不同的攻角剖面方案产生了不同的弹道落点集合。由于侧向最大机动能力与攻角剖面

息息相关,因此,在良好优化设计下一般很难出现机动能力特别富余的现象,故而采用固定倾侧方向求解的弹道落点集合与飞行器的覆盖区域相差不大[135]。

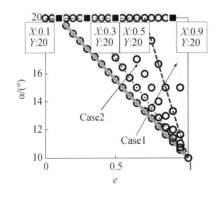

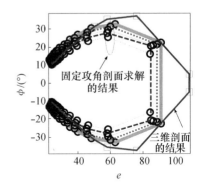

（a）不同参考攻角剖面   （b）二维与三维剖面的弹道落点边界

图 3.35　基于传统纵向优先策略的弹道落点集合仿真结果

对于攻角剖面约束解除后的飞行弹道,3.3 节的飞行走廊对比结果已经充分说明此时飞行器的机动能力得到了充分释放。因此,仍采用传统固定倾侧方案求解的弹道落点集合必然与覆盖区域偏差过大,尤其是在靠近滑翔起点处的小射程区域与覆盖区域的差异更大。如图 3.35(b)所示弹道落点集合的对比结果中,相同仿真条件下,采用固定倾侧方案得到的传统定攻角剖面方案的落点集合在靠近射程处明显比攻角剖面释放后的结果要大。但是远射程端由于没有终端回旋现象发生,攻角剖面释放后机动能力得到充分发挥的优势才得以凸显。

从三维剖面的角度,当通过跟踪纵向走廊内所有阻力加速度剖面和对应的侧向走廊内可行剖面的策略求解覆盖区域时,这一算法的本质与传统保持倾侧符号不变后跟踪所有可行的阻力加速度剖面求解覆盖区域是相同的。分析式(2.38)知,只有利用纵向走廊产生的阻力加速度剖面取最小值时,侧向剖面的最小绝对值才会达到或接近 0,即在非最小阻力加速度剖面对应的其他可行侧向走廊内,侧向剖面是保持同号或固定倾侧翻转方向的。因此,此时求解出的保持同一倾侧方向弹道必然是值越大者对应的弹道横程越大(未发生终端回旋现象前)。故而此时基于三维剖面求解的弹道落点集合本质上只是将纵向阻力加速度可行域的形状和范围变大,但是最终却可能由于纵、侧向耦合,所求的弹道落点集合比传统二维剖面求得的要小,比如图 3.35(b)。产生这一现象的主要原因在于,最大阻力加速度剖面的形状成为实际决定两种方法获得覆盖区域范围的边界落点位置的主要因素。一方面,虽然三维剖面对应的最大阻力加速度剖面更大,但是相应的总射程更小;另一方面则是由于此时传统的最大阻力加速度剖面(见图 3.36,图中不同 e 对应的是不同攻角剖面的切换时刻)直接决定了固定倾侧下的最外侧落点,在纵、侧向相互耦合运动影响下某一形状的最大阻力加速度剖面获得的终端落点更靠外。

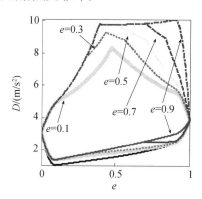

图 3.36   不同攻角剖面对应的阻力加速度剖面

基于三维剖面的弹道规划方法已经摆脱了攻角事先给定的约束,飞行器通过变化的攻角和倾侧角势必会产生更大的横程和纵程,扩大滑翔飞行器的终端目标覆盖范围,增强飞行器的机动能力。因为传统纵向飞行走廊的下边界表示的物理意义为飞行器保持零倾侧平衡滑翔飞行时的阻力加速度大小,所以 RLV 在每一次平滑改变倾侧角符号时其阻力加速度必然需要经历先衰减到平衡滑翔边界后调整的过程。因此,如果仍采用传统通过阻力加速度走廊边界先插值产生可行阻力加速度剖面后确定侧向子剖面求解滑翔弹道落点的方法,则可能存在目标覆盖范围求解不完整的风险。为此,提出一种基于侧向优先的三维剖面覆盖区域求解方法。该方法包含自适应和全剖面组合两层内涵。自适应主要是指在计算覆盖区域时通过边界插值产生的剖面自动包含是否倾侧以及倾侧次数,全剖面组合则是指由于初始和终端符号不同而产生不同结果的组合。通过四组不同形式的三维剖面组合求解,基本上实现了对飞行器所有可行边界的探索,从而获得了更为完整的滑翔飞行器目标覆盖区域。

3.4.2   基于侧向优先的三维剖面覆盖区域计算

根据提出的覆盖区域求解策略,研究基于侧向优先的三维剖面覆盖区域计算方法。首先,基于准平衡滑翔条件,将滑翔飞行过程的峰值驻点热流密度、最大动压以及最大过载等约束转化为相应的侧向走廊大小边界。其次,针对不同的初始和终端倾侧方向分别建立可行的侧向走廊边界,并通过插值获得所有可行的侧向指令剖面。然后,根据生成的侧向指令剖面求解相应的纵向可行阻力加速度剖面边界,从而通过选择不同的权重系数产生不同的三维剖面。最后,依次在侧向走廊内遍历所有可行剖面获得的弹道落点围成的区域即为所求覆盖范围。上述算法主要包括以下四个部分:侧向可行剖面边界生成方法;基于给定侧向指令剖面的三维剖面族确定方法;基于三维剖面的弹道生成方法;基于三维剖面的覆盖区域求解方法。

1. 侧向可行剖面边界生成方法

令准平衡滑翔条件取等号,则可求得倾侧角

$$\cos\upsilon = \frac{g - \dfrac{V^2}{r}}{L} \tag{3.68}$$

式(3.68)的取值主要与攻角和高度的变化范围有关。当攻角给定,则倾侧角的变化范围由高度的变化范围决定。在设计滑翔段飞行弹道时,期望飞行器在初始 h_0 和终端 h_f 之间实现准平衡滑翔飞行,同时限制飞行过程中的驻点热流密度、峰值动压以及最大过载等不超过给定的约束值。因此,对于每一个能量点,飞行器允许达到的最低高度应确保阻力加速度不超过给定的约束边界,即

$$\frac{C_D\rho V^2 S_r}{2M} \leq \min(D_{q_{max}}, D_{n_{max}}, D_{\dot{Q}_{max}}) \tag{3.69}$$

通过分析飞行器气动力与高度和攻角的变化关系,结合式(3.68)和式(3.69)可知,当基于准平衡滑翔条件求解得到的阻力加速度刚好等于给定过程约束产生的阻力加速度时,此时得到的高度即为确保飞行器不超过约束的最小安全高度 h_{feamin}。同理,飞行器的最大准平衡滑翔高度 h_{feamax} 为飞行器保持准平衡滑翔飞行的最大允许高度,此时有

$$\frac{C_D\rho V^2 S_r}{2M} = \frac{g - \dfrac{V^2}{r}}{(L/D)\cos\upsilon} \tag{3.70}$$

在求解最大和最小允许高度的过程中,攻角必须限定在给定的约束范围内。同时,高度的取值保持在给定的 $[h_f, h_0]$ 之间,即

$$\begin{cases} h_{feamin} = \max(h_{feamin}, h_f) \\ h_{feamax} = \min(h_{feamax}, h_0) \end{cases} \tag{3.71}$$

结合能量的定义式(3.59)可将准平衡滑翔条件转化为

$$L\cos\upsilon = -2\frac{E}{r} - \frac{\mu}{r^2} \tag{3.72}$$

分析知,对于每一个能量 E,$L\cos\upsilon$ 随高度单调递增;又由升力加速度定义知,当能量和攻角给定时,L 随高度单调递减。因此,$\cos\upsilon$(式(3.68))随高度单调递增。故在倾侧角的定义域$[-\pi/2,\pi/2]$内,倾侧角大小幅值的最大值在最小安全高度处取得,而能否取到最小倾侧角 0 则取决于可行高度和攻角取值区间内能否使升力加速度刚好等于引力加速度和离心加速度的差。由此,在允许范围内依次遍取可行倾侧角,可求得相应的侧向可行指令剖面大小:

$$|L_z| = (L/D)\,|\sin\upsilon| = \sqrt{(L/D)^2 - L_u^2} \tag{3.73}$$

式中,$L_u = \dfrac{L\cos\upsilon}{D}$ 表示纵向指令。$L\cos\upsilon$ 的值由高度的变化范围确定,而阻力加速度 D 则由攻角和高度或倾侧角同时决定。

图 3.37 的仿真结果是对上述推导过程的数值验证。对比图 3.37(a)中的高度变化曲线和图 3.37(b)的倾侧角变化曲线知,高度的变化与倾侧角的变化

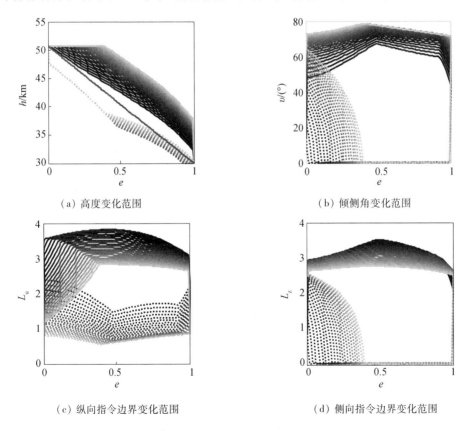

(a) 高度变化范围   (b) 倾侧角变化范围

(c) 纵向指令边界变化范围   (d) 侧向指令边界变化范围

图 3.37　基于准平衡滑翔条件的取值范围曲线

一一对应。但是,由于滑翔段高度的变化范围相对于地球半径而言是小量,因此在 3.3 节中直接令每一个能量点的高度值为线性化能量假设的值。值得注意的是,这种假设只是为了快速求出三维飞行走廊,并不代表三维剖面对应的高度。图 3.37(c) 和图 3.37(d) 分别为纵向和侧向指令走廊边界大小的变化范围。可见,对于纵向边界,其边界值大小在每一个能量点都是随着攻角的增加单调递减;对于侧向指令的下边界,其首次出现 0 的值随着攻角的增加逐渐右移,但是上边界则是呈现先增加后减少的趋势。

考虑倾侧翻转,完整的侧向指令走廊应同时由正和负两部分组成,如图 3.38 所示。为了使指令走廊从上边界到下边界过渡自然,根据初始和终端侧向指令的符号不同,分别设计相应的过渡段边界。以 L_{z0} 为正、L_{zf} 为负为例,修正后的侧向指令剖面的可行边界可以用分段函数表示为

$$
\begin{cases}
L_{zup} = \begin{cases} |L_z|_{max} & e < e_{dn} \\ a_{z1} \cdot e^2 + b_{z1} \cdot e + c_{z1} & e \leqslant e_f \end{cases} \\
L_{zdn} = \begin{cases} a_{z2} \cdot e^2 + b_{z2} \cdot e + c_{z2} & e < e_{up} \\ -|L_z|_{max} & e \leqslant e_f \end{cases}
\end{cases}
\tag{3.74}
$$

式中,L_{zup} 和 L_{zdn} 分别表示侧向走廊的上、下边界,e_{up} 和 e_{dn} 均表示侧向边界上过渡点,a_{zi}、b_{zi}、$c_{zi}(i=1,2)$ 分别表示过渡段衔接的二次曲线系数,如图 3.38 所示。可见,修正后的侧向可行边界不再局限于对侧向指令大小的约束,其也限制了倾

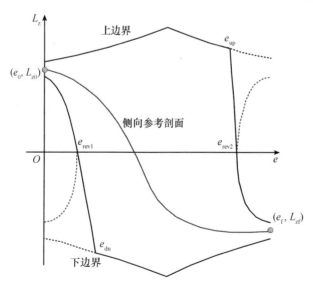

图 3.38　修正后侧向可行边界示意图

侧翻转点的取值范围。同理,分别改变 L_{z0} 和 L_{zf} 的符号可以求出其他三种情况下修正的侧向可行边界。

2. 基于给定侧向指令剖面的三维剖面族确定方法

基于 3.3 节中建立的侧向走廊边界,通过剖面插值可以产生具有普遍意义的初始侧向指令剖面,即

$$L_z(e) = \omega_z L_{zup}(e) + (1 - \omega_z) L_{zdn}(e) \tag{3.75}$$

式中,$\omega_z \in [0,1]$ 表示权重系数。根据式(3.75)得到的初始侧向剖面,此时对应的纵向阻力加速度剖面为

$$D_{fb} = \frac{L\cos\upsilon}{\dfrac{L}{D}\cos\upsilon} = \frac{g - V^2/r}{\sqrt{(L/D)^2 - L_z^2(e)}} \tag{3.76}$$

根据前面分析,影响式(3.76)的主要因素为攻角和高度的变化区间。因为高度解算过程中已要求满足过程约束,所以此时解出的阻力加速度自然满足过程约束要求。因此,结合式(3.74)~(3.76),任意给定一个侧向剖面权重系数 ω_z 即可生成相应的可行三维剖面族。

图 3.39 分别给出了与 3.3.2 节中同样仿真场景下令 $\omega_z = 0.4$ 和 $\omega_z = 0.8$ 时的初始为正 L_{z0}、终端为 $-L_{zf}$ 和初始为 $-L_{z0}$、终端也为 $-L_{zf}$ 时的两种组合(分别标记为 Case1 和 Case2)下三维剖面族的仿真结果。图 3.39(a)、(b)分别给出了 $\omega_z = 0.4$ 时,Case1 的侧向剖面及对应的所有纵向可行阻力剖面。由图 3.39(a)知,在 $e = 0.2$ 时飞行剖面完成了一次快速翻转,因此产生的阻力加速度剖面此时也调整到准平衡滑翔边界。同理,令 $\omega_z = 0.8$,改变初始和终端倾侧符号后得到的侧向剖面(见图 3.39(c)),其纵向阻力加速度剖面的变化关系同样可以参

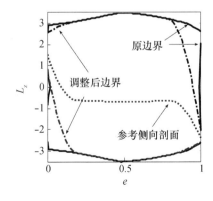

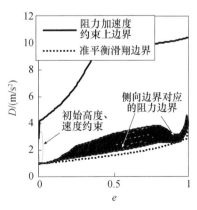

(a) $\omega_z = 0.4$ 的侧向指令剖面(Case1)　　　　(b) $\omega_z = 0.4$ 的纵向剖面可行边界(Case1)

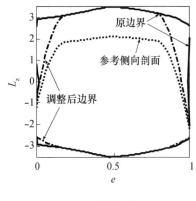

（c）$\omega_z = 0.8$ 的侧向剖面（Case2）　　　　　　　（d）三维剖面族

图 3.39　给定侧向剖面对应的三维剖面族曲线

照 Case1 进行分析。图 3.39（d）则给出了 Case1 和 Case2 在三维飞行走廊中的表示曲线。

3. 基于三维剖面的弹道生成方法

令 ω_D 表示纵向阻力加速度剖面的权重系数，则利用式（3.76）确定的阻力加速度范围可以插值得到一条初始纵向剖面 $D(e)$ 为

$$D(e) = \omega_D D_{\text{fbmax}} + (1 - \omega_D) D_{\text{fbmin}} \tag{3.77}$$

式中，D_{fbmax} 和 D_{fbmin} 分别表示基于式（3.76）求得的最大和最小阻力加速度值。为了快速获得设计的三维剖面弹道状态，引入基于能量的侧向降阶运动方程[59]进行求解，即

$$\frac{\mathrm{d}\sigma}{\mathrm{d}E} = \frac{-\tan\phi\sin\sigma}{r}\left(\frac{1}{D}\right) - \frac{1}{V^2}L_z - \omega_e\left[\frac{2\sin\phi}{V} + \frac{r\omega_e}{2V^2}\sin(2\phi)\sin\sigma\right]\left(\frac{1}{D}\right) \tag{3.78}$$

$$\frac{\mathrm{d}\lambda}{\mathrm{d}E} = -\frac{\sin\sigma}{r\cos\phi}\left(\frac{1}{D}\right) \tag{3.79}$$

$$\frac{\mathrm{d}\phi}{\mathrm{d}E} = -\frac{\cos\sigma}{r}\left(\frac{1}{D}\right) \tag{3.80}$$

因为此时仅需要快速求解出三维剖面对应的侧向弹道状态，可以将高度进行线性假设，从而快速积分求解式（3.78）~（3.80）。将设计的三维剖面代入方程组，给定初值后即可积分得到终端能量 E_f 对应的侧向运动状态。值得注意的是，在求解侧向降阶运动方程组中用的线性高度并不是真实参考高度值，仅是为了方便快速计算而进行的假设值。实际参考高度需要根据三维剖面解算出参

考控制量后才能求得。

在求解三维剖面对应的参考控制量过程中,需进一步对标准阻力加速度剖面求关于能量的二阶导数,即

$$\frac{L}{D}\cos\upsilon = a(D'' - b) \tag{3.81}$$

式中,

$$\begin{cases} a = -h_s V^2 \\ b = D\left(\frac{C_D''}{C_D} - \frac{(C_D')^2}{C_D^2}\right) + D'\left(\frac{2}{V^2} + \frac{C_D'}{C_D}\right) - \frac{4D}{V^4} + \left(g - \frac{V^2}{r}\right)\frac{1}{h_s V^2 D} \end{cases} \tag{3.82}$$

因此,结合标准侧向剖面可以求得规划的总升阻比为

$$\frac{L}{D} = \sqrt{(aD'' - ab)^2 + L_z^2} \tag{3.83}$$

同样,在求取参考值时不需要考虑阻力系数的一、二阶导数,利用飞行器给定的关于攻角、马赫数等的阻力系数表即可反插值求得参考攻角 α_r。为了计算方便,通常将飞行器的气动系数直接拟合为关于攻角和马赫数的二元函数形式。记 f_D 表示拟合的气动系数函数,则参考攻角 α_r 为

$$\alpha_r = f_D^{-1}\left(\frac{L}{D}(\alpha, Ma)\right) \tag{3.84}$$

同时,对于参考倾侧角 υ_r 则可以直接通过式(3.85)得到:

$$\upsilon_r = \arctan\left[\frac{L_z}{a(D'' - b)}\right] \tag{3.85}$$

根据式(3.84)求解得到参考攻角 α_r 后,可利用阻力加速度的定义反求出实际的参考高度和速度。由阻力加速度定义,可以反求出阻力系数为

$$C_D = \frac{2MD_r}{\rho V^2 S} \tag{3.86}$$

因为高度和速度与能量相关,因此结合能量定义式(3.59)可以联立求出参考高度 h_r 和速度 V_r。

为了验证基于三维剖面生成弹道的可行性与准确性,需要设计制导律对参考弹道进行仿真验证。一方面,因为阻力加速度既隐含了纵向高度、速度等运动信息,又与总航程直接关联;另一方面,通过三维剖面积分侧向降阶运动方程组得到的航向角又很好地表达了弹道的侧向运动特征。因此,一个很自然的想法为分别设计两个控制律跟踪阻力加速度剖面和解算的航向角剖面。参考航天飞机阻力加速度剖面跟踪方案,设计一个二阶 PD 控制器对阻力加速度进行跟

踪,即

$$(D'' - D_r'') + 2\xi\omega(D' - D_r') + \omega^2(D - D_r) = 0 \tag{3.87}$$

其中,ξ、ω 分别为阻尼系数和频率。将上式代入式(3.81),解之得

$$\frac{L}{D}\cos\upsilon = a[D_r'' - 2\xi\omega(D' - D_r') - \omega^2(D - D_r) - b] \tag{3.88}$$

对于航向角,由动力学方程知其关于能量的一阶导数已显含控制量。因此,只需设计一个一阶 PD 控制器,即

$$(\sigma' - \sigma_r') + k_\sigma(\sigma - \sigma_r) = 0 \tag{3.89}$$

其中,k_σ 为调节系数。将式(3.78)代入得

$$L_z = V^2\left[\sigma_r' - k_\sigma\omega(\sigma - \sigma_r) + \frac{\tan\phi\sin\sigma}{r}\left(\frac{1}{D}\right)\right] \tag{3.90}$$

至此,基于三维剖面的参考运动状态和控制量都已全部解算完毕,同时还给出了一种对规划的三维剖面弹道进行仿真验证的方法,即完成了全部基于三维剖面的弹道生成过程。

4. 基于三维剖面的覆盖区域求解方法

覆盖区域实际上就是所有飞行轨迹落点组成的集合。因此,求解飞行器基于当前状态下满足所有设定过程、控制以及终端约束的覆盖区域计算问题即转换为求解所有满足飞行任务要求的轨迹落点的集合。由于初始和终端不同组合下对应的侧向和纵向剖面可行边界不同,解算的三维剖面弹道落点分布也会各有侧重。因此,为了获得基于三维剖面的覆盖区域,需要分别针对不同组合依次快速求解从 0～1 改变权重系数 ω_z 产生的所有可行三维剖面弹道落点。由于解析求解上述所有落点的集合过于复杂,因此下一节将通过数值积分求解四种组合下所有可行弹道落点产生的三维剖面覆盖区。

3.4.3 三维剖面覆盖区域特性分析

根据侧向优先覆盖区域求解策略和算法,采用 CAV – H 作为仿真研究对象,设置滑翔起点状态参数如表 3.1 所示,要求滑翔终端的高度和速度分别为 31.0 km,2 500 m/s,同时滑翔飞行过程的峰值驻点热流密度、最大动压以及最大过载分别为 2 200 kW/m^2、80 kPa 以及 3g。在开始求解三维剖面覆盖区域前,首先进行基于三维剖面规划弹道的可行性仿真验证。

表 3.1 滑翔段初始和终端状态

状态	高度/km	速度/(m/s)	速度倾角/(°)	航向角/(°)	经度/(°)	纬度/(°)
滑翔段起点	50.73	6 380.36	0	90	12.31	0
滑翔段终点	31.15	2 495.52	−0.89	−46.50	36.91	18.99

1. 三维剖面弹道的可行性仿真验证

根据 3.4.2 节提出的弹道生成方法,利用设计的控制律跟踪 $\omega_D = 0.4$ 时得到的滑翔弹道终端仿真结果列于表 3.1,而图 3.40 则给出了对应的可行三维剖面规划和剖面跟踪的仿真结果。

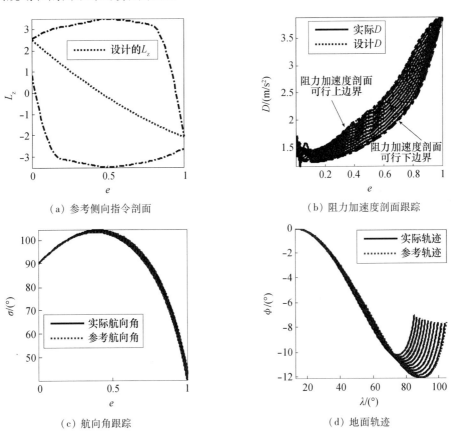

（a）参考侧向指令剖面

（b）阻力加速度剖面跟踪

（c）航向角跟踪

（d）地面轨迹

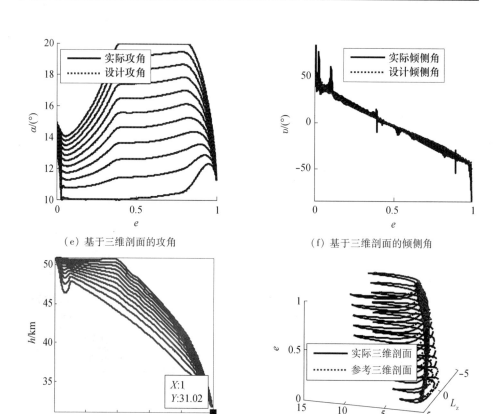

（e）基于三维剖面的攻角　　　　　　　（f）基于三维剖面的倾侧角

（g）实际高度 – 能量曲线　　　　　　　（h）三维剖面族

图 3.40　基于三维剖面的弹道规划可行性仿真结果

因为只是需要对所提弹道规划方法的可行性进行验证,因此可直接在侧向走廊边界内任取一条剖面(见图 3.40(a)),相应的纵向阻力加速度可行边界如图 3.40(b)所示。利用设计的纵、侧向跟踪控制器,分别对参考阻力加速度和参考航向角进行跟踪,通过积分降阶运动方程可以得到相应的弹道落点。分析图 3.40(b)、(c)知,设计的控制律较好地实现了对参考阻力加速度剖面和航向角剖面的跟踪,故跟踪后生成的三维弹道较好地复现了基于三维剖面生成的规划弹道(见图 3.40(d)),解算的参考攻角和倾侧角以及跟踪的攻角和倾侧角分别如图 3.40(e)、(f)所示。因为在跟踪参考状态时令攻角为剖面解算值,所以实际值与参考值产生的误差调整量都集中在了倾侧角。因为阻力加速度 – 能量剖面同时隐含了攻角和高度信息,所以当攻角保持参考值不变时,任何由于跟踪阻力加速度产生的倾侧角震荡、超调等都会如实反映在高度信息上,如图 3.40(g)所示。最后,图 3.40(h)给出了产生上述弹道的参考三维剖面在三维飞行走廊中的表示结果。综上,设计的控制律较好地实现了对参考弹道的跟踪,验证了基于三维剖面弹道规划方法的可行性。

2. 基于三维剖面的覆盖区域仿真结果

首先,以初始正、终端负的侧向指令为例,将侧向指令剖面的权重系数从 $0 \sim 1$ 依次增加以产生所有可行的三维剖面,得到的结果如图 3.41 所示。与传统事先设定固定倾侧的方式相比,通过先规划侧向剖面(图 3.41(a))后求解纵向阻力剖面(图 3.41(b))的方式不再需要单独考虑倾侧符号的变化,直接基于侧向剖面就可以获得倾侧时机和符号。分析仿真结果知,当权重系数 ω_z 依次从 0 递增到 1 时侧向剖面布满了整个侧向走廊,而纵向阻力加速度剖面则根据耦合

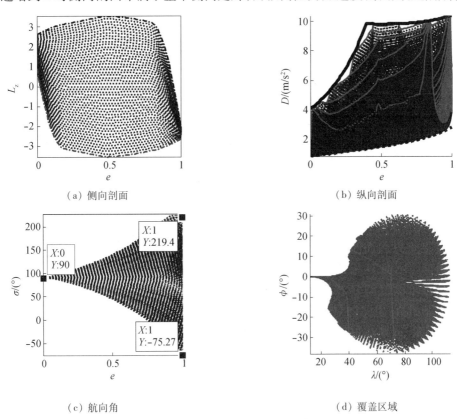

(a) 侧向剖面

(b) 纵向剖面

(c) 航向角

(d) 覆盖区域

图 3.41 初始正、终端负的覆盖区域仿真结果

关系以相应形状去逼近走廊的边界。因为初始侧向指令为正,所以飞行器初始向南半球偏转,故航向角减小的最大幅度相对增加得要大些,如图 3.41(c)。按照传统方法的思维,当纵向阻力加速度剖面和侧向剖面都布满整个走廊时得到的覆盖区域(图 3.41(d))即为整个三维剖面的覆盖区域。结合仿真结果易知,改变初始和终端的倾侧符号将会产生另一种结果。因此,此时的覆盖区域只能代表飞行器在初始为正且经历奇数次倾侧翻转后终端为负的覆盖区域,而非三维剖面的覆盖区域。

改变初始和终端侧向指令的符号,依次可以求解得到如图 3.42(a)～(c)所示的初始负终端正、初始负终端负以及初始正终端正的覆盖区域,最后将图 3.41(d)和上述三个结果汇总于图 3.42(d)。依次对比图 3.42(a)～(c)的结果可知,不同初始和终端符号组合得到的覆盖区域区别主要在近端的覆盖范

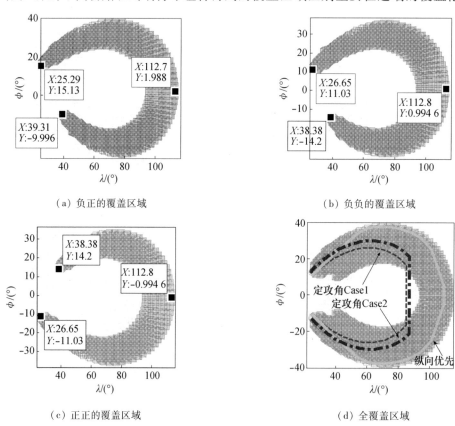

(a) 负正的覆盖区域

(b) 负负的覆盖区域

(c) 正正的覆盖区域

(d) 全覆盖区域

图 3.42　基于三维剖面的覆盖区域仿真结果

围上。对于初始倾侧为负的图 3.42(a) 和(b),其走势和形状基本相同,但负负的覆盖范围在下端稍微外扩,而负正则是在上端外扩。同理亦可对比分析正负和正正两种情况。为了更好凸显改进后三维剖面覆盖区域的优势,将传统方法得到的覆盖区域也在图 3.42(d) 中给出,其中定攻角 Case1 和 Case2 分别对应图 3.35(a) 中攻角剖面为 Case1 和 Case2 的结果。对比可见,改进后求得的三维剖面覆盖区域更能代表飞行器在当前状态下和给定约束条件下的滑翔终端目标覆盖范围。值得注意的是,图 3.41 和图 3.42 给出的结果仅代表按照当前策略滑翔弹道落点所能达到的可达边界集合,其最外侧表示覆盖区域的边界。改变倾侧翻转时间和次数,则可获得完整的目标覆盖区域。

记定攻角 Case2 求解得到的覆盖区域面积为 S_0,基于传统三维剖面求得的覆盖区域面积为 S_1,侧向优先的三维剖面覆盖区域面积为 S_2,则利用梯形数值积分可近似求出值分别为

$$\begin{cases} S_0 = 0.976\ 6 \\ S_1 = 1.478\ 2 \\ S_2 = 1.624\ 6 \end{cases} \tag{3.91}$$

式中的面积为用弧度制表示的结果。由于均是在同一度量下得到的,因此改进后求得的三维剖面覆盖区域比传统方法提高了 10% 左右,而相对于图 3.42(d) 的传统给定攻角方案下覆盖区域面积则有效提高了 60% 以上。虽然二维剖面的覆盖区域与攻角方案相关,但保守估计攻角释放后飞行器机动能力能提高40% 以上。可见,攻角释放后对飞行器机动能力的充分发挥有巨大促进作用。

3.5 不确定条件下的机动能力分析方法

滑翔飞行器在飞行过程中由于本体和环境存在多种不确定性,其实际飞行弹道和机动能力必将受到影响。因此,本节针对滑翔飞行过程中可能出现的大气密度偏差、气动系数偏差、初始状态偏差以及由于高速再入时巨大气动加热产生的质量烧蚀等偏差因素,通过对不确定因素进行建模并结合三维飞行走廊模型研究考虑不确定条件下的机动能力,最终获得不确定因素作用下覆盖区域变化范围的快速估算方法。

3.5.1 不确定条件下三维走廊建模及分析

在进行不确定条件下三维飞行走廊建模之前,首先对滑翔飞行过程中的典

型不确定影响因素进行数学建模。以此为基础,结合三维飞行走廊模型开展不确定条件下的三维走廊模型构建方法研究,并分析不确定因素对三维飞行走廊的影响。

1. 不确定因素的建模

滑翔飞行过程中涉及的典型不确定因素主要包括两个部分:环境和本体不确定性。其中,环境不确定性因素主要包括气动系数、大气密度等。对于滑翔飞行器而言,本体不确定性主要是指飞行器结构质量的不确定性。

环境不确定性因素主要是指由于实际飞行环境与设计标称环境不同而造成的飞行器气动力以及飞行状态与理想值产生偏差,包括气动系数、大气密度等。对于气动系数偏差而言,其不确定性主要来自两个方面:一个是地面风洞测试环境与实际高空飞行环境差异产生的不确定性;另一个则是实际飞行过程中由于气动加热产生变形甚至烧蚀等原因破坏飞行器原有构型而产生的不确定性。目前,国内外关于气动系数不确定性的建模和影响分析已有一定基础,可直接借鉴相关成果做进一步研究[21,138]。大气密度不确定性则主要与当地地理环境,包括海拔、温度、气压等,甚至地球自转和公转都有关系。为了简化计算,文献[21]在进行考虑不确定性因素的弹道设计时直接假定高度小于 30 km 时偏差取常值10%,高于 80 km 时则取 50%,而介于两者之间则采用线性插值获得,即

$$\delta\rho = \begin{cases} 50\% & h \geqslant 80 \text{ km} \\ \dfrac{2}{35}(h-10)+10\% & 30 \text{ km} < h < 80 \text{ km} \\ 10\% & h \leqslant 30 \text{ km} \end{cases} \quad (3.92)$$

本章只着重分析大气密度偏差对飞行走廊的影响,故进一步直接假设大气密度偏差为常值,即在整个滑翔段区域大气密度不确定性呈均匀分布 $\rho \sim \rho(\Delta\sigma)$。

本体不确定性主要包括飞行器初始运动状态不确定性和由于高速再入过程中与大气发生气动加热产生烧蚀引起的结构质量不确定性。初始状态不确定性主要由两个方面因素造成:一方面是由于测量工具,主要是导航定位定速测不准产生的不确定性;另一方面则是源于前一飞行阶段制导控制系统控制不准而产生的不确定性。参考工程设计经验,直接令初始状态不确定性呈正态分布,即

$$\begin{cases} v_{i0} \sim \mathrm{N}(\bar{v}_{i0}, \sigma_{v_{i0}}^2) \\ \theta_{i0} \sim \mathrm{N}(\bar{\theta}_{i0}, \sigma_{\theta_{i0}}^2) \\ \sigma_{i0} \sim \mathrm{N}(\bar{\sigma}_{i0}, \sigma_{\sigma_{i0}}^2) \\ r_{i0} \sim \mathrm{N}(\bar{r}_{i0}, \sigma_{r_{i0}}^2) \\ \lambda_{i0} \sim \mathrm{N}(\bar{\lambda}_{i0}, \sigma_{\lambda_{i0}}^2) \\ \phi_{i0} \sim \mathrm{N}(\bar{\phi}_{i0}, \sigma_{\phi_{i0}}^2) \end{cases} \tag{3.93}$$

因为准确计算气动加热的烧蚀量是一个相对复杂的过程,结合工程设计经验可直接令整个飞行过程的烧蚀量相对总质量的变化呈均匀分布[132],即 $M \sim M(\Delta\sigma)$。

2. 考虑不确定因素的三维走廊构建方法

根据 3.1~3.4 节中确定性走廊的建立和分析知,决定三维飞行走廊的主要因素为攻角和倾侧角的变化区间。因为攻角的变化区间在进行飞行器的结构安全设计时已给定,因此所有影响倾侧角变化的因素都会对三维飞行走廊产生影响。

首先考虑环境不确定因素对三维飞行走廊的影响。由侧向边界计算式(3.73),当阻力系数存在不确定项 ΔC_{D} 时,有

$$|L_z| = \sqrt{\frac{C_{\mathrm{L}}^2}{C_{\mathrm{D}}^2} - \left(\frac{L\cos\upsilon}{D}\right)^2} = \sqrt{\frac{C_{\mathrm{L}}^2}{(C_{\mathrm{D0}} + \Delta C_{\mathrm{D}})^2} - \left(\frac{C_{\mathrm{L}}\cos\upsilon}{C_{\mathrm{D0}} + \Delta C_{\mathrm{D}}}\right)^2} \tag{3.94}$$

式中,下标"0"表示标称值。对式(3.94)进行泰勒展开,并取其一阶项得

$$|L_z| = \left(1 + \frac{\Delta C_{\mathrm{D}}}{C_{\mathrm{D0}}}\right)\sqrt{\frac{C_{\mathrm{L}}^2}{C_{\mathrm{D0}}^2} - \left(\frac{L\cos\upsilon}{D_0}\right)^2} = |L_z|_0 + \frac{\Delta C_{\mathrm{D}}}{C_{\mathrm{D0}}}|L_z|_0 \tag{3.95}$$

同理,当升力系数存在不确定性因素时,有

$$|L_z| = |L_z|_0 + \frac{\Delta C_{\mathrm{L}}}{C_{\mathrm{L0}}}|L_z|_0 \tag{3.96}$$

对于纵向阻力加速度边界,参照侧向边界的推导过程,将不确定性因素代入式(3.61)进行一阶泰勒展开得

$$\begin{cases} D_{\dot{Q}_{\max}}(E) \approx K_{\dot{Q}}\left(1 + \dfrac{\Delta C_D}{C_D} - \dfrac{\Delta M}{M}\right) \\[2mm] D_{n_{\max}}(E) \approx K_n\left(1 + \dfrac{\Delta C_D}{C_D} - \dfrac{\Delta M}{M}\right) \\[2mm] D_{q_{\max}}(E) \approx K_q\left(1 + \dfrac{\Delta C_D C_L^2/C_D - \Delta C_L C_L}{C_D^2 + C_L^2}\right) \\[2mm] D_{eg}(E) \approx K_{eg}\left(1 + \dfrac{\Delta C_D}{C_D} - \dfrac{\Delta C_L}{C_L}\right) \end{cases} \tag{3.97}$$

其中,

$$\begin{cases} K_{\dot{Q}} = \dfrac{S_r \dot{Q}_{\max}^2}{2 K_h^2 V^{2k-2}} \dfrac{C_D}{M} \\[3mm] K_q = q_{\max} S_r \dfrac{C_D}{M} \\[3mm] K_n = \dfrac{n_{\max} g_0}{\left[1 + (C_L/C_D)^2\right]^{1/2}} \\[3mm] K_{eg} = \dfrac{C_D}{C_L}\left(g - \dfrac{V^2}{r}\right) \end{cases} \tag{3.98}$$

分析式(3.61)和式(3.94)知,大气密度项已被抵消或隐含起来,不易直接分析其对边界的影响。但是根据式(3.69)和式(3.70)知,密度的改变必将影响可行高度的取值区间,从而间接影响倾侧角以及三维飞行走廊的变化范围。因为直接由式(3.69)和式(3.70)得出高度的解析表达式较为复杂,所以后面主要通过数值仿真大气密度不确定性对三维飞行走廊的影响。

对于飞行器本体不确定性因素,由式(3.94)知,飞行器结构质量已经被相互抵消。因此,质量不确定性对于侧向边界没有影响。对于纵向阻力加速度边界,结构质量变化的影响已在式(3.97)给出。而飞行器的初始运动状态不确定性,则主要是影响飞行器弹道设计和制导控制精度,对于三维飞行走廊的影响基本可以忽略。

3. 不确定因素对三维飞行走廊的影响

根据本小节第1、2点的理论分析,分别在3.4节的标称仿真案例中引入15%的气动升力和阻力系数偏差以及30%的大气密度偏差,假设由于气动烧蚀引起的结构质量偏差为5%,则仿真得到的结果如图3.43所示。图3.43(a)展示了考虑气动升力系数偏差、阻力系数偏差、大气密度偏差以及结构质量偏差的阻力加速度最大和最小边界变化结果。图3.43(b)则给出的是侧向指令剖面的绝对值边界在上述偏差下的改变情况。受不确定性因素影响后,可行高度的边界变化情况如图3.43(c)所示。将升力加速度在纵向分量与阻力加速度组合得到纵向指令(记为L_u),其在不确定性因素影响下的变化情况如图3.43(d)所示。

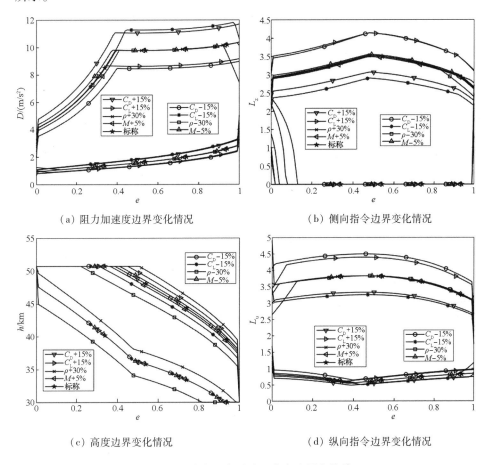

(a) 阻力加速度边界变化情况　　　　　　(b) 侧向指令边界变化情况

(c) 高度边界变化情况　　　　　　(d) 纵向指令边界变化情况

图3.43　不确定因素影响下走廊边界变化情况

分析组图3.43知,结构质量不确定性对于飞行走廊边界的影响是非常小的,故而由于气动加热烧蚀产生的结构质量改变在进行标准弹道设计时可以忽略。但是,气动阻力、升力系数以及大气密度对于飞行走廊边界的影响则相对较为显著。同时,对于不同的走廊边界,不确定性因素的影响又有所不同。对于阻力加速度、侧向指令以及纵向指令边界,由仿真结果易见其主要影响因素为气动系数。事实上,式(3.95)~(3.97)已经给出了相应的理论解释。但是,气动阻力系数的改变对高度边界基本没有影响。由式(3.61)和式(3.69)知,在求解最小可行高度时阻力系数已经被抵消了;同样,在根据式(3.70)求解最大可行高度时,阻力系数也不发挥作用。同理,可分析出升力系数仅在最大可行高度处产生影响。根据式(3.69)和式(3.70)知,当大气密度增加时,相当于高度向下平移,飞行器为了保证不超过给定的约束条件,高度可行边界必然向上平移一段距离;反之,当大气密度减小时,相当于高度向上平移,飞行器在保证不超过给定的约束条件下就可以允许高度可行边界向下平移一段距离,如图3.43(c)所示。但是,由于大气密度对于过程约束边界基本没有影响,升力加速度或阻力加速度能达到的最大值仍是基本保持不变的,故倾侧角的最大值边界基本不受影响,而最小值边界,主要是到0点值的影响,可以根据图3.43(b)分析。

3.5.2 不确定条件下覆盖区域的影响特性分析

对比3.5.1节建立的不确定条件下飞行走廊边界和3.3.1节中确定条件下的飞行走廊边界,两者差异主要在于考虑不确定因素后三维飞行走廊的边界整体向上或向下发生了平移,但是并没有对基于走廊边界的覆盖区域求解算法产生根本性影响。因此,仍然可以将3.4节中覆盖区域生成方法直接应用到不确定条件下目标覆盖区域的求解中。

如图3.44所示,记确定条件下求解得到的覆盖区域面积为S_{df},考虑不确定因素作用下得到的覆盖区域面积为S_{un},则不确定因素作用下覆盖区域的改变量为

$$\Delta S = \frac{S_{df} - S_{un}}{S_{df}} \times 100\% \tag{3.99}$$

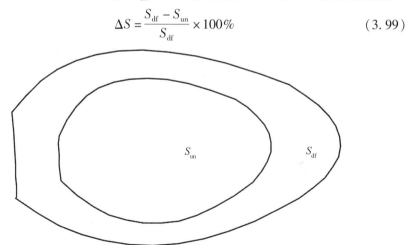

图3.44 不确定性因素对覆盖区域影响的示意图

因为覆盖区域是所有可行弹道落点的集合,所以必须先获得所有弹道最外侧落点围成的几何图形,再通过复杂微积分计算才能求出其准确值。但是落点集合的解析形式难以准确获得,同时即使已知图形的函数表达式也难以解析求出图形面积。为了快速估算覆盖区面积,可直接利用梯形数值积分进行近似估算。记从覆盖区域最左端到最右端进行 N 等分,则

$$S = k_s \sum_{i=1}^{N} \delta\lambda \left(\Delta\phi^{(i)} + \Delta\phi^{(i+1)} \right) \qquad (3.100)$$

式中,k_s 表示覆盖区面积常数,$\Delta\phi^{(i)}$ 和 $\Delta\phi^{(i+1)}$ 由式(3.101)决定。

$$\begin{cases} \Delta\phi^{(i)} = \phi_u^{(i)} - \phi_d^{(i)} \\ \Delta\phi^{(i+1)} = \phi_u^{(i+1)} - \phi_d^{(i+1)} \end{cases} \qquad (3.101)$$

其中,$\phi_u^{(i)}$ 和 $\phi_d^{(i)}$ 分别表示覆盖区域上端和下端的纬度。根据式(3.100)~(3.101)知,只要获得外侧落点的经纬度,即可快速获得覆盖区域的变化量,从而极大地简化了计算量。

3.5.3 仿真验证与结果分析

仍采用 CAV – H 作为仿真研究对象,基本仿真环境和不确定性因素设置同3.5.1 节的第 3 点。考虑气动升力系数、阻力系数、大气密度以及结构质量不确定性因素作用后得到的覆盖区域范围与未考虑不确定性因素影响下的仿真结果分别如图 3.45(a)~(d)所示。

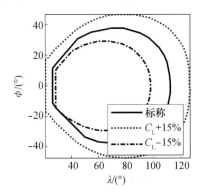

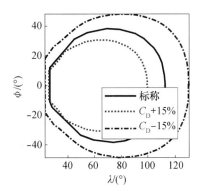

（a）升力系数改变对覆盖区影响　　　　（b）阻力系数改变对覆盖区影响

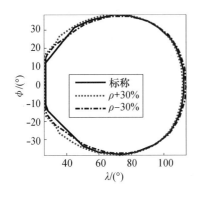

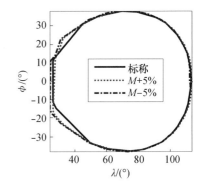

（c）大气密度改变对覆盖区影响　　　　　　（d）结构质量改变对覆盖区影响

图 3.45　不确定因素影响下覆盖区域变化情况

分析图 3.45 知,相对于标称条件,不确定性因素对覆盖区域的大小均产生了不同程度的影响。其中,气动阻力和升力系数不确定性对覆盖区域的影响最为明显,大气密度和质量偏差的影响均较弱。与单纯分析不确定性因素对三维走廊边界的影响不同,气动阻力、升力系数偏差不仅使滑翔终端覆盖范围成比例近似放大或缩小,同时还产生了一定的平移,分别如图 3.45（a）、（b）所示。由于大气密度和结构质量变化对覆盖区域的影响较弱,图 3.45（c）、（d）分别给出的滑翔终端覆盖区域在大气密度和质量偏差下与标称情况的结果基本重合,无论是等比例缩放还是平移都不明显。这与图 3.43 给出的不确定性因素对走廊边界的影响结果基本保持一致。

根据式（3.99）~（3.101）求解得到的不确定性因素影响结果如表 3.2 所示。分析表 3.2 的结果知:大气密度和结构质量偏差的影响基本不超过 5%,阻力系数减少 15% 和升力系数增加 15% 对覆盖区域的影响最大。同时,从升力或阻力系数分别改变 15% 的结果知,由于纵、侧向的运动耦合,+15% 偏差的结果与 -15% 偏差的影响并不对称。

表 3.2　不确定因素对覆盖区域的影响

偏差	覆盖区域变化
大气密度 -30%	1.2%
大气密度 +30%	3.7%
结构质量 -5%	4.0%

续表

偏差	覆盖区域变化
结构质量 +5%	1.9%
升力系数 −15%	−36.4%
升力系数 +15%	54.9%
阻力系数 −15%	62.4%
阻力系数 +15%	−30.8%

本章小结

本章首先从构建三维飞行走廊模型出发,研究探讨了考虑峰值驻点热流密度、最大动压以及最大过载等过程约束、初终端约束以及控制量约束的三维飞行走廊建模方法,并通过理论和仿真重点分析了高度和攻角变化对三维飞行走廊的影响。其次,针对传统固定倾侧与沿阻力加速度剖面飞行相结合的覆盖区域求解方法在攻角剖面约束释放后存在的缺陷,提出了一种自适应全剖面组合策略的三维剖面覆盖区域计算方法,并通过大量数值仿真对比验证了所提方法的合理性。最后,通过对滑翔飞行过程中本体和环境不确定因素建模,分析了考虑不确定性因素下的飞行器机动能力变化。同时,结合数值仿真结果,研究并给出了一种快速估算不确定因素作用下覆盖范围变化量的方法。基于三维剖面的飞行走廊建模及机动能力分析,为后续进行三维剖面弹道规划、优化设计以及再入制导方法奠定了基础。

第 4 章　RLV 经典标准剖面规划及改进方法

自航天飞机成功返回地球后,其再入弹道规划方法成为 RLV 再入弹道规划与制导领域的标杆。因此,在介绍基于三维剖面的 RLV 再入弹道规划与制导方法前,有必要先回顾传统经典的标准剖面规划方法及其一些重要改进方法,为后续深入理解三维剖面规划方法的内涵和求解思路打下基础。

4.1　经典标准剖面再入弹道规划方法

根据 RLV 再入弹道特性,将再入弹道分为初始下降段和滑翔段两部分。初始下降段通过名义攻角和一个常值倾侧角获得,滑翔段通过设计阻力加速度剖面结合剖面跟踪确定倾侧角的大小,而倾侧角的符号通过侧向翻转位置迭代确定。

4.1.1　初始下降段

初始再入时刻热流一般较大,选择大攻角 $\alpha_{\max}$ 飞行有利于降低热流对飞行器结构的影响;为了提高射程和平衡滑翔能力,末段采用最大升阻比攻角 α_{LDmax}。按此思路设计攻角 – 速度剖面,其表达式如式(3.1)。根据任务需求,通过大量仿真实验后,分别选择攻角剖面参数为 $\alpha_{\max}=20°,\alpha_{\mathrm{LDmax}}=10°$, $V_1=5\ 120\ \mathrm{m/s}$, $V_2=2\ 000\ \mathrm{m/s}$。

为了保证飞行器经过初始下降段后能够顺利进入滑翔段飞行走廊,选择一个参考阻力加速度 D_{r},同时要求初始下降结束时速度倾角 $\theta=0°$,通过迭代确定倾侧角大小。倾侧角符号由初始速度方位角与视线方位角之差确定。初始下降段方案流程如图 4.1 所示。

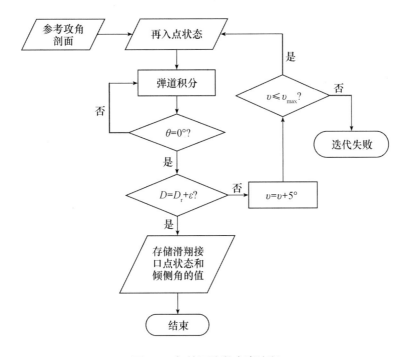

图 4.1 初始下降段方案流程

4.1.2 滑翔段

滑翔段是整个再入飞行阶段中弹道设计最为复杂也最有挑战的一个飞行阶段。为了确保飞行器沿设计的 $D-E$ 剖面飞行时能够准确到达既定目标,一般将滑翔段的弹道规划过程分为以下五个典型步骤:再入飞行走廊构建、标准剖面优化设计、纵向跟踪律设计、侧向航向误差控制以及标准剖面在线更新。

1. 再入飞行走廊构建

再入飞行走廊构建实际上就是根据滑翔段的驻点热流密度、动压、过载等典型过程约束,初始终端状态约束,以及控制量约束等构建滑翔段可行轨迹的约束走廊。关于如何利用上述约束条件构建 $D-E$ 飞行走廊模型的方法已在 3.1 节中进行详细描述,故此不再赘述。

2. 标准剖面优化设计

根据飞行任务要求,采用三段式 $D-E$ 飞行剖面设计参考阻力加速度剖面,即

$$D(e) = \begin{cases} D_0 + \dfrac{D_1 - D_0}{E_1}(e - E_c) & 0 \leqslant e \leqslant E_1 \\ D_1 & E_1 \leqslant e \leqslant E_2 \\ D_1 + \dfrac{D_f - D_1}{1 - E_2}(e - E_2) & E_2 \leqslant e \leqslant 1 \end{cases} \qquad (4.1)$$

式中:e 表示根据滑翔初始和终端能量大小归一化后的能量,E_c 表示初始时刻的归一化能量;E_1、E_2 以及 D_1 为待确定的 $D-E$ 飞行剖面设计参数,如图 4.2 所示。

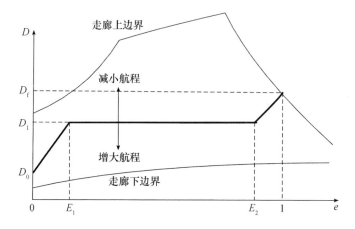

图 4.2 阻力加速度剖面规划

初始阻力加速度 D_0 由滑翔段起始条件给定,也可由滑翔起点位置和速度求得。末段阻力加速度 D_f 则由末端约束条件(高度和速度)决定。因此只有 D_1、E_1、E_2 三个参数待定。因为飞行器航程可表示为

$$S = -\int \frac{\cos\theta}{D(E)} dE \approx -\int (1/D(E)) dE \qquad (4.2)$$

所以 $D-E$ 剖面各段对应的航程可表示为

$$\begin{cases} S_1 = \dfrac{e}{D_1 - D_0}(E_f - E_0)\ln\dfrac{D_0}{D_1} & 0 \leqslant e \leqslant E_1 \\ S_2 = \dfrac{e - E_2}{D_1}(E_f - E_0) & E_1 < e < E_2 \\ S_3 = \dfrac{1 - e}{D_f - D_1}(E_f - E_0)\ln\dfrac{D_1}{D_f} & E_2 \leqslant e \leqslant 1 \end{cases} \qquad (4.3)$$

按照设计的剖面飞行结束后总的航程 S_{pre} 为

$$S_{\mathrm{pre}} = \left(\frac{E_1}{D_1 - D_0} \ln \frac{D_0}{D_1} + \frac{E_1 - E_2}{D_1} + \frac{1 - E_2}{D_{\mathrm{f}} - D_1} \ln \frac{D_1}{D_2} \right) (E_{\mathrm{f}} - E_0) \tag{4.4}$$

由滑翔起点和终点位置,可求得实际待飞大圆弧航程 R_{togo} 为

$$R_{\mathrm{togo}} = R_0 \beta \tag{4.5}$$

式中,$\beta = \arccos [\sin \phi_{\mathrm{f}} \sin \phi_{\mathrm{e}} + \cos \phi_{\mathrm{f}} \cos \phi_{\mathrm{e}} \cos (\lambda_{\mathrm{f}} - \lambda_{\mathrm{e}})]$,$(\lambda_{\mathrm{e}}, \phi_{\mathrm{e}})$、$(\lambda_{\mathrm{f}}, \phi_{\mathrm{f}})$ 分别为滑翔起点和终点经纬度,R_0 为地球平均半径。

根据航程约束,令 $R_{\mathrm{togo}} = S_{\mathrm{pre}}$。但要想确定上述三个未知参数,还需两个方程。可通过建立目标函数,采用智能搜索算法或非线性规划方法进行优化求解。对于 RLV 高速再入过程,热防护是一个必须考虑的主要因素,故可以单位面积上吸热最小作为优化目标函数。因此可选择目标函数

$$\begin{aligned} J &= \int \dot{Q} \mathrm{d}t \\ &= \int \rho^{0.5} V^3 \mathrm{d}t \\ &\approx - \int \sqrt{\frac{4M (E + \mu / \tilde{r})}{D S_{\mathrm{r}} C_{\mathrm{D}}}} \mathrm{d}E \end{aligned} \tag{4.6}$$

式(4.6)在求总吸热量大小时略去了前面的常数因子,因为常数因子项只是改变目标函数结果的数量级大小,不影响整个求解过程的变化趋势;同时,取热流密度计算公式(2.27)中的 $m = 3$、$n = 0.5$ 进行计算。

根据前面分析,标准剖面优化设计问题的决策变量为 D_1、E_1、E_2,而在优化求解使得式(4.6)达到最小时,决策变量还应满足约束条件

$$\begin{cases} 0 \leqslant E_1 \leqslant E_2 \leqslant 1 \\ D_0 \leqslant D_1 \leqslant \omega_1 D_{\dot{Q}_{\max}} (E_1) \\ D_1 \leqslant \omega_2 D_{n_{\max}} (E_2) \\ S_{\mathrm{pre}} - R_{\mathrm{togo}} = 0 \end{cases} \tag{4.7}$$

其中,$D_{\dot{Q}_{\max}} (E_1)$ 和 $D_{n_{\max}} (E_2)$ 分别表示归一化能量 E_1、E_2 对应的热流密度和过载约束所对应的阻力加速度;ω_1,$\omega_2 \in [0, 1]$ 为权重系数,其值越大,表示 D_1 越接近再入飞行走廊的上边界。初始设计时,一般取 ω_1,$\omega_2 \in (0.5, 1)$。

3. 纵向跟踪律设计

由于 RLV 再入时作无动力滑翔飞行,因此其轨迹控制量一般为攻角和倾侧角(对于采用侧滑转弯的轴对称飞行器,一般为攻角和侧滑角)。攻角主要采用攻角剖面进行控制,因此只有倾侧角可以进行调节。对于 RLV 经典再入轨迹控

制,其倾侧角大小一般通过纵向跟踪优化设计好的 $D-E$ 剖面进行确定,倾侧角符号则通过侧向制导得出。下面先展开介绍如何利用标准 $D-E$ 剖面确定倾侧角大小。

由阻力加速度计算公式

$$D = \frac{1}{2M} C_D \rho V^2 S_r \tag{4.8}$$

再联立式(3.10)、式(4.1)可以计算出对应于某个能量 E 下的参考地心距 r_0 和速度 V_0。为不引起混淆,后文中下标"0"均表示参考量。以 $D = E_0 + k(E - E_0)$ 为例,推导 $\dot{D}$ 和 $\ddot{D}$ 的表达式。由能量计算公式,有

$$\frac{dE}{dt} = V\dot{V} + \mu\dot{r}/r^2 = V(\dot{V} + g\sin\theta) = -DV = \dot{E} \tag{4.9}$$

上述推导是在假设地球为不旋转的均质圆球下得到的。因此,

$$\begin{cases} \dot{D} = k \dfrac{dD \, dE}{dE \, dt} = k \dot{E} = -kDV \\ \ddot{D} = -k \dfrac{d(DV)}{dt} = -k(\dot{D}V + D\dot{V}) = k^2 DV^2 + kD^2 \end{cases} \tag{4.10}$$

由

$$\dot{h} = V\sin\theta \approx V\theta \tag{4.11}$$

等式两边同时求导可得

$$\ddot{h} = \dot{V}\theta + V\dot{\theta} = -D\frac{\dot{h}}{V} + \left(\frac{V^2}{r} - g\right) + (L\cos\upsilon/D)D \tag{4.12}$$

根据标准大气指数模型式(3.10),其两边分别对时间 t 求导可得

$$\frac{\dot{\rho}}{\rho} = -\frac{\dot{h}}{h_s} \tag{4.13}$$

同时,根据阻力加速度的定义式(4.8),两边分别对时间 t 求导可得

$$\frac{\dot{D}}{D} = \frac{\dot{\rho}}{\rho} + \frac{2\dot{V}}{V} + \frac{\dot{C}_D}{C_D} \tag{4.14}$$

将式(4.13)代入式(4.14)可得

$$\dot{h} = -h_s \left(\frac{\dot{D}}{D} + \frac{2D}{V} - \frac{\dot{C}_D}{C_D} \right) \tag{4.15}$$

式(4.15)两边分别对时间 t 求导可得

$$\ddot{h} = -h_s \left(\frac{2\dot{D}}{V} + \frac{2D^2}{V^2} + \frac{\ddot{D}}{D} - \frac{\dot{D}^2}{D^2} + \frac{\dot{C}_D^2}{C_D^2} - \frac{\ddot{C}_D}{C_D} \right) \tag{4.16}$$

联立方程(4.14) ~ (4.16),可得

$$\ddot{D} - \dot{D}\left(\frac{\dot{D}}{D} - \frac{3D}{V}\right) + \frac{4D^3}{V^2} = -\frac{D}{h_s}\left(\frac{V^2}{r} - g\right) - \frac{D^2}{h_s}(Lcos\upsilon/D) -$$

$$\frac{\dot{C}_D D}{C_D}\left(\frac{\dot{C}_D}{C_D} - \frac{D}{V}\right) + \frac{\ddot{C}_D D}{C_D} \tag{4.17}$$

忽略气动系数的一二阶导数,进一步可得到

$$Lcos\upsilon/D = -\frac{1}{D}\left(\frac{V^2}{r} - g\right) - \frac{h_s}{D}\left(\frac{\ddot{D}}{D} - \frac{\dot{D}^2}{D^2} + \frac{3\dot{D}}{V} + \frac{4D^2}{V^2}\right) \tag{4.18}$$

则对应设计的 $D - E$ 剖面的参考升阻比指令 $LDcmd_0$ 为

$$LDcmd_0 = (L/D)_0 cos\upsilon = -\frac{1}{D_0}\left(\frac{V_0^2}{r_0} - g\right) - h_s\left(\frac{4D_0}{V_0^2} - 2k\right) \tag{4.19}$$

为使飞行器可以较好地沿着设计的 $D - E$ 剖面飞行,需要进行纵向制导控制。设所需升阻比指令为 $LDcmd$,制导需增加的升阻比指令为 $\delta(LDcmd_0)$,则

$$LDcmd = LDcmd_0 + \delta(LDcmd_0) \tag{4.20}$$

为了保证制导过程过渡良好,设计一个二阶阻尼振荡器跟踪参考阻力加速度剖面,其基本思想是 PID 控制。设 $\delta D = D - D_0$,$\delta \dot{D} = \dot{D} - \dot{D}_0$,$\delta \ddot{D} = \ddot{D} - \ddot{D}_0$,$\delta V = V - V_0$,令

$$\delta(LDcmd_0) = f_1'\delta D + f_2'\delta \dot{D} + f_3'\delta V \tag{4.21}$$

那么,

$$\delta \ddot{D} + \left(\frac{D_0^2}{h_s}f_2 + \frac{3D_0}{V_0} - \frac{2\dot{D}_0}{D_0}\right)\delta \dot{D} + \left(\frac{D_0^2}{h_s}f_3 + \frac{2D_0 V_0}{h_s r_0} - \frac{3\dot{D}_0 D_0}{V_0^2} - \frac{8D_0^3}{V_0^3} + \frac{\dot{C}_{D0} D_0^2}{C_{D0} V_0^2}\right)\delta V +$$

$$\left[\frac{D_0^2}{h_s}f_1 + 3\dot{D}_0\left(\frac{\dot{D}_0}{D_0^2} - \frac{1}{V_0}\right) + \frac{4D_0^2}{V_0^2} - \frac{1}{h_s}\left(\frac{V_0^2}{r_0} - g\right) - \frac{2\ddot{D}_0}{D_0} - \frac{\dot{C}_{D0}^2}{C_{D0}^2} + \frac{\ddot{C}_{D0}}{C_{D0}}\right]\delta D = 0$$

$$\tag{4.22}$$

因为 $\delta V = 0$,所以方程(4.22)是一个二阶系统,采用固化系数法,可以看成常系数二阶系统,设其解为震荡形式,则式(4.22)可写成标准形式

$$\delta \ddot{D} + 2\xi\omega\delta \dot{D} + \omega^2\delta D = 0 \tag{4.23}$$

对比式(4.22)和式(4.23)可得

$$f_1' = \frac{h_s}{D_0^2}\left[\omega^2 + 3\dot{D}_0\left(\frac{1}{V_0} - \frac{\dot{D}_0}{D_0^2}\right) - \frac{4D_0^2}{V_0^2} + \frac{1}{h_s}\left(\frac{V_0^2}{r_0} - g\right) + \frac{2\ddot{D}_0}{D_0} + \frac{\dot{C}_{D0}^2}{C_{D0}^2} - \frac{\ddot{C}_{D0}}{C_{D0}}\right] \tag{4.24}$$

$$f'_2 = \frac{h_s}{D_0^2}\left(2\xi\omega + \frac{2\dot{D}_0}{D_0} - \frac{3D_0}{V_0}\right) \tag{4.25}$$

$$f'_3 = \frac{h_s}{D_0^2}\left[\frac{3\dot{D}_0 D_0}{V_0^2} - \frac{2D_0 V_0}{h_s r_0} + \frac{8D_0^3}{V_0^3} - \frac{\dot{C}_{D0} D_0^2}{C_{D0} V_0^2}\right] \tag{4.26}$$

工程上采用 PD 控制基本上就可实现对参考轨迹的跟踪控制。同时,为了避免求 $\delta\dot{D}$ 的困难,常采用 $\delta\dot{h}$ 代替 $\delta\dot{D}$ 进行制导控制。

$$\begin{aligned}\delta\dot{h} &= \dot{h} - \dot{h}_0 = V\sin\theta - [-h_s(-kV_0 + 2D_0/V_0)]\\ &= V\sin\theta + h_s(-kV_0 + 2D_0/V_0)\end{aligned} \tag{4.27}$$

则式(4.21)可以改写成

$$\delta(LDcmd_0) = f_1\delta D + f_2\delta\dot{h} + f_3\delta V \tag{4.28}$$

因为方程

$$\delta\dot{D} = -\left(\frac{\dot{h}_0}{h_s} + \frac{4D_0}{V_0} - \frac{\dot{C}_{D0}}{C_{D0}}\right)\delta D - \frac{D_0}{h_s}\delta\dot{h} + \frac{2D_0^2}{V_0^2}\delta V \tag{4.29}$$

取自变量为 V,令 $\delta V = 0$,则

$$\begin{cases}f_1 = f'_1 - f'_2\left(\dfrac{\dot{h}_0}{h_s} + \dfrac{4D_0}{V_0} - \dfrac{\dot{C}_{D0}}{C_{D0}}\right)\\[2ex] f_2 = -f'_2\dfrac{D_0}{h_s}\\[2ex] f_3 = f'_3 + 2f'_2\dfrac{D_0^2}{V_0^2}\end{cases} \tag{4.30}$$

所以,用于纵向轨迹控制的跟踪指令可由下式算出

$$LDcmd = LDcmd_0 + f_1\delta D + f_2\delta\dot{h} + f_3\delta V \tag{4.31}$$

实际轨迹跟踪控制的倾侧角大小为

$$|\upsilon| = \arccos\left(\frac{LDcmd}{L/D}\right) \tag{4.32}$$

4. 侧向航向误差控制

RLV 在滑翔飞行过程中除了产生纵向偏差外,还有横向位置的偏移。侧向航向误差控制就是用来消除终端横程误差的,其一般通过倾侧角翻转来实现。因为 RLV 作长距离滑翔飞行,同时有较大侧向机动飞行,故而采用基于视线方位角与速度方位角的方位角误差走廊倾侧翻转控制方法。

设飞行器当前位置为 (λ, ϕ),目标点位置为 (λ_f, ϕ_f),那么此时飞行器的视

线方位角 ψ_{Los} 为

$$\psi_{\mathrm{Los}} = \arctan\left[\frac{\sin(\lambda_{\mathrm{f}} - \lambda)}{\cos\phi\tan\phi_{\mathrm{f}} - \sin\phi\cos(\lambda_{\mathrm{f}} - \lambda)}\right] \qquad \psi_{\mathrm{Los}} \in [-\pi, \pi] \quad (4.33)$$

视线方位角同速度方位角一样,都是规定由正北沿顺时针方向为正。所以,方位角误差

$$\Delta\psi_{\mathrm{Los}} = \psi - \psi_{\mathrm{Los}} \qquad\qquad\qquad (4.34)$$

方位角误差走廊控制倾侧翻转逻辑为:当方位角误差 $\Delta\psi_{\mathrm{Los}}$ 位于设定的方位角误差走廊内时,倾侧角符号不改变;当方位角误差 $\Delta\psi_{\mathrm{Los}}$ 超出误差走廊下边界 $-\Delta\psi_{\max}$,即轨迹向北偏时,侧倾角符号为正;反之,侧倾角符号为负,即

$$\mathrm{sign}(\upsilon^{i}(u)) = \begin{cases} -1 & \Delta\psi_{\mathrm{Los}} \geqslant \Delta\psi_{\max}(u) \\ 1 & \Delta\psi_{\mathrm{Los}} \leqslant -\Delta\psi_{\max}(u) \\ \mathrm{sign}(\upsilon^{i-1}(u)) & -\Delta\psi_{\max}(u) < \Delta\psi_{\mathrm{Los}} < \Delta\psi_{\max}(u) \end{cases} \quad (4.35)$$

其中,$\Delta\psi_{\max}$ 为误差走廊边界值,其值的大小直接影响着倾侧翻转的时机和次数,一般将其设为速度的分段函数,其数学表达式为

$$\Delta\psi_{\max}(V) = \begin{cases} \Delta\psi_1 & V \geqslant V_1 \\ \Delta\psi_2 & V_2 < V < V_1 \\ \Delta\psi_2 + \dfrac{\Delta\psi_2 - \Delta\psi_3}{V_2 - V_3}(V - V_2) & V \leqslant V_2 \end{cases} \quad (4.36)$$

一般将误差走廊设置为漏斗状,开口大末端小。开口大主要是为了较大横向机动,减少翻转次数;末端小则主要是考虑精度误差。图 4.3 所示为一个可行的侧向速度方位角误差走廊。

5. 标准剖面在线更新

由于剖面跟踪控制中存在诸如将地球考虑为不旋转均质圆球等诸多假设,同时实际飞行过程中环境参数变化也会带来一定的不确定性,因此有必要进行剖面更新以减小航程误差。一般剖面更新有局部更新和整体更新两种方法。根据图 4.4 设计的剖面形式,只要改变常值段阻力加速度的值就可以改变航程大小,即采用整体剖面更新方法更新标准剖面。

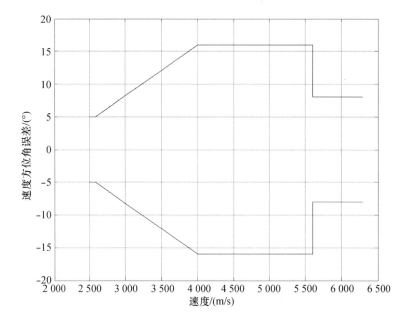

图 4.3　速度方位角误差走廊

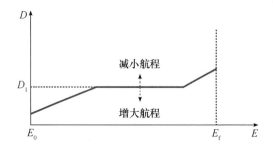

图 4.4　剖面航程更新

由式(4.4)、式(4.5)分别计算预测剩余航程 S_{pre} 和实际待飞航程 R_{togo}，那么

$$D_1 = \frac{S_{pre}}{R_{togo}} D_1 \qquad (4.37)$$

当 S_{pre} 增加，D_1 增加，从而航程减小；反之，S_{pre} 减小，D_1 减小，从而航程增加。

4.1.3　仿真结果分析

设置 RLV 再入的初始点状态分别为 $V_e = 6\,500$ m/s，$h_e = 70$ km，$\sigma = 90°$，$\theta = 0$，$\lambda = 0$，$\phi = 0$，目标点经纬度分别为 $\lambda = 76°$，$\phi = 2°$。考虑能量管理，令滑翔终

端高度、速度约束分别为 $h_f \geqslant 30$ km, $V_f = 2\ 200$ m/s,待飞航程 $R_{togo} = 200$ km。同时,要求滑翔飞行的过程约束,即热流、过载以及动压分别不超过 2.6 MW/m²、2.6g 以及 80 kPa。仿真对象仍采用 CAV – H 模型。因此,根据前述的分段设计方法,采用 RLV 经典再入弹道规划方法得到的结果分别如下所示。

1. 初始下降段仿真结果分析

设置初始下降段终点迭代的阻力加速度 $D_r = 2$,同时将气动数据拟合为攻角和马赫数的函数,仿真结果如图 4.5 ~ 4.8 所示。

仿真得到的初始下降段终点阻力加速度为 2.003 2,满足设计要求。此时迭代得到的倾侧角为 14°。

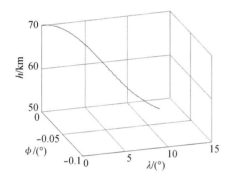

图 4.5　再入段三维轨迹

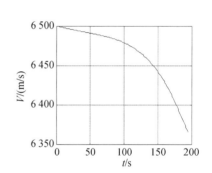

图 4.6　速度 – 时间曲线

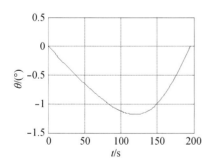

图 4.7　速度倾角 – 时间曲线

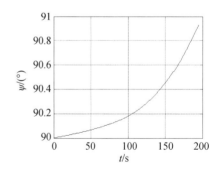

图 4.8　方位角 – 时间曲线

2. 滑翔段仿真结果分析

将初始下降段的终端状态设置为滑翔段的起点状态。根据滑翔起点位置和终端高度、速度约束,分别计算 D_0、D_f 大小。然后,利用 SQP 序列二次规划方法,在飞行走廊内优化求出满足约束的一条最小热流阻力加速度剖面。通过仿真计算得到满足条件的 D_1、E_1、E_2 值分别为 $D_1 = 2.553 \ \text{m/s}^2$,$E_1 = 0.304 \ 4$,$E_2 = 0.675 \ 5$,如图 4.9 所示。

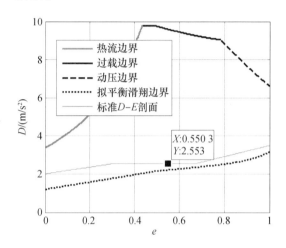

图 4.9 最小热流下的标准阻力加速度剖面

根据设计的纵向和侧向制导律,首先考虑剖面未进行更新时的仿真结果。当飞行器结束初始下降段后,将初始下降段终点作为滑翔段的起点,根据优化设计好的 $D - E$ 剖面进行滑翔段跟踪制导飞行,仿真结束时输出终端状态为

$$\begin{cases} h = 30.00 \ \text{km} \\ V = 2 \ 194.66 \ \text{m/s} \\ \theta = -0.75° \\ \psi = 91.12° \\ \lambda = 73.80° \\ \phi = 1.94° \end{cases} \qquad (4.38)$$

对应的滑翔段飞行轨迹结果曲线如图 4.10 ~ 4.15 所示。由图 4.12 知,设计的跟踪控制律可以较好地跟踪剖面,设计的方位角误差走廊较好地控制了横向机动范围,终端结束点高度满足约束,速度保持在 10 m/s 左右的误差范围内。以速度增加为例,当受到扰动时,由飞行器运动方程知 $\dot{\theta}$ 增加,从而 θ 增加;速度增加则直接引起 D 增加。加入了制导后,$\dot{\theta}$ 的变化得到控制,θ 振荡后进入标称状态飞行。由图 4.11 中速度倾角变化曲线知,速度倾角在滑翔飞行后半段快速减小。分析航程预测公式,由于后半段 θ 的绝对值迅速增加,随着时间的推移,航程预测近似公式误差的累积加大。根据航程误差曲线变化特点,对滑翔飞行

末段进行剖面更新。

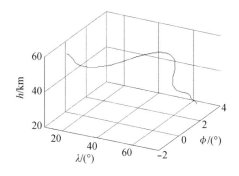

图 4.10　滑翔段三维轨迹

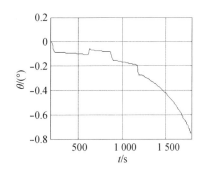

图 4.11　速度倾角变化曲线

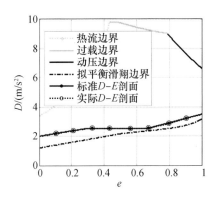

图 4.12　滑翔段剖面跟踪曲线

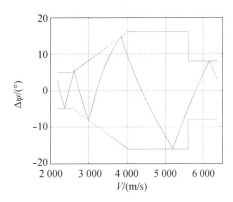

图 4.13　方位角误差变化曲线

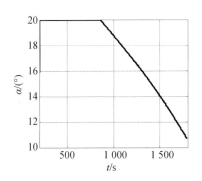

图 4.14　攻角变化曲线

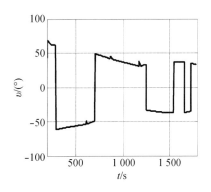

图 4.15　倾侧角变化曲线

采用剖面更新策略,对滑翔飞行末段进行剖面更新。鉴于未更新剖面时航程误差只有 21 km 左右(见图 4.16),因此更新周期可以设置稍长些,以减少剖面更新造成控制量突变,从而引起飞行状态抖动等;另外,延长剖面更新周期可以减少参数的重复装载,提高飞行控制的稳定性、可靠性。

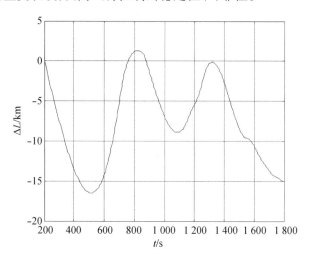

图 4.16　航程误差曲线

增加剖面更新后,仿真得到的结果如图 4.17 ~ 4.22 所示。对比未更新时剖面仿真结果可以发现,在滑翔飞行末段时按照当前剖面预测的航程大于实际剩余航程,当减小 D_1,末段剖面斜率增大,从而末段预测航程减小。每更新一次,预测剩余航程与实际待飞航程的误差就减小一次。但由于剖面更新后,相应的

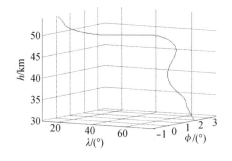

图 4.17　剖面更新后三维弹道曲线

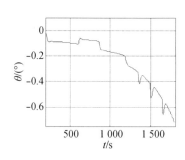

图 4.18　更新后速度倾角变化曲线

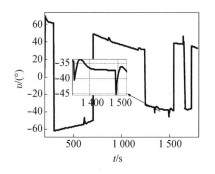

图 4.19　剖面更新后倾侧角变化曲线

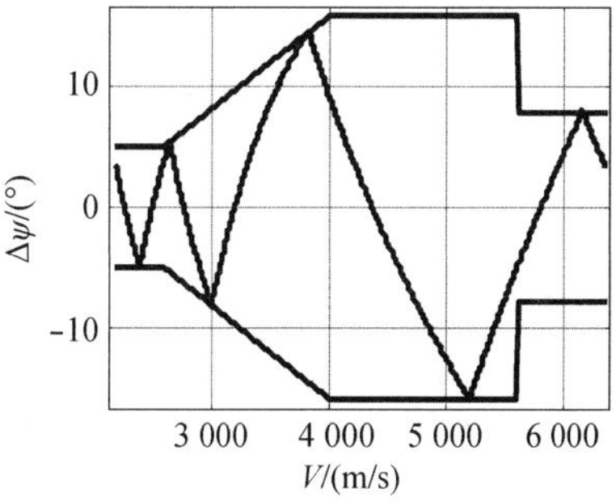

图 4.20　剖面更新后方位角误差

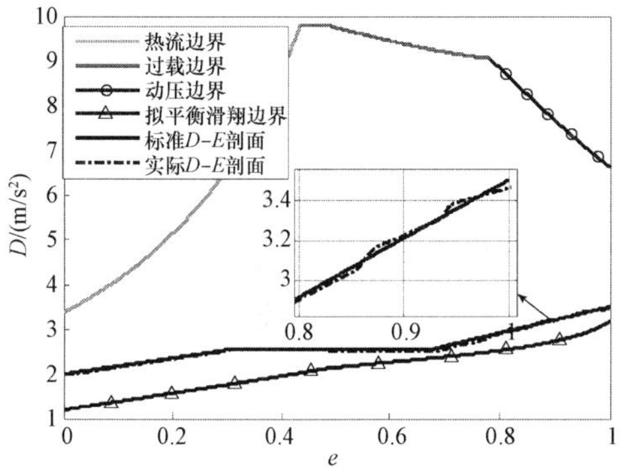

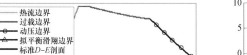

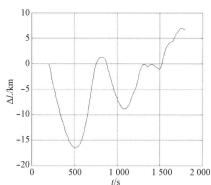

图 4.21　剖面更新后剖面跟踪情况

图 4.22　剖面更新后航程误差变化曲线

跟踪控制律也要进行调整,从而引起倾侧角的突变,造成飞行过程的抖动。对比航程误差图可以发现,剖面更新后航程误差可以得到有效减小。

更新剖面后滑翔终点状态为

$$\begin{cases} h = 30.00 \text{ km} \\ V = 2\ 190.30 \text{ m/s} \\ \theta = -0.72° \\ \psi = 91.74° \\ \lambda = 73.72° \\ \phi = 1.93° \end{cases} \quad (4.39)$$

更新剖面后全程三维弹道曲线如图 4.23 所示。

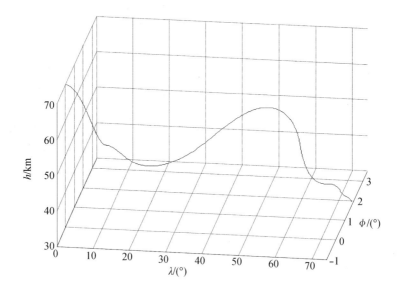

图 4.23 更新剖面后全程三维弹道曲线

4.2 基于 $D-E$ 剖面的改进弹道规划方法

为充分利用飞行器的所有机动能力,本节提出一种不需要事先规划固定攻角方案的准三维剖面弹道规划方法。准三维剖面弹道规划方法是一种介于三维剖面和传统标准剖面之间的 $D-E$ 剖面再入弹道规划方法,控制量完全由基于飞行任务需求设计的准三维剖面获得。同三维剖面弹道规划一样,准三维剖面弹道规划也需要将侧向运动量考虑到剖面设计中,但认为倾侧翻转是瞬间完成的。虽然这样会出现倾侧翻转突变时带来的抖动,但可以通过限幅等措施来弥补。另外,该方法由于不需要进行复杂的优化计算,因此计算效率相对较高且可靠。

为了获得满足任务需求的准三维剖面,本节通过分层设计思路,即先求出满足总航程约束的纵向剖面,再根据纵向剖面求出对应的侧向加速度剖面,从而得到准三维剖面。值得说明的是,本节提出的基于准三维剖面的弹道规划方法仅是为了三维剖面规划制导方法的引出作铺垫,故只研究标准情况下的仿真案例。

4.2.1 纵向剖面设计

纵向剖面设计方法与传统航天飞机的标准飞行剖面设计方法既有相同之处又存在区别,两者都是在再入飞行走廊约束内设计一条满足初始和终端约束条件的曲线,记为 $f(D,E)=0$,但由于此时攻角仅给出范围,因此两者的走廊约束将会存在一定的差异(详见 3.1 节)。在纵向飞行走廊内,设计一个由二次曲线和直线组成的混合剖面(见图 4.24),用数学式子表示为

$$D = \begin{cases} C_0 E^2 + C_1 E + C_2 & E_0 \leqslant E < E_1 \\ C_3 E + C_4 & E_1 \leqslant E \leqslant E_f \end{cases} \tag{4.40}$$

式中,C_0、C_1、C_2、C_3、C_4 为待设计参数。通过求解 C_0、C_1、C_2、C_3、C_4,即可唯一确定所设计的剖面曲线。由图可见,(E_1,D_1) 为两段剖面连接点。假设飞行器在终端时以最大升阻比攻角飞行,利用连接点光滑条件和初始、终端约束,可将上述五个未知量的计算转换为节点值 (E_1,D_1) 的确定。又由飞行器沿此剖面飞行对应的纵程近似为

$$S = -\int_{E_0}^{E_f} \frac{1}{f(D,E)} \mathrm{d}E$$

$$= \begin{cases} \int_{E_0}^{E_1} \frac{-1}{C_0 E^2 + C_1 E + C_2} \mathrm{d}E & E_0 \leqslant E < E_1 \\ \int_{E_1}^{E_f} \frac{-1}{C_3 E + C_4} \mathrm{d}E & E_1 \leqslant E \leqslant E_f \end{cases} \tag{4.41}$$

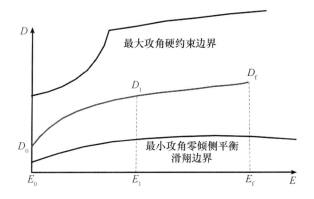

图 4.24　纵向阻力剖面设计

令初始纵程 S_0 为从起点到终点的大圆弧射程,根据式(4.41),若已知 D_1 或

E_1 其中一个值,即可确定另一个值。除此之外,还有一个隐含的剖面设计参数——倾侧翻转能量点 E_r。E_r 主要影响横程偏差,其大小的确定将在下一小节中具体阐述。

4.2.2 侧向加速度剖面求解

侧向加速度剖面的求解主要包括以下三个步骤:侧向加速度大小的计算、侧向加速度约束边界的确定以及准三维剖面规划。首先,根据 4.2.1 中设计的纵向剖面,利用运动模型的耦合关系,求解出侧向加速度大小;然后,考虑飞行过程中的力热等结构约束对侧向加速度剖面进行约束;最后,根据任务需求,规划侧向剖面的倾侧翻转位置点,从而最终获得满足要求的准三维剖面。

1. 侧向加速度大小计算

由于飞行器的纵向和侧向运动并不独立,因此侧向剖面可以利用它们之间的相互耦合关系求出。阻力加速度计算公式为

$$D = \frac{1}{2M}C_D \rho V^2 S_r \tag{4.42}$$

对上式求关于能量的微分可得

$$\frac{\partial h}{\partial E} = -h_s\left(\frac{D'}{D} - \frac{2V'}{V} - \frac{C_D'}{C_D}\right) \tag{4.43}$$

又由式(3.59)两边同时求关于能量的导数,得

$$\frac{\partial V}{\partial E} = \frac{1 - \tilde{g}h'}{V} \tag{4.44}$$

其中,$\tilde{g} = g\left(1 - \frac{2h}{r}\right)$。将式(4.44)代入式(4.43)得

$$\frac{\partial h}{\partial E} = h_s\left[\frac{D - (E - gh)D'}{D(E - gh + \tilde{g}h_s)} + \frac{(E - gh)}{(E - gh + \tilde{g}h_s)}\frac{C_D'}{C_D}\right] \tag{4.45}$$

将式(4.42)代入式(4.45)可得

$$\frac{\partial h}{\partial E} = h_s\left[\frac{D - (E - gh)D'}{D(E - gh + \tilde{g}h_s)} + \frac{(E - gh)}{(E - gh + \tilde{g}h_s)}\frac{\rho V^2 S_r}{2MD}C_D'\right] \tag{4.46}$$

由已知,有

$$\begin{cases} h(E_0) = h_0 \\ E_0 = \dfrac{V_0^2}{2} + \dfrac{u}{(R_0 + h_0)^2} h_0 \\ h(E_f) = h_f \\ E_f = \dfrac{V_f^2}{2} + \dfrac{u}{(R_0 + h_f)^2} h_f \end{cases} \tag{4.47}$$

由于 C_D 与攻角、马赫数等有关,而攻角未知,即 C_D 的一阶导数无法直接得到。若假设 C_D 为关于能量的一次函数,即

$$C_D = aE + b \tag{4.48}$$

则

$$C_D' = a \tag{4.49}$$

利用初始和终端条件,可求出满足要求的 a。值得说明的是,此处假设的 C_D 仅是为了求出参考高度,实际仿真时的 C_D 仍由飞行器气动模型得到。为了求出 a 的值,可以事先假设一个初值,然后利用牛顿迭代法根据初始和终端条件确定,从而求得任意能量 E 处的高度 $h(E)$。由于 $\dfrac{V^2}{2} = E - gh$ 较大,当剖面的一阶导数不连续时,即 $\dfrac{\partial D}{\partial E}$ 发生突变时将会造成预测高度突变。因此在采用剖面预测高度时,所设计的纵向剖面应为光滑连续函数曲线。

由阻力加速度定义式(4.42)可得阻力系数

$$C_D = \frac{2MD}{\rho V^2 S_r} = \frac{MD}{\rho_0 e^{-\frac{h}{h_s}}(E - gh) S_r} \tag{4.50}$$

若令阻力系数 C_D 为攻角和马赫数的函数,那么将求得的高度 h 和对应的能量代入即可反插值求出参考攻角 α_r。相应地,当前时刻飞行器所能产生的升力加速度亦可得到,记为 L_r。根据传统航天飞机再入制导规划方法,当飞行器沿设计的阻力加速度剖面飞行时有[53]

$$L\cos\upsilon = a(D'' - b) \tag{4.51}$$

其中

$$\begin{cases} a = -h_s V^2 D \\ b = D\left(\dfrac{C_D''}{C_D} - \dfrac{C_D'^2}{C_D^2}\right) + D'\left(\dfrac{2}{V^2} + \dfrac{C_D'}{C_D}\right) - \dfrac{4D}{V^4} + \left(g - \dfrac{V^2}{r}\right)\dfrac{1}{h_s V^2 D} \end{cases} \tag{4.52}$$

又由三角变换,可解出侧向运动分量为

$$Lsin\upsilon = sign(\upsilon) \cdot \sqrt{L^2 - (Lcos\upsilon)^2} \tag{4.53}$$

式中,$sign(\cdot)$为符号函数。因为地球自转相对较小,其分量投影到侧向后对侧向加速度的贡献亦相对较小,所以侧向加速度 D_L 可近似为

$$D_L = Lsin\upsilon = sign(\upsilon) \cdot \sqrt{L_r^2 - [a(D'' - b)]^2} \tag{4.54}$$

因此,当已知阻力加速度剖面后,可唯一确定相应的侧向加速度大小。若 E_r 已经确定,则可根据初始点和目标点的位置关系确定初始倾侧角符号,从而确定侧向加速度。

2. 侧向加速度约束边界的确定

根据式(4.54)知,侧向加速度大小的下边界在倾侧角取 0 时得到,即

$$|D_L| = D\sqrt{\left\{\frac{L}{D}[\alpha, Ma(E,h)]\right\}^2 (1 - cos^2\upsilon)} \tag{4.55}$$

当攻角 α 给定后,对应某一能量 E 处的升阻比 $\frac{L}{D}[\alpha, Ma(E,h)]$ 也可确定。因为阻力加速度大小 D 的范围可通过纵向飞行走廊获得,故侧向加速度大小上边界取决于倾侧角 υ 的大小。当倾侧角取最大值时,$|D_L|$ 也达到最大。因为 RLV 在滑翔段基本保持准平衡滑翔飞行,所以倾侧角大小

$$\upsilon = arccos\left[\frac{1}{D}\left(\frac{1}{\frac{L}{D}[\alpha, Ma(E,h)]}\right)\left(g - \frac{V^2}{r}\right)\right] \tag{4.56}$$

当给定一个攻角 α,即可求得对应于某个能量 E 处的倾侧角变化范围。显然,倾侧角大小的最小值为 0,而当 D 取最大值时倾侧角也达到最大。将相应的最大驻点热流密度、动压和过载对应的阻力加速度关于能量的表达式(3.61)代入式(4.53),同时遍取 $\alpha \in [\alpha_{min}, \alpha_{max}]$ 并取最大值即可求得相应的倾侧角大小最大值约束[5]为

$$\begin{cases} \upsilon_{\dot{Q}_{max}}(E) = arccos\left[\frac{2MK_h^2 V^{2m-2}}{C_D S_r \dot{Q}_{max}^2}\left(\frac{D_r}{L_r}\right)\left(g - \frac{V^2}{r}\right)\right] \\ \upsilon_{n_{max}}(E) = arccos\left[\frac{\sqrt{1 + (L/D)^2}}{n_{max} g_0}\left(\frac{D_r}{L_r}\right)\left(g - \frac{V^2}{r}\right)\right] \\ \upsilon_{q_{max}}(E) = arccos\left[\frac{M}{q_{max} C_D S_r}\left(\frac{D_r}{L_r}\right)\left(g - \frac{V^2}{r}\right)\right] \end{cases} \tag{4.57}$$

因此,倾侧角大小约束走廊的上边界为三者 $\upsilon_{\dot{Q}_{max}}(E)$、$\upsilon_{q_{max}}(E)$、$\upsilon_{n_{max}}(E)$ 的最小值,下边界为 0。图 4.25 为根据式(4.57)求得的倾侧角大小边界。对应于

过程约束,从左到右依次为驻点热流、过载和动压约束对应的最大倾侧角。因此,在设计阻力剖面时,根据式(4.56)求得的倾侧角 v 应小于这个上边界。

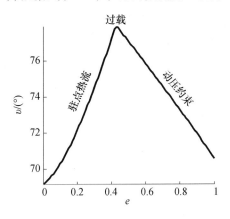

图 4.25　倾侧角边界走廊

将式(4.57)求得的倾侧角最大值代入式(4.55)即可求得侧向加速度走廊的上边界。在求解走廊过程中,h 的精确值计算相对较为复杂,一般将其线性化为能量的函数。据此,可得到如图 4.26 所示的侧向加速度大小走廊。对比图 4.25 和图 4.26 可以发现,侧向加速度最大值与倾侧角最大值并不在同一点,且两者的走向完全不同。侧向加速度走廊上边界在初始时最小,靠近终端某一位置时达到最大,且曲线光滑;倾侧角走廊上边界则大约是在中间位置处达到最大,初始段和末段的值较小。值得说明的是,上述侧向加速度走廊边界仅是对大小的约束,不考虑符号改变后引起的正负情况。

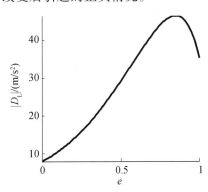

图 4.26　侧向加速度走廊边界

由前面分析知,当飞行器的阻力加速度确定后,其相应的升力加速度 L_r 也

随之确定。又升力加速度主要由攻角决定,故 L_r 应限制在最大攻角和最小攻角对应的升力加速度范围内,即满足

$$L_r \in \left[C_L(\alpha_{\min}, Ma) q S_r / M, C_L(\alpha_{\max}, Ma) q S_r / M \right] \qquad (4.58)$$

3. 准三维剖面规划

为了生成准三维剖面,还需要对侧向加速度符号进行确定,即确定倾侧角的符号和翻转时机。为此,需要求解出侧向运动状态量 σ、λ、ϕ。

在滑翔段飞行过程中,RLV 的当地速度倾角 θ 为小量,即 $\cos\theta \approx 1$。地心距 $r(E) = R_0 + h(E)$,R_0 为地球平均半径。基于 $\cos\theta = 1$ 的假设对原三自由度动力学模型进行简化,可获得一个降阶的运动模型[21],即

$$\frac{\mathrm{d}\sigma}{\mathrm{d}E} = \frac{-\tan\phi\sin\sigma}{r}\left(\frac{1}{D}\right) - \frac{1}{V^2}\left(\frac{L\sin\upsilon}{D}\right) - \omega_e\left[\frac{2\sin\phi}{V} + \frac{r\omega_e}{2V^2}\sin(2\phi)\sin\sigma\right]\left(\frac{1}{D}\right)$$

$$(4.59)$$

$$\frac{\mathrm{d}\lambda}{\mathrm{d}E} = -\frac{\sin\sigma}{r\cos\phi}\left(\frac{1}{D}\right) \qquad (4.60)$$

$$\frac{\mathrm{d}\phi}{\mathrm{d}E} = -\frac{\cos\sigma}{r}\left(\frac{1}{D}\right) \qquad (4.61)$$

通过前面的纵向阻力剖面设计和侧向加速度剖面计算,即已知 $(L/D)\sin\upsilon$、D,可对式(4.59)~(4.61)积分求解。值得说明的是,$\cos\theta = 1$ 的假设仅仅用于上述降阶运动模型的推导,θ 的值需通过另外的方法求解。上述运动模型在适当简化的情况下,实现了侧向运动和纵向运动的解耦。

(1)一次倾侧翻转

将 D、$(L/D)\sin\upsilon$ 代入降阶运动模型中,可求得侧向运动量 σ、λ、ϕ。由于地球已假设为均匀圆球,故任何情况下从初始点到目标点的大圆弧均可等价到赤道上的两个位置点。令飞行过程中仅发生一次翻转,以满足终端横程误差为目标,需要不断迭代计算找到合适的倾侧翻转点 E_r。初始倾侧角方向由视线方位角与速度方位角的差进行判断。根据设计要求,倾侧角在到达翻转点 E_r 前保持初始倾侧方向,而之后则反向。

因为总共有 (E_1, D_1) 和能量翻转点 E_r 三个未知参数待求,但仅有纵程和横程两个约束,故需事先设定一个参数。假定 E_1 已知,通过两个循环迭代确定 D_1、E_r 的值。迭代方法为:

Step 1:先任选一个 E_r^0,根据初始纵程 S_0 确定 D_1^0;

Step 2:求出侧向加速度剖面,并利用降阶侧向运动模型积分求出终端落点

经度 $\lambda^0(E_f)$、纬度 $\phi^0(E_f)$。

Step 3：记第 i 次翻转迭代时设计的剖面飞行终端纬度为 $\phi^i(E_f)$、倾侧翻转点为 E_r^i、目标终端纬度要求为 ϕ_f。按照先横程后纵程的原则，保持 D_1^i 不变，那么，第 $j+1$ 次翻转点为

$$E_r^{j+1} = E_r^j - \frac{E_r^j - E_r^{j-1}}{\phi^j(E_f) - \phi^{j-1}}\left[\phi^j(E_f) - \phi_f\right] \qquad j = 1,2,\cdots \qquad (4.62)$$

Step 4：当横程精度满足要求后，记此时的终端经度为 $\lambda^i(E_f)$、目标经度为 λ_f，则第 $i+1$ 次迭代后的 D_1 为

$$D_1^{i+1} = D_r^j - \frac{D_1^j - D_1^{j-1}}{\lambda^j(E_f) - \lambda^{j-1}}\left[\lambda^j(E_f) - \lambda_f\right] \qquad i = 1,2,\cdots \qquad (4.63)$$

Step 5：重复步骤 Step 3 和 Step 4，直至求得满足精度要求的 D_1、E_r。若一直迭代仍无法求得满足要求的解，可考虑改变初始设置的 E_1 值。

（2）两次倾侧翻转

为了提高终端横程误差的控制精度，在滑翔段末段再增加一次倾侧翻转。为了减少迭代计算量，将第二次倾侧翻转时机固定在靠近终端的某一位置处，取 $E_{r2} = 0.94$。从而将两次倾侧翻转转换为一次倾侧翻转问题，即可采用（1）的迭代方法求出满足要求的 E_r 和 D_1，如图 4.27 所示。

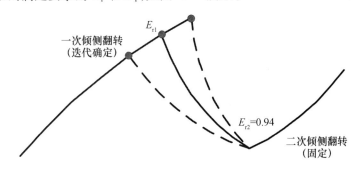

图 4.27　两次倾侧翻转示意图

在迭代过程中，如果发现无法求得可行解，可先考虑适当调整 E_{r2} 的值，当仍不满足要求时，再调整剖面节点 E_1 值。通过纵向和侧向不断迭代，最终求得满足要求的剖面和倾侧翻转点能量值，从而完成准三维剖面规划。

4.2.3 轨迹跟踪律设计

利用降阶运动方程组,已经求解了 σ、λ、ϕ 三个状态变量,还剩下 r、V、θ 三个状态和 α、υ 两个控制变量。事实上,控制量攻角 α 已经在前面由式(4.50)反插值求出,此处不再赘述。而倾侧角为

$$\upsilon = \arcsin\left(\frac{L\sin\upsilon}{L_r}\right) \tag{4.64}$$

又由式(4.11)和式(4.43),将其对能量求导数可得

$$\theta(E) = \arcsin\left(h_s \frac{V^2 \frac{\partial D}{\partial E} - 2D}{V^2 + 2\tilde{g}}\right) \tag{4.65}$$

利用前面计算得到的 h,可以解得速度倾角 θ 关于能量的表达式 $\theta(E)$。再由

$$\frac{\partial r}{\partial E} = -\frac{1}{D}\sin\theta \tag{4.66}$$

解出 $r(E)$。而速度 V 则可直接由能量公式根据 h 反求得到。至此,可求得标准剖面轨迹所有状态变量和控制变量。

由于降阶模型在求解过程中忽略了速度倾角的影响,在初始小角度时得到的结果误差较小,但在最后速度倾角较大时则会产生较大误差;同时,侧向加速度剖面求解过程中也没有考虑地球自转的影响,在长时间滑翔后必然会产生较大的位置偏差。因此,即使在理想条件下飞行时仍需对参考控制量进行微调。因为侧向加速度剖面的求解依赖于阻力剖面,即只要阻力剖面跟踪得好就可保证侧向剖面也可以实现较好地跟踪,故可将阻力加速度及其一阶导数反馈到控制量上,采用如下形式进行反馈跟踪:

$$\begin{cases} \Delta\alpha = k_1(D_r - D) \\ \Delta\upsilon = \text{sign}(\upsilon_r)[k_2\Delta\alpha - k_3(\dot{D}_r - \dot{D})] \end{cases} \tag{4.67}$$

式中,k_1、k_2、k_3 为反馈参数。通过调整三个参数值,可以较好地实现对设计的准三维剖面的跟踪制导。

4.2.4 仿真结果分析

仍采用 CAV-H 模型作为仿真研究对象,并设置其初始高度和速度分别为 $h_0 = 80 \text{ km}$,$V_0 = 6\,500 \text{ m/s}$,驻点热流、动压和过载约束值分别为 $\dot{Q}_{\max} = 2 \text{ MW/m}^2$、

$q_{max} = 100$ kPa、$n_{max} = 2g$。要求终端高度和速度分别为 $h_f = 25(\pm 1)$ km、$V_f = 2\,500(\pm 50)$ m/s。假设飞行器初始位置为 $(0,0)$,沿赤道向西飞行。初始速度倾角为 0,滑翔段终端位置为 $(61°,0)$。同时,设置攻角和倾侧角的幅值约束分别为 $\upsilon \in [-85°,85°]$,$\alpha \in [10°,20°]$,不考虑控制量翻转速率限制。

根据前面分析,飞行器从初始点到实现准平衡滑翔前采用最大常值攻角再入,迭代确定常值倾侧角。仿真结果如图 4.28、图 4.29 所示。由图 4.28 可见,初始下降段终点被拉平,相应的速度倾角也趋近于 0(见图 4.29)。初始下降段终端结束状态:高度大约为 50.7 km,速度约为 6 380 km/s,经纬度分别为 12.3° 和 0°。采用的控制量分别为攻角 $\alpha = 20°$,$\upsilon = 0°$。

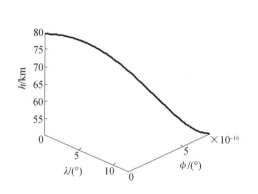

图 4.28　初始下降段三维弹道曲线

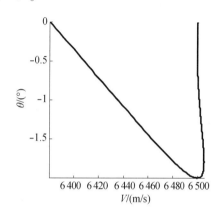

图 4.29　初始下降段速度倾角曲线

1. 一次倾侧翻转

飞行器在进入滑翔段前应先进行准三维剖面设计。根据 4.2.1 ~ 4.2.3 节的分析,通过侧向的降阶运动学模型反复迭代后得到的仿真结果如图 4.30 ~ 4.33 所示。图 4.30 为纵向阻力加速度剖面,其初始点 D_0 为初始下降段终点阻力加速度。由设计的纵向阻力加速度剖面求得的参考高度曲线如图 4.31 所示,利用气动系数反插值得到的参考攻角曲线如图 4.32 所示。与传统事先优化得到的阶梯形状攻角剖面相比,利用纵向阻力加速度剖面直接获得的参考攻角曲线变化更为平滑,从而有效抑制了由于攻角剖面突变以及攻角过大或过小而引起的控制抖动等。利用求得的参考攻角和高度曲线,可以得到如图 4.33 所示的侧向加速度剖面,其中倾侧翻转能量点 $E_r = 0.355\,8$。

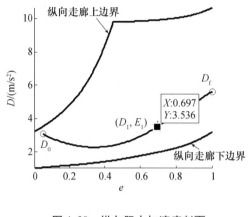

图 4.30　纵向阻力加速度剖面

图 4.31　参考高度曲线

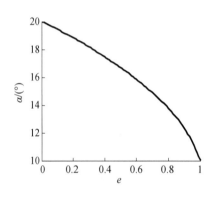

图 4.32　参考攻角曲线

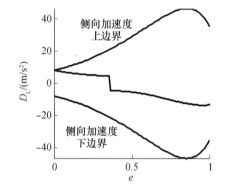

图 4.33　侧向加速度剖面

根据设计的纵向阻力和侧向加速度剖面,代入三自由度动力学模型积分,以终端能量作为积分终止条件。图 4.34、图 4.35 分别为纵向阻力加速度剖面和侧向加速度剖面跟踪结果,图 4.36、图 4.37 则是剖面跟踪制导过程中实际控制变量攻角和倾侧角相对于参考量的变化曲线。由图 4.34、图 4.35 可知,通过将阻力加速度的差及其差的一阶变化量反馈到控制量中,可以较好地同时实现纵向和侧向剖面跟踪制导。对比图 4.35 和图 4.37 知,因为侧向加速度剖面在倾侧翻转点存在突变,所以控制量倾侧角也跟着发生突变,从而导致攻角也相应地出现了一点小跳动(见图 4.36)。在滑翔段末段时,由于速度倾角相对较大,准平衡滑翔条件得不到严格满足从而引起纵向阻力剖面跟踪误差增加。为了仍能较好地实现剖面跟踪,在末段 $e = 0.8$ 处调整了反馈控制系数,从而引起控制量在此处整体发生了小跳动。

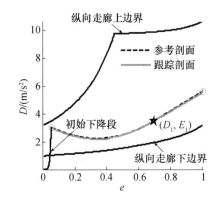

图 4.34 纵向阻力加速度剖面跟踪

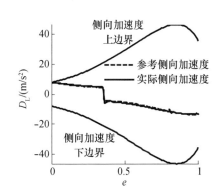

图 4.35 侧向加速度剖面跟踪

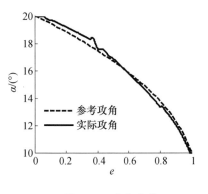

图 4.36 攻角曲线

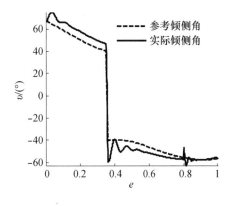

图 4.37 倾侧角曲线

按照上述剖面跟踪制导方法,仿真得到的弹道结果如图 4.38 ~ 4.41 所示。由图 4.38 可知,全程三维弹道曲线较为平滑,没有出现明显的抖动现象。具体来看,速度倾角在整个滑翔过程中共出现了两次抖动,分别对应倾侧翻转和反馈控制系数的调整(见图 4.39),但全程最大值也只在 1.3° 左右。由于速度倾角第二次抖动相对较弱,图 4.40 所示的高度变化曲线仅清楚反映了第一次抖动的情况,全程变化相对平缓,基本实现了准平衡滑翔。由图 4.41 可知,实际仿真的速度方位角基本逼近参考值,速度方位角转向处对应于倾侧翻转点。仿真结束时,终端高度误差 0.1 km,经纬度位置误差分别为 6.7 km 和 14.7 km,终端速度误差为 0.47 m/s,满足给定的制导任务需求。

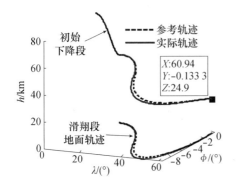

图 4.38　全程三维弹道

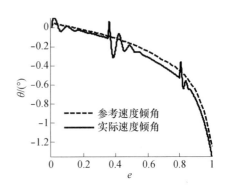

图 4.39　速度倾角变化曲线

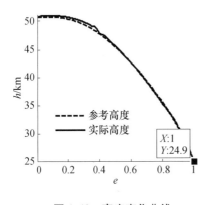

图 4.40　高度变化曲线

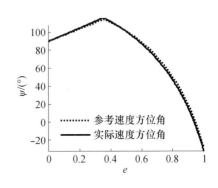

图 4.41　速度方位角曲线

2. 二次倾侧翻转

仿真初始条件与一次倾侧翻转时相同,初始下降段控制量也一样,仅在准三维剖面设计时增加一次末段翻转。通过不断迭代翻转,得到的纵向阻力加速度剖面和侧向加速度剖面分别如图 4.42 和图 4.43 所示。对比一次倾侧翻转的设计结果,纵向阻力加速度剖面基本没有变化,这主要是因为纵向阻力加速度剖面主要与航程相关。因为航程不变,故而阻力加速度剖面也不会产生明显变化。而图 4.43 的侧向加速度剖面则由于引入了第二次倾侧翻转,其在末段处的侧向加速度剖面产生了一个翻转。相应的倾侧角曲线(见图 4.44)也出现了两次翻转变化。由于第二次倾侧翻转时飞行器保持平衡滑翔能力较弱,当出现翻转时造成的抖动明显强于第一次。同时,攻角变化曲线由于第二次的倾侧翻转也出现相应的小波动,如图 4.45 所示。

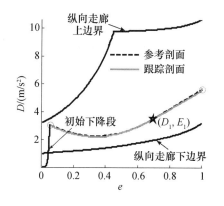

图 4.42　纵向阻力加速度剖面

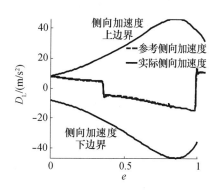

图 4.43　侧向加速度剖面

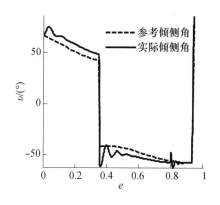

图 4.44　二次翻转倾侧角曲线

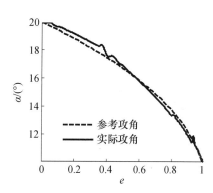

图 4.45　二次翻转攻角曲线

　　虽然引入第二次倾侧翻转会导致控制量产生抖动,但是终端位置和速度精度得到了有效提高。如图 4.46,终端经度、纬度位置误差分别为 + 3.3 km 和 − 4.4 km,高度误差为 40 m,速度误差为 − 0.12 m/s。图 4.47 为速度方位角变化曲线,图上速度方位角转向的位置点与倾侧角翻转点相对应。

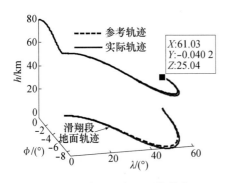

图 4.46　两次倾侧全程三维弹道

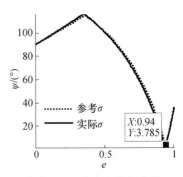

图 4.47　速度方位角曲线

4.3　基于侧向优先的改进 D – E 剖面规划方法

与前面的 D – E 标准剖面规划思路不同,本节从准平衡滑翔条件出发,介绍一种基于侧向优先的 D – E 剖面弹道规划方法。因为 RLV 再入时初始高度较大,所以仍将整个再入弹道分为初始下降段和平衡滑翔段进行规划,总体求解思路如图 4.48 所示。

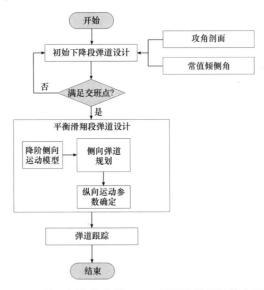

图 4.48　基于侧向优先的 D – E 剖面弹道规划基本思路

4.3.1 初始下降弹道规划

为确定初始下降段弹道,利用攻角和一个合适的常值倾侧角来积分运动模型。初始倾侧角取 0,然后按指定幅度逐渐增大直至同时满足飞行约束及交班点条件。初始下降段和平衡滑翔段的交班条件由式(4.68)确定[21]。

$$\left| \frac{\mathrm{d}r}{\mathrm{d}V} - \left(\frac{\mathrm{d}r}{\mathrm{d}V} \right)_{\mathrm{QEGC}} \right| < \delta \tag{4.68}$$

式中:δ 为进入平衡滑翔状态的门限值;$\mathrm{d}r/\mathrm{d}V = -V\sin\theta/(D + g\sin\theta)$;$(\mathrm{d}r/\mathrm{d}V)_{\mathrm{QEGC}}$ 为平衡滑翔弹道在高度 – 速度剖面对应的斜率,可通过对式(2.38)所示的平衡滑翔条件求关于速度 V 的微分得到。

为了进行弹道规划,需确定一系列参考点(Reference Point,RP),这些点分别对应于禁飞区和航路点。参考点的确定方法如下:如图 4.49 所示,可将航路点直接指定为对应的参考点。对于禁飞区,首先需要确定飞行器是从禁飞区上边界还是下边界绕飞。假定某一禁飞区中心坐标及禁飞区半径分别为(λ_z,ϕ_z)及 R_z。若飞行器从禁飞区上边界绕飞,则参考点坐标为$(\lambda_z,\phi_z + R_z/R_e)$,此处 R_e 为地球平均半径。反之,若飞行器从禁飞区下边界绕飞,则对应的参考点为$(\lambda_z,\phi_z - R_z/R_e)$。不对各参考点的高度进行约束。后文 4.3.2 节中平衡滑翔段的侧向弹道规划正是基于这些参考点进行的。

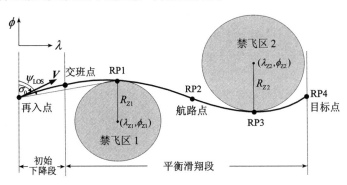

图 4.49　弹道规划参考点的确定

利用第一个参考点,即可确定初始下降段常值倾侧角的符号,即

$$\mathrm{sign}(\upsilon_0) = -\mathrm{sign}(\sigma_0 - \psi_{\mathrm{LOS}}) \tag{4.69}$$

式中,σ_0 为再入点航迹偏航角,ψ_{LOS} 为再入点到第一个瞄准点的视线与再入点经线之间的夹角(见图 4.49)。

在初始下降段弹道规划中,为提高规划速度,可取大步长进行弹道积分。但是,当飞行器进入飞行走廊后,应采用较小的积分步长,防止迭代中由于积分步长过大"错过"交班点。将初始下降段计算得出的三自由度弹道存储下来作为参考弹道的一部分,同时保存初始下降段到滑翔段的交班点的运动参数和控制变量,作为平衡滑翔段的起始条件。

4.3.2 平衡滑翔弹道规划

现有再入弹道规划方法[43-45,47]一般先基于纵向参考剖面规划(如 $D-E$ 剖面、$H-V$ 剖面等)确定倾侧角的大小,进而利用侧向规划确定倾侧角的符号。研究表明这类弹道规划方法是十分有效的。然而,这类方法难以适应考虑航路点和禁飞区约束的滑翔弹道规划问题,这是因为传统的纵向剖面规划方法难以兼顾航路点约束和禁飞区规避对应的侧向运动要求。为了解决这一问题,提出了一种同时设计侧向控制参数大小和符号的算法。该算法基于式(4.59)~(4.61)所示的侧向降阶运动模型将弹道规划的复杂多约束问题转换为一系列单参数搜索问题求解。在此基础上,利用平衡滑翔假设确定与纵向运动相关的状态参数。

1. 侧向弹道规划问题

在航天飞机再入弹道规划中,首先确定一个阻力加速度剖面,进而根据该剖面获得倾侧角 v 的大小或 $(L/D)\cos v$ 的值。与航天飞机弹道规划方法不同,本节中,阻力加速度 D 的值通过平衡滑翔条件获得,即

$$D = \frac{(g - V^2/\tilde{r} + K)}{(L/D)\cos v} \quad (4.70)$$

其中,升阻比 L/D 可根据攻角和马赫数确定。又因为

$$\frac{L}{D}\cos v = \sqrt{\left(\frac{L}{D}\right)^2 - \left(\frac{L}{D}\sin v\right)^2} \quad (4.71)$$

将式(4.71)代入式(4.70)得

$$D = \frac{(g - V^2/\tilde{r} + K)}{\{(L/D)^2 - [(L/D)\sin v]^2\}^{1/2}} \quad (4.72)$$

综合式(4.59)~(4.61)以及式(4.72)可知,在攻角 α 已经确定的情况下,基于平衡滑翔假设,侧向运动模型(4.59)~(4.61)只有唯一的控制量 $u = (L/D)\sin v$。换言之,侧向弹道规划问题即通过确定控制量 u(包括其大小和符号),在满足禁飞区、航路点等各种飞行约束的情况下,同时达到指定的纵程和横程要求。可见,所提弹道规划方法与航天飞机传统的再入弹道规划方法具有

很大不同。

在4.3.1节中给出了参考点的确定方法。通过规划过所有参考点的滑翔弹道,即可获得满足航路点和禁飞区约束的弹道(其中,禁飞区对应参考点可能需要根据规避效果进行调整)。因此,考虑航路点和禁飞区约束情况下的滑翔弹道规划问题即转化为过参考点的弹道规划问题。各参考点将平衡滑翔段弹道分成若干子段弹道。为叙述方便,将各子段弹道终端对应参考点称为目标参考点,即各子段弹道瞄准相应的目标参考点飞行(见图4.49)。

2. 侧向弹道规划算法

由式(3.9)给出的 $D-E$ 飞行走廊可知,走廊上边界 D_{max} 对应驻点热流密度、动压和过载约束,而下边界则对应平衡滑翔约束。综合式(4.70)和式(4.71)可知,为满足飞行走廊约束,$|u|$ 的取值应满足:

$$|u| \in \left[\sqrt{(L/D)^2 - (g - V^2/\tilde{r} + K)^2/D_{min}^2}, \sqrt{(L/D)^2 - (g - V^2/\tilde{r} + K)^2/D_{max}^2} \right]$$

(4.73)

式中,如果平衡滑翔条件中对应倾侧角取0,则 $|u|$ 的最小值即为0。

另外,考虑到倾侧角大小约束,控制量 u 还应满足

$$u \in \left[(L/D)\sin v_{min}, (L/D)\sin v_{max} \right]$$

(4.74)

因此,使控制量 u 同时满足式(4.73)和式(4.74),即可满足飞行约束条件和倾侧角幅值约束,而倾侧角速率约束将在本节弹道规划算法中加以考虑。

假设 a 和 b 分别为对应于控制量 u 大小和符号的两个参数,即 a 对应于 $|u|$,b 为翻转开始位置的经度(即纵程角)。设定 a 和 b 满足如下抛物线等式:

$$(b - k_b)^2 = 2p(a - k_a)$$

(4.75)

式中,p 为需要确定的系数。令 (a_1, b_1) 和 (a_2, b_2) 为抛物线上两个点,则参数 k_a 和 k_b 可通过下式求得:

$$\begin{cases} k_a = -\dfrac{1}{2p}\left[\dfrac{b_1 - b_2}{2} + \dfrac{p(a_1 - a_2)}{b_1 - b_2} \right]^2 + a_1 \\ k_b = \dfrac{b_1 + b_2}{2} - \dfrac{p(a_1 - a_2)}{b_1 - b_2} \end{cases}$$

(4.76)

下面通过一个简单算例来分析式(4.75)的基本特性。令 a 的最大值为2,图4.50(a)给出了在 $b \in [0,1]$ 情况下 a 值大小随 p 值的变化情况。由图可知,若 p 增大,则 a 值也随之增大,反之亦然。若令 $p = 0.1$,图4.50(b)给出了在 b 取不同区间范围时 a 与 b 的关系。由图可知,当 b 的取值范围 δb 增大时,a 值随之下降,反之亦然。本书侧向弹道规划算法充分利用了抛物线的上述性质来确

定控制量 u 的大小和符号,可根据禁飞区和航路点约束自动调节侧向机动能力。

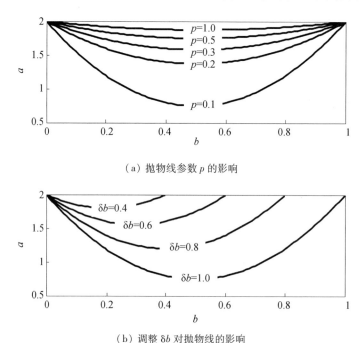

(a)抛物线参数 p 的影响

(b)调整 δb 对抛物线的影响

图 4.50 参数 a 与 b 间的相互关系

如图 4.51 所示,假定控制量 u 为经度 λ 的分段线性函数,$b_k(k=1,2,\cdots,N,$ 其中 N 为子段弹道数)为倾侧角翻转开始处的经度,a_k 为翻转开始处控制量 u 的大小,而 λ_k 为参考点处的经度。假设每两个参考点间的子段弹道均对应一次倾侧翻转,则可通过调整翻转位置来消除各目标参考点处的横程偏差。在 b_k 给定的情况下,a_k 由式(4.75)所示的抛物线方程确定。考虑到倾侧角翻转速率约束,设在飞行器倾侧翻转过程中,控制量 u(或倾侧角 v)以一个允许的最大常值角速率(或更小的角速率)变化。当翻转完成后,保持 u 为常值(最后一个子段弹道除外)。根据确定的初始下降段和平衡滑翔段交班点处的攻角和倾侧角,可确定平衡滑翔段的控制量初值 u_1。另外,根据指定的终端速度和高度以及攻角大小,可确定终端阻力加速度 D_f,进而利用阻力加速度和控制量的关系式(4.72)可确定终端控制量大小 $|u_f|$。另外,由于 u_1 的符号已知,而每个子段弹道仅进行一次翻转,由此不难得出终端控制量 u_f 的符号。

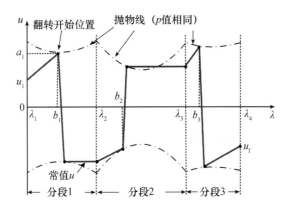

图 4.51　u 的大小和符号确定方法

如图 4.52 所示,通过调整 b_k 的大小可确定倾侧角的翻转开始位置,而控制量 u 的大小由参数 p 和 b_k 共同确定。采用式(4.75)的抛物线方程来设计控制量 u 有下述两点好处:

1)能够根据侧向机动的需要自动调整控制量 u 的大小。如图 4.52(a)所示,设倾侧翻转开始点 b_k 的初始位置在子段弹道的中点处(即 $b_k = (\lambda_k + \lambda_{k+1})/2$),此处对应最小值 a_k。若翻转开始点被调整到靠近该段子弹道端点位置(如图 4.52(a)中的 b_k')以消除目标参考点处的侧向偏差,则意味着为了通过目标参考点,飞行器需要进行较大幅度的侧向机动,这是因为侧向控制量 u(或等价的 v)的符号在该子段弹道飞行过程中大部分时段保持为正(或负)。显然,增大 u 的大小有利于提高侧向机动能力。根据抛物线的特性,当倾侧翻转点 b_k 朝弹道两

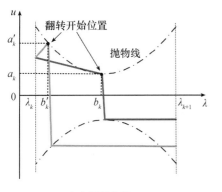

（a）翻转位置

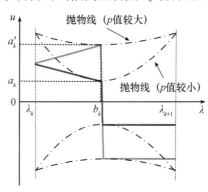

（b）p 值改变对倾侧角的影响

图 4.52　u 的大小和符号调整方法

端点方向调整时,a_k 的值(即 u 的大小)能够自动增加。为了说明这一点,设 $b_k \in [0,14°]$,图 4.53 给出了目标参考点处横程偏差角随倾侧角翻转开始位置 b_k 的变化关系。此处,横程偏差角可用于衡量飞行器侧向机动能力,即横程偏差角越大,对应的侧向机动能力越强。由图可知,当翻转开始位置靠近子段弹道开始或结束位置时,横程偏差角急剧增大,这是因为 a_k 的值在靠近子段弹道端点处要大(见图 4.52(a))。

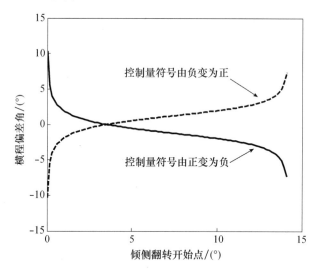

图 4.53　翻转位置与横程偏差角的关系

2)可根据各子段弹道的长度自动调节控制量 u 的大小。由于各参考点分别对应于禁飞区和航路点位置,因此各参考点的间距往往不是均匀分布的。换言之,各子段弹道的长度通常各不相同。总体而言,子段弹道长度越短,对应的侧向机动的时间也越短,因此采用较大的控制量 u 有利于增大侧向机动能力,进而消除目标参考点处的横程偏差。而对于较长的子段弹道而言,由于飞行时间长,采用较小的控制量即可实现较大幅度的侧向机动。如图 4.50(b)所示,相同情况下,若间隔 δb 越大,对应的 a 值越小,反之亦然。抛物线的这一特性被充分利用到侧向控制量 u 的设计中来。在侧向规划算法中,各个子段弹道对应抛物线的 p 值均相同,但对应的 a_k 值大小能根据各子段弹道的长度自动调节,即子段弹道越长,对应的 $|u|$ 越小;子段弹道越短,对应的 $|u|$ 越大,如图 4.52(b)所示。

通过上面的转换后,整个侧向弹道规划算法归结为确定参数 p 和 b_k。通过迭代求解参数 p 和 b_k,满足纵程要求,并使各参考点处侧向偏差达到给定范围。

在设计过程中,控制量需满足式(4.73)和式(4.74)所示的约束条件。具体算法如下:

Step 1:根据航路点和禁飞区的位置,按 4.3.1 节所述方法确定对应参考点位置。

Step 2:令 $b_k = (\lambda_k + \lambda_{k+1})/2$,参数 k_a 和 k_b 可由各子段弹道对应抛物线的两个端点 $(\lambda_k, |u_k|)$ 及 $(\lambda_{k+1}, |u_{k+1}|)$ 确定,其中 $|u_k|$ 和 $|u_{k+1}|$ 为满足式(4.73)和式(4.74)的控制量。

Step 3:利用牛顿迭代算法确定 p 的值以满足纵程要求。显然,p 值越大,对应的控制量大小 $|u|$ 也越大,因而纵程也越小,反之亦然。换言之,纵程是 p 的单调函数。由于换极运动模型可用经度 λ 来描述纵程角,因此牛顿迭代格式可表示为

$$p^{(i+1)} = p^{(i)} - \frac{p^{(i)} - p^{(i-1)}}{\lambda_f^{(i)} - \lambda_f^{(i-1)}}(\lambda_f^{(i)} - \lambda_f) \tag{4.77}$$

其中,终端经度 $\lambda_f^{(i)}$ 通过积分降阶运动方程获得。在迭代过程中,如果由 p 值求出的 $|u|$ 为负,则令 $|u| = 0$。

Step 4:迭代确定翻转点位置 b_k,使得各参考点处的横程偏差达到指定范围。由于 p 值已由 Step 3 确定,因此可采用牛顿迭代方法依次确定各子段弹道对应的翻转开始位置 b_k。对每个子段弹道,设 ϕ_k 为参考点处的地心纬度值,则迭代结束条件为 $|\phi_k^{(i)} - \phi_k| \le \varepsilon$,其中 ε 为横程角的容许误差,$\phi_k^{(i)}$ 可通过积分降阶运动模型得到。上一个子段弹道的终端状态量和控制量即为下一个子段弹道的初始条件。对于禁飞区对应的参考点,需要检查所获得的弹道是否成功实现了禁飞区的规避。如果弹道未绕过禁飞区,则需调整对应的参考点位置并重新规划该段弹道。方法如下:若飞行器从禁飞区上边界绕飞,则将对应参考点的地心纬度值增大一个固定值并重新规划弹道,直至成功实现禁飞区的规避;反之,若飞行器从禁飞区下边界绕飞,则减小对应参考点的地心纬度值并重新规划该段弹道。

Step 5:基于前述步骤确定的 p 和 b_k,重新计算纵程。若实际弹道纵程满足要求,结束算法;否则,重复 Step 3 ~ Step 5。之所以需在纵程和横程间进行迭代,是因为 Step 4 中翻转开始位置 b_k 的调整会导致控制量大小 $|u|$ 的改变,进而引起纵程的改变。一般来说,算法迭代 3 ~ 5 次即可收敛。

图 4.54 给出了上述侧向弹道规划算法的流程。通过此算法确定了 p 和 b_k 后,即可获得控制量 u 和阻力加速度 D 的值,进而可通过对降阶侧向运动模型进行数值积分,获得侧向运动状态参数 λ、ϕ 和 σ 的值。

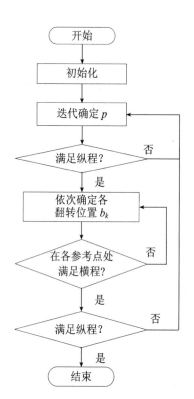

图 4.54 侧向弹道规划算法流程

3. 其他参数的确定

在第 2 点中通过侧向弹道规划确定了侧向运动相关参数,并确定了侧向控制量 u 及阻力加速度剖面 D。下面基于平衡滑翔假设,推导倾侧角及纵向运动相关参数的值。

根据侧向运动控制参数 u 的定义,可确定倾侧角 v 为

$$v = \arcsin\left[\,(D/L)\,u\,\right] \tag{4.78}$$

由于

$$\rho = \frac{2MD}{S_r C_D V^2} \tag{4.79}$$

则由式(2.10)可确定高度 h 为

$$h = h_s \ln\left(\frac{\rho_0}{\rho}\right) \tag{4.80}$$

进而可由式(3.59)求得速度大小 V 为

$$V = \sqrt{2\left[E + \mu /(h + R_e)\right]} \tag{4.81}$$

由于阻力加速度剖面 D 已由式(4.70)确定,综合式(4.70)和式(4.79)可得

$$\rho = \frac{2M(g - V^2/\tilde{r} + K)}{S_r C_L V^2 \cos \upsilon} \tag{4.82}$$

对式(4.82)求关于能量 E 的微分并忽略升力系数的微分得

$$\frac{\mathrm{d}\rho}{\mathrm{d}E} = \frac{-4Mg - 2MK}{S_r C_L V^4 \cos \upsilon} \tag{4.83}$$

此外,综合式(4.66)及式(2.10)关于能量的微分可得

$$\frac{\mathrm{d}\rho}{\mathrm{d}E} = \frac{\rho \sin \theta}{D h_s} \tag{4.84}$$

综合式(4.83)和式(4.84)可得

$$\theta \approx \frac{-4Mgh_s D - 2MKh_s D}{\rho S_r C_L V^4 \cos \upsilon} \tag{4.85}$$

由于考虑了倾侧翻转过程中的倾侧角速率约束,为了防止翻转过程中飞行弹道在高度上的"跳跃",假设翻转过程中阻力加速度 D 保持为翻转开始时刻的值不变,有

$$\frac{\mathrm{d}D}{\mathrm{d}E} = 0 \tag{4.86}$$

故式(4.79)对能量的微分为

$$\frac{\mathrm{d}\rho}{\mathrm{d}E} = \frac{-4MD}{S_r C_D V^4} \tag{4.87}$$

同理可求得飞行器倾侧翻转过程中当地速度倾角为

$$\theta \approx \frac{-4MD^2 h_s}{\rho S_r C_D V^4} \tag{4.88}$$

至此,已获得了规划弹道所有状态参数 λ、ϕ、σ、V、θ 和 r,以及控制参数 α 和 υ,并可确定弹道对应阻力加速度剖面 D。

4. 弹道跟踪算法

由于前述弹道规划算法是在一定近似假设的条件下提出的,为了检验算法的可行性,利用 LQR 最优跟踪方法生成闭环弹道[126]。令 $\delta U = (\delta \alpha, \delta \upsilon)^\mathrm{T}$,$\delta X = (r, \lambda, \phi, \theta, \sigma)^\mathrm{T} - (r^*, \lambda^*, \phi^*, \theta^*, \sigma^*)^\mathrm{T}$,其中带星号的参数表示参考弹道,不带星号的参数表示实际弹道。所有的状态量均在一般地心坐标系中描述。将 2.2 节中方程(2.23)~(2.24)所示运动模型在参考弹道附近进行线性化,得

$$\delta X' = A\delta X + B\delta U \tag{4.89}$$

式中,矩阵 A 和 B 分别为

$$A = \begin{bmatrix} a_{11} & a_{12} & a_{13} & a_{14} & a_{15} \\ a_{21} & a_{22} & a_{23} & a_{24} & a_{25} \\ a_{31} & a_{32} & a_{33} & a_{34} & a_{35} \\ a_{41} & a_{42} & a_{43} & a_{44} & a_{45} \\ a_{51} & a_{52} & a_{53} & a_{54} & a_{55} \end{bmatrix} \tag{4.90}$$

$$B = \begin{bmatrix} b_{11} & b_{12} \\ b_{21} & b_{22} \\ b_{31} & b_{32} \\ b_{41} & b_{42} \\ b_{51} & b_{52} \end{bmatrix} \tag{4.91}$$

其中,矩阵 A 中各元素分别为:$a_{11} = -\dfrac{\sin\theta}{h_s D}$,$a_{12} = 0$,$a_{13} = 0$,$a_{14} = -\dfrac{\cos\theta}{D}$,$a_{15} = 0$;$a_{21} = \dfrac{\cos\theta\sin\sigma}{rD\cos\phi}\left(\dfrac{1}{r} - \dfrac{1}{h_s}\right)$,$a_{22} = 0$,$a_{23} = -\dfrac{\cos\theta\sin\sigma\sin\phi}{rD\cos^2\phi}$,$a_{24} = \dfrac{\sin\theta\sin\sigma}{rD\cos\phi}$,$a_{25} = -\dfrac{\cos\theta\cos\sigma}{rD\cos\phi}$;$a_{31} = \dfrac{\cos\theta\cos\sigma}{rD}\left(\dfrac{1}{r} - \dfrac{1}{h_s}\right)$,$a_{32} = 0$,$a_{33} = 0$,$a_{34} = \dfrac{\sin\theta\cos\sigma}{rD}$,$a_{35} = -\dfrac{\cos\theta\sin\sigma}{rD}$;$a_{41} = \left(g - \dfrac{V^2}{r}\right)\dfrac{\cos\theta}{DV^2}\left(\dfrac{1}{h_s} - \dfrac{1}{r}\right)$,$a_{42} = 0$,$a_{43} = 0$,$a_{44} = -\left(g - \dfrac{V^2}{r}\right)\dfrac{\sin\theta}{DV^2}$,$a_{45} = 0$;$a_{51} = \dfrac{\tan\phi\cos\theta\sin\sigma}{rD}\left(\dfrac{1}{r} - \dfrac{1}{h_s}\right)$,$a_{52} = 0$,$a_{53} = -\dfrac{\cos\theta\sin\sigma}{rD\cos^2\phi}$,$a_{54} = \dfrac{\tan\phi\sin\theta\sin\sigma}{rD} - \dfrac{L\sin\upsilon\sin\theta}{DV^2\cos^2\theta}$,$a_{55} = -\dfrac{\tan\phi\cos\theta\cos\sigma}{rD}$。

矩阵 B 中各元素分别为:$b_{11} = \dfrac{\sin\theta}{D^2}D_\alpha$,$b_{12} = 0$;$b_{21} = \dfrac{\cos\theta\sin\sigma}{rD^2\cos\phi}D_\alpha$,$b_{22} = 0$;$b_{31} = \dfrac{\cos\theta\cos\sigma}{rD^2}D_\alpha$,$b_{32} = 0$;$b_{41} = \left[-L_\alpha\cos\upsilon + \dfrac{L\cos\upsilon}{D}D_\alpha - \left(g - \dfrac{V^2}{r}\right)\dfrac{\cos\theta}{D}D_\alpha\right]\dfrac{1}{VD^2}$,$b_{42} = \dfrac{L\sin\upsilon}{DV^2}$;$b_{51} = \left[\dfrac{L\sin\upsilon}{D^2V^2\cos\theta}D_\alpha + \dfrac{\tan\phi\cos\theta\sin\sigma}{rD^2}D_\alpha - \dfrac{L_\alpha\sin\upsilon}{DV^2\cos\theta}\right]$,$b_{52} = \dfrac{L\cos\upsilon}{DV^2\cos\theta}$。其中,$L_\alpha$ 和 D_α 分别为升力和阻力加速度对攻角的偏导数。

LQR 最优跟踪的性能指标可表述为

$$J = \int_0^\infty \left[\delta X^{\mathrm{T}}Q\delta X + \delta U^{\mathrm{T}}R\delta U\right]\mathrm{d}t \tag{4.92}$$

式中,Q 和 R 分别为指定的权重矩阵,可通过 Bryson 准则[126]加以确定。设计者可通过调整这两个矩阵值来确定需要优先跟踪的各个状态参数或控制参数。

采用 LQR 最优跟踪方法,这些参数均在一般地心坐标系中描述。最优反馈为

$$\delta U = -K \cdot \delta X \qquad (4.93)$$

式中,K 由 LQR 方法离线确定。由前述弹道规划算法可获得参考阻力加速度剖面,因此,可采用类似于航天飞机的剖面跟踪方法获得对应的闭环弹道。文献[53]给出了一种剖面跟踪算法,其可同时跟踪阻力加速度剖面和侧向方位角剖面,也可应用于本节中闭环弹道的生成。关于该跟踪算法以及剖面跟踪制导问题,在第 5 章和第 7 章将会有进一步介绍。

4.3.3 仿真结果分析

下面基于 CAV - H 模型对弹道快速规划算法进行测试。攻角设计为归一化能量的分段线性函数,在气动加热严重的初始飞行段保持 20° 攻角飞行,然后逐步降低至最大升阻比攻角 10°。控制量约束取值如下:$\alpha \in [5°, 25°]$,$\upsilon \in [-90°, 90°]$,$\dot{\alpha} \leqslant 5 \, (°)/s$,$\dot{\upsilon} \leqslant 20 \, (°)/s$。飞行约束条件设置如下:$\dot{Q}_{max} = 1\,500 \, kW/m^2$,$q_{max} = 100 \, kPa$,$n_{max} = 3g$。

设计一条从指定初始点到达指定目标点的滑翔弹道,并要求飞行器在飞行过程中从指定航路点正上方通过,同时绕开禁飞区。航路点经度为 39°、地心纬度为 9°,禁飞区中心坐标和半径分别为 (23°, 13°) 及 1 000 km。假设起始点经度和地心纬度均为 0°,目标点经度和地心纬度分别为 55° 和 10°。初始再入高度为 80 km,初始速度为 6 500 m/s。终端速度和高度分别为 2 500 m/s 和 30 km。初始航迹偏航角和当地速度倾角分别为 79° 和 0°。将弹道规划获得的攻角和倾侧角代入运动方程中进行积分计算,获得开环滑翔弹道。闭环弹道则利用 LQR 方法跟踪参考弹道获得。所有仿真结果均采用一般运动模型对应参数进行描述。根据弹道规划算法可知,初始下降段的开环和闭环弹道相关参数与参考弹道参数完全一致,因此在下述仿真结果中初始下降段仅给出参考弹道值。

图 4.55 分别给出了参考控制量及闭环控制量,而开环控制量与参考控制量相同,因此图中未额外给出。由图可知,闭环控制量通过对开环控制量进行小幅度调整使得闭环弹道能较好地跟踪参考弹道。图 4.56 给出了 $D - E$ 飞行走廊及参考弹道、开环弹道和闭环弹道对应的阻力加速度剖面。可以看出,除初始下降段阻力加速度剖面超出走廊下边界外,其他飞行时段各阻力加速度剖面均严

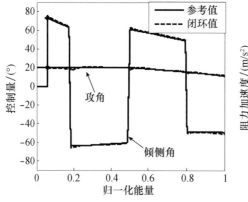

图 4.55　参考弹道和闭环弹道的控制量

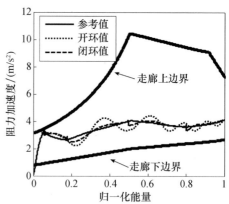

图 4.56　参考弹道、开环弹道和闭环
弹道的阻力加速度剖面

格限制在飞行走廊内。$D - E$ 飞行走廊下边界对应于平衡滑翔条件。在本书
2.3 节中已经说明,平衡滑翔条件不是一个必须严格满足的约束。因此,各阻力
加速度剖面对应的滑翔弹道均满足飞行约束。如图 4.56 所示,开环弹道对应阻
力加速度剖面在参考剖面附近上下波动,而闭环阻力加速度剖面则能较好地跟
踪参考剖面,说明弹道跟踪算法具有较好的性能。图 4.57 给出了参考弹道、开
环弹道和闭环弹道对应的状态参数比较情况,可以看出,各滑翔弹道间对应状态
参数的差异很小。滑翔弹道对应的地面航迹成功规避了禁飞区,并通过了设定
的航路点,最后到达了指定的目标位置。开环弹道和闭环弹道最终位置偏差分
别为 53.8 km 和 9.4 km。开环弹道终端高度和速度偏差分别为 − 0.25 km 和
0.84 m/s,而闭环弹道终端高度和速度偏差分别为 0.33 km 和 − 1.31 m/s。闭
环弹道通过航路点的位置偏差为 0.98 km,而开环弹道为 2.6 km。由上述仿真
结果可以看出,开环弹道终端误差和过航路点的误差均较大,而闭环弹道通过引
入 LQR 跟踪器对参考攻角和倾侧角进行小幅度调整,较好地减小了这些误差,
这说明 LQR 跟踪方法具有很好的效果。

　　一般情况下,弹道规划算法在纵程和横程间的迭代次数不超过 5 次即可获
得一条满足要求的参考弹道。弹道实际规划时间与航路点和禁飞区数目及弹道
飞行时间有关。对上述弹道规划算例,在一般配置的微机上获得一条可行滑翔
弹道的时间小于 1 min。

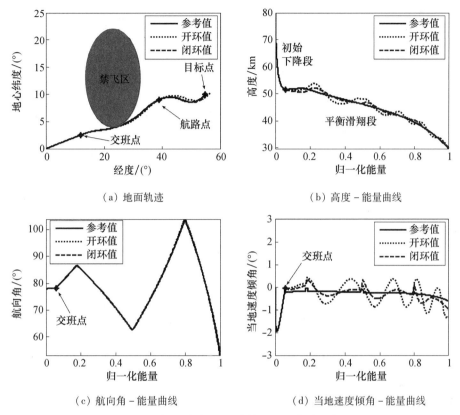

（a）地面轨迹　　　　　　　　（b）高度－能量曲线

（c）航向角－能量曲线　　　　（d）当地速度倾角－能量曲线

图 4.57　参考弹道、开环弹道和闭环弹道状态量

　　下面通过三个不同仿真算例评估弹道规划算法的适应性。航路点、禁飞区以及其他飞行约束条件的取值与前一算例相同。

　　算例一是分别设计近程、中程和远程三种不同射程的滑翔弹道,对应的目标点位置分别为$(50°,10°)$、$(55°,10°)$和$(65°,10°)$。图 4.58 给出了三条弹道对应的地面航迹。可以看出,三条弹道均实现了对禁飞区的侧向规避并通过了航路点,最终成功到达了各自的目标位置。图 4.59 为三条弹道对应的攻角和倾侧角。总体而言,射程越远的弹道对应的倾侧角也越小,反之亦然。这个算例验证了算法可适应不同射程情况下的弹道规划要求。

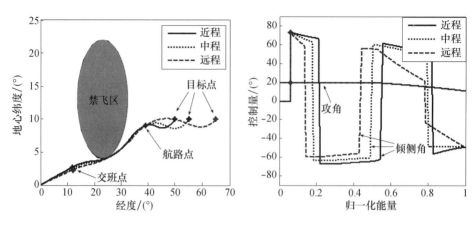

图 4.58　不同射程弹道的地面航迹　　　图 4.59　不同射程弹道的控制量

算例二是设计不同终端速度情况下的滑翔弹道。取终端速度分别为 2 000 m/s、2 500 m/s 和 3 000 m/s，终端经度和地心纬度分别为 55° 和 10°，终端高度为 30 km，其他仿真条件不变。图 4.60 和图 4.61 分别给出了弹道规划获得的三条滑翔弹道地面航迹及对应的控制量。如图 4.60 所示，虽然各弹道对应的地面航迹有较大区别，但均成功规避了禁飞区并通过了指定航路点，最终到达指定的目标位置。由图 4.61 可看出，由于终端速度各不相同，三条弹道对应的终端倾侧角也存在较大差异。

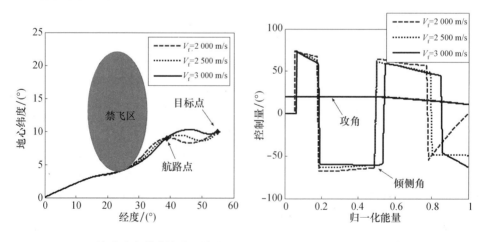

图 4.60　不同终端速度弹道的地面航迹　　　图 4.61　不同终端速度弹道的控制量

算例三是为了评估算法对不同终端高度情况下弹道规划的适应性。取终端高度分别为 27 km、30 km 和 33 km，终端经度和地心纬度分别为 55° 和 10°，终端速度为 2 500 m/s。图 4.62 和图 4.63 分别给出了规划获得的三条弹道对应的地面航迹和控制量。与算例二类似,虽然各弹道对应的地面航迹有较大区别,但均满足禁飞区和航路点约束。规划算法通过调整终端倾侧角的大小来满足不同终端高度约束要求。

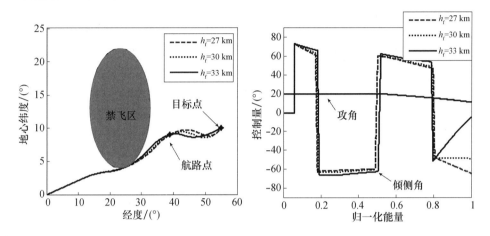

图 4.62 不同终端高度弹道的地面航迹   图 4.63 不同终端高度弹道的控制量

通过上面的仿真分析可以看出,基于平衡滑翔假设的弹道规划算法能够快速获得满足航路点、禁飞区等复杂路径约束的可行滑翔弹道,并可以适应不同射程、不同终端速度和终端高度情况下的弹道规划要求。

本章小结

本章首先从 RLV 经典标准剖面规划方法出发,介绍了一种通过规划三段折线形式的 $D-E$ 剖面产生可行再入轨迹的方法。随后,为了解决对参考攻角剖面的依赖问题,提出了一种准三维剖面规划方法,通过分别规划纵向和侧向加速度子剖面,获得参考三维滑翔弹道。其中,侧向加速度子剖面的规划需要先进行纵向阻力加速度子剖面的跟踪和参考高度曲线的生成,再通过对降阶的侧向动力学方程进行积分并反复迭代获得准三维剖面。仿真结果表明,将实际的阻力加速度及其一阶变化率与参考值之差反馈到控制量的方法可以较好地同时跟踪设计的纵向阻力剖面和侧向加速度剖面,剖面跟踪得到的实际轨迹与参考轨迹基本接近且较高精度地满足了制导任务的需求。相对于一次倾侧翻转而言,二次倾侧翻转可以有效减小终端位置和速度误差,但在控制过程中会产生一定的抖动。此外,本章还研究了考虑航路点和禁飞区约束的滑翔弹道快速规划问题,利用准平衡滑翔条件,先求解出侧向剖面和需要翻转次数,再反求纵向剖面,即基于侧向优先的 $D-E$ 剖面改进规划方法。

对比传统二维剖面再入制导方法,本章提出的准三维剖面规划实际上就是把传统二维标准剖面侧向航向控制的方位角误差走廊用侧向加速度剖面代替,实现侧向航向消除横程误差的任务需求。同时,准三维剖面规划的控制量攻角和倾侧角均直接由剖面得到,可以随着设计剖面的变化而变化,不需要事先进行优化设计就可以较好地满足任务需求。该方法弥补了传统标准剖面规划方法在大横程机动任务需求上控制能力不足的缺陷,对再入弹道规划与制导方法的进一步研究具有一定的参考价值和借鉴意义。

第5章　基于三维剖面的弹道规划方法

飞行速度快,过程约束多且苛刻,运动状态间强非线性、强耦合性,以及飞行任务复杂等特点一直是滑翔弹道设计的主要障碍。传统方法主要集中在如何对设计的参考阻力加速度剖面进行改进,然后通过调整倾侧角控制飞行轨迹。这类方法都采用了事先优化的固定攻角剖面,因此飞行器的机动能力受到了限制,完成复杂飞行任务的能力有限。此外,这类传统方法在规划复杂飞行任务的弹道时,大多采用的是先通过航路点或规避禁飞区再规划到达目标点的弹道,即边规划边飞行的局部规划方法。因为飞行器的机动能力有限,同时飞行器本体和飞行环境常存在极大的不确定性,因此在攻角控制量被固定的情况下传统局部规划方法在解决复杂飞行任务时存在不能顺利完成的风险。围绕这一问题,本章提出了一种解除固定攻角剖面限制、面向复杂飞行任务的三维剖面弹道规划方法。

5.1　基于三维剖面的再入弹道规划模型

滑翔弹道规划是指规划一条从起点到终点且满足给定的过程约束、控制约束以及初终端条件的可行弹道的过程。基于规划的弹道,可以唯一确定从初始到终端条件所有时刻飞行器的运动状态以及所需的控制量。在开始阐述基于三维剖面的弹道规划方法前,首先介绍基于三维剖面的再入弹道规划所需的运动模型、分析三维剖面弹道规划的可行性以及开展三维剖面规划方法可采取的策略,为后续研究提供依据和支撑。

5.1.1　RLV 再入弹道规划问题描述

滑翔段作为飞行器再入过程的重要组成部分,其运动模型一般采用基于半速度坐标系下的动力学方程,同时结合运动状态在当地地理坐标系投影的运动学方程表征。由于滑翔段终端一般是时间自由而高度和速度给定,为此可利用式(3.59)定义的能量 E 的单调递减特性,通过建立 E 与时间的联系方程,将半速度坐标系下以时间为自变量的运动模型转化为以能量为自变量的运动模型。因为式(3.59)中隐含了高度、速度与能量的对应关系,故在转换后的运动模型中可以省掉速度状态的动力学方程,从而简化为如下五个运动变量表征六个运动状态的运动模型[60]:

$$\frac{\mathrm{d}r}{\mathrm{d}E} = -\frac{\sin\theta}{D} \tag{5.1}$$

$$\frac{\mathrm{d}\lambda}{\mathrm{d}E} = -\frac{\cos\theta\sin\sigma}{rD\cos\phi} \tag{5.2}$$

$$\frac{\mathrm{d}\phi}{\mathrm{d}E} = -\frac{\cos\theta\cos\sigma}{rD} \tag{5.3}$$

$$\frac{\mathrm{d}\theta}{\mathrm{d}E} = -\frac{L}{V^2D}\cos\upsilon + \left(g - \frac{V^2}{r}\right)\frac{\cos\theta}{V^2D} + C_\theta + \tilde{C}_\theta \tag{5.4}$$

$$\frac{\mathrm{d}\sigma}{\mathrm{d}E} = -\frac{\tan\phi\cos\theta\sin\sigma}{r}\frac{1}{D} - \frac{1}{V^2\cos\theta}\frac{L\sin\upsilon}{D} + C_\sigma + \tilde{C}_\sigma \tag{5.5}$$

上述模型中,C_θ 和 $\tilde{C}_\theta$ 以及 C_σ 和 $\tilde{C}_\sigma$ 分别表示均质圆球模型假设下地球自转角速度产生的哥氏加速度项和牵连加速度项在速度倾角和航向角动力学方程中的投影,其表达式为

$$\begin{cases} C_\theta = -\dfrac{2\omega_e}{VD}\sin\sigma\cos\phi \\[3mm] \tilde{C}_\theta = -\dfrac{\omega_e^2 r}{V^2D}(\cos\phi\sin\phi\cos\sigma\sin\theta + \cos^2\phi\cos\theta) \\[3mm] C_\sigma = -\dfrac{2\omega_e}{VD}(\sin\phi - \cos\phi\tan\theta\cos\sigma) \\[3mm] \tilde{C}_\sigma = -\dfrac{\omega_e^2 r\sin\phi\cos\phi\sin\sigma}{V^2D\cos\theta} \end{cases} \tag{5.6}$$

运动模型中,升力加速度 L 和阻力加速度 D 采用的计算公式为

$$\begin{cases} L = \dfrac{C_L S_r \rho V^2}{2M} \\[3mm] D = \dfrac{C_D S_r \rho V^2}{2M} \end{cases} \tag{5.7}$$

式中,S_r 和 M 分别表示飞行器的气动参考面积和结构质量,大气密度 ρ 采用指数公式进行近似计算,即

$$\rho = \rho_0 e^{-\frac{h}{h_s}} \tag{5.8}$$

为了确保规划的弹道能够被飞行器安全、可靠地执行,在进行滑翔弹道规划时必须限制峰值驻点热流密度、最大动压以及最大过载等不超过飞行器允许的最大值,即

$$\begin{cases} \dot{Q} = K_h \rho^{0.5} V^{3.15} \leqslant \dot{Q}_{max} \\ q = \dfrac{1}{2} \rho V^2 \leqslant q_{max} \\ n = \dfrac{\sqrt{L^2 + D^2}}{g_0} \leqslant n_{max} \end{cases} \tag{5.9}$$

同时,滑翔飞行过程中控制量攻角和倾侧角的大小和变化速率也必须限制在飞行器允许的范围内,即

$$\begin{cases} \alpha \in [\alpha_{min}, \alpha_{max}] \\ \upsilon \in [\upsilon_{min}, \upsilon_{max}] \\ |\dot{\alpha}| \leqslant |\dot{\alpha}|_{max} \\ |\dot{\upsilon}| \leqslant |\dot{\upsilon}|_{max} \end{cases} \tag{5.10}$$

式中,下标"min"和"max"分别表示最小和最大值。对于具体的飞行任务,弹道规划必须从给定的初始状态出发,在满足上述约束的同时到达指定的终端状态,即

$$\begin{cases} X(t_0) = X_0 \\ X(t_f) = X_f \end{cases} \tag{5.11}$$

其中,$X = [r, \lambda, \phi, \theta, \alpha]^T$,$X_0$ 和 X_f 分别代表初始和终端运动状态。

5.1.2 基于三维剖面的再入弹道规划可行性

基于三维剖面的弹道规划可行性分析主要是解决基于三维剖面获得可行弹道解的存在性与唯一性问题,即只有确保满足任务要求的三维剖面存在可行弹道且唯一,后续进行的三维剖面弹道规划方法研究才有意义。

首先分析基于三维剖面生成弹道的唯一性问题。在本章中,基于三维剖面的弹道规划主要是指基于准平衡滑翔条件,通过分析飞行器运动状态间几何和运动关系,分别设计满足飞行任务需求的纵向阻力加速度剖面和侧向指令剖面,并以此为基础获得所有运动状态和控制变量的过程。进一步可将上述过程描述为通过分析运动状态间几何和运动关系,规划满足飞行任务要求的三维加速度

剖面函数 $f(\boldsymbol{R},E)=0$ 的过程,如图 5.1 所示。其中,$\boldsymbol{R}$ 表示三维气动加速度矢量,即由沿速度反方向的阻力加速度、侧向加速度以及铅垂面内的升力加速度分量合成的矢量。飞行器滑翔飞行过程中主要受气动力、地球引力和地球自转产生的离心惯性力和附加哥式力等作用,其中除气动力外的其他力均可由飞行器当前状态直接确定。根据牛顿第二定律知,这三个分运动方向的力必将唯一确定飞行器的运动状态改变量,从而结合初始条件必可以唯一确定飞行器任意时刻的运动状态。因此,如果存在满足飞行任务的三维剖面函数 $f(\boldsymbol{R},E)=0$,那么其必然唯一对应飞行运动状态和控制量。因为三维剖面规划是以准平衡滑翔条件为前提的,因此其铅垂面的升力加速度分量已给定,而规划的阻力加速度 – 能量剖面和侧向指令 – 能量剖面则可以唯一确定三维气动加速度 $\boldsymbol{R}$ 的余下两个分量。所以,若规划的三维剖面存在可行弹道解,则解必唯一。

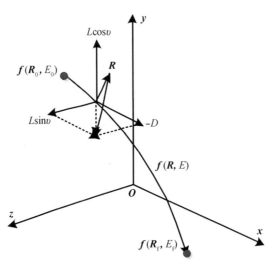

图 5.1 基于三维剖面的弹道规划可行性分析

对于三维剖面解的存在性,即主要分析纵向阻力加速度 – 能量和侧向指令 – 能量剖面的存在性。事实上,在分析解的唯一性时已经说明:因为决定飞行器运动位置和速度状态的三个方向的力已经唯一给定,因此,在已知初始状态时即可控制飞行器到达其覆盖能力范围内的任何终端状态。关于如何利用三维剖面求解飞行器滑翔终端目标区域覆盖范围的方法已在第 3 章进行了详细讨论,此处不再赘述。因此,只要设定的飞行任务在目标覆盖范围内,则必然存在可行的三维剖面,且由三维剖面求得的弹道解唯一。

5.1.3　基于三维剖面的弹道规划策略

由 5.1.2 节知通过规划满足任务要求的三维气动加速度剖面或类三维气动加速度剖面,可以唯一获得可行弹道解。因此,根据三维剖面函数特性可以将三维剖面规划方法分为三维耦合剖面规划和分平面规划两种。三维耦合剖面规划方法是指将过程约束等转化为三维气动加速度走廊边界后直接在走廊内规划满足飞行任务的三维气动加速度剖面,类似于传统阻力加速度 – 能量剖面的规划方法。由于三维气动加速度是矢量形式,其同时耦合了纵向、侧向以及铅锤三个方向的运动信息,虽然形式看起来简单但是却最难实现。分平面规划则是先分别规划三维耦合加速度剖面的三个子剖面函数,再根据相互耦合关系获得总三维剖面。这种方法由于将复杂的三维耦合剖面规划问题转化为三个简单的类传统标准剖面规划问题,极大地降低了问题的复杂度,故而得到了推广和应用[60-61]。值得注意的是,分平面规划策略的前提是在承认运动的三个方向存在解耦或弱耦合。因此,当采用分平面策略规划时,飞行器的运动已经事先被解耦了。

对于滑翔段,飞行器保持准平衡滑翔条件是实现长时间远距离平稳飞行的一个充分条件。同时,在任一瞬时,飞行器的纵向阻力加速度、侧向加速度以及铅锤方向运动之间彼此独立。因此,本章充分利用这一特性,提出一种基于分平面策略的三维剖面规划方法,即通过分别规划满足任务要求的纵向和侧向两个子剖面函数,然后结合准平衡滑翔条件生成需要的弹道和控制变量。根据规划顺序的不同,又分为先规划纵向后求解侧向的三维剖面规划方法和先规划侧向后求解纵向的三维剖面弹道规划方法。这种根据耦合关系分别先后进行纵、侧向分平面规划的方法也称为分平面的三维剖面规划方法。根据纵、侧向剖面规划顺序的不同,其求解过程也不一样。关于这两种方法的具体内容,将在 5.2 节和 5.3 节中进行详细介绍。

5.2　典型任务下的三维剖面规划方法

基于纵 – 侧向的三维剖面规划方法是指根据总航程需求先规划满足约束的纵向阻力加速度剖面,然后在满足设计的阻力加速度剖面约束和过程约束确定的侧向走廊内,迭代求解出需要的侧向剖面的分平面规划方法。该方法主要包括初始三维剖面生成、满足任务要求的三维剖面迭代、三维剖面与运动状态间的相互转换以及标准轨迹生成四个方面。

5.2.1 初始三维剖面生成方法

初始三维剖面生成方法是指根据过程约束分别建立纵、侧向约束走廊后,通过剖面参数化的方法分别在相应约束走廊内初始化一条满足初始和终端约束的纵、侧向子剖面。

1. 纵向剖面初始化方法

在初始化纵向剖面前,须明确纵向剖面的可行规划边界。虽然没有事先给定参考攻角剖面,但再入过程的主要约束条件仍然是相同的。结合第 2 章内容,可直接将滑翔段的峰值驻点热流密度、最大过载、最大动压以及准平衡滑翔条件分别转换为如下形式

$$
\begin{cases}
D(E) \leqslant D_{\dot{Q}_{max}}(E) = \dfrac{C_D[\alpha, Ma(E,h)]S_r \dot{Q}_{max}^2}{2MK_h^2 V^{4.3}} \\[4mm]
D(E) \leqslant D_{n_{max}}(E) = \dfrac{n_{max}g_0}{\sqrt{1 + \left\{\dfrac{L}{D}[\alpha, Ma(E,h)]\right\}^2}} \\[4mm]
D(E) \leqslant D_{q_{max}}(E) = \dfrac{q_{max}C_D[\alpha, Ma(E,h)]S_r}{M} \\[4mm]
D(E) \geqslant D_{eg}(E) = \dfrac{1}{\dfrac{L}{D}[\alpha, Ma(E,h)]}\left(g - \dfrac{V^2}{r}\right)
\end{cases}
\tag{5.12}
$$

其中,L/D 表示升阻比。在第 2 章时已经分析过,由于再入过程高度变化量相对 r 较小,可直接假设高度为能量的线性函数。因此,当给定攻角的变化范围后,结合式(3.59)求得的再入走廊如图 5.2 所示。相较于传统攻角剖面固定求得的纵向飞行走廊,由于攻角不再固定,飞行器在中段和末段受到的过载和动压约束值随着攻角的增加而增大,相应的再入走廊上边界变大,可行飞行剖面规划范围增加,如图 5.2(a)。同理,在给定的攻角取值范围内,由于仿真所用 CAV – H 模型的升阻比与攻角近似成反比关系,故更小的攻角求得的准平衡边界也更小,从而大大增强了纵向阻力加速度剖面的可行规划空间。

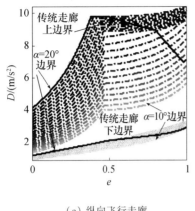

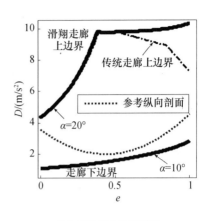

（a）纵向飞行走廊　　　　　　　　　　（b）标准纵向飞行剖面

图5.2　纵向再入走廊及参考剖面设计

传统航天飞机在规划标准阻力加速度剖面时根据飞行器再入段的不同特性分别设计了温控段、过渡段、准平衡滑翔段、常阻力段以及过渡段五种不同的剖面构型。剖面设计时一般选择多段分段函数的形式以获得更多的设计灵活度，从而满足任务需求，但相应需要求解的参数也较多，不便于后续侧向剖面设计以及三维剖面生成。因此，本节设计参考阻力加速度剖面如图5.2（b）所示，即

$$D = C_{d0}e^2 + C_{d1}e + C_{d2} \tag{5.13}$$

式中，C_{d0}、C_{d1}、C_{d2}为待定系数。二次曲线的一个重要性质是改变曲线上任一非边界点幅值的大小就可调节曲线整体形状，获得需要的大小。设阻力加速度剖面经过点(e_{d1}, D_1)，滑翔起点到终点的射程为S，利用终端最大、最小阻力加速度值随机获得一个可行的D_f，则任给一个$e_{d1} \in (0,1)$，结合起点和终点值可唯一确定一个相应的D_1。在选取e_{d1}的初值时，应保证生成的剖面上所有点均不超出纵向再入走廊的边界。

2. 侧向剖面设计

选择$L_z = (L/D)\sin\upsilon$作为侧向剖面设计量。同样，在初始化侧向剖面之前，须先确定侧向剖面的边界。本节采用分平面设计，须单独求解侧向走廊约束边界。分析知，L_z由攻角和倾侧角同时决定。由准平衡滑翔条件得

$$\frac{L}{D}\cos\upsilon = \frac{1}{D}\left(g - \frac{V^2}{r}\right) = \frac{1}{D}f(E) \tag{5.14}$$

即

$$|L_z| = \sqrt{\left(\frac{L}{D}\right)^2 - \left[\frac{1}{D(E)}f(E)\right]^2} \tag{5.15}$$

当攻角 α 给定后，能量 E 处的升阻比 $\frac{L}{D}[\alpha, Ma(E, h)]$ 可确定。因为阻力加速度 D 的范围可通过纵向飞行走廊获得，故 $|L_z|$ 上边界取决于倾侧角 v 的大小。当 D 取最大值，即为纵向再入走廊的上边界时，倾侧角达到最大。事实上，D 的取值已由设计的纵向剖面给出。根据准平衡滑翔的实际意义，飞行器在滑翔段保持平衡滑翔意味着在满足给定过程和终端约束下尽可能地平飞。因此，任给一个常值 $\alpha \in [\alpha_{min}, \alpha_{max}]$，可以根据式（5.15）依次求出保持 $h_0 - h_f$ 平衡滑翔的 $|L_z|$，见图5.3。

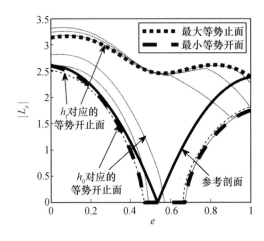

图5.3　可行的侧向再入走廊

事实上，$\frac{L}{D}$ 在滑翔段是攻角的单调递减函数，故只需给出最大最小攻角的 $|L_z|$ 剖面。分别定义最大攻角和最小攻角对应的 $|L_z|$ 剖面为准平衡滑翔"等势开面"和"等势止面"。飞行器为了保持平衡滑翔、平滑弹道曲线，侧向剖面应依次穿过各个高度的等势开面，即保持单调递减性，否则会产生高度曲线振荡。同时，根据实际需求，飞行器的侧向剖面必然在 h_0 确定的下边界和 h_f 确定的上边界内。因此，当 $\alpha \in [\alpha_{min}, \alpha_{max}]$，飞行器侧向剖面的最大最小值应满足

$$\begin{cases} |L_z|_{\max} = \max\left(\sqrt{\left(\dfrac{L}{D}\right)^2 - \left[\dfrac{1}{D(E)}\left(\dfrac{\mu}{r_0^2} - \dfrac{V^2}{r_0}\right)\right]^2} \right) \\ |L_z|_{\min} = \min\left(\sqrt{\left(\dfrac{L}{D}\right)^2 - \left[\dfrac{1}{D(E)}\left(\dfrac{\mu}{r_f^2} - \dfrac{V^2}{r_f}\right)\right]^2} \right) \end{cases} \tag{5.16}$$

此外,侧向剖面的最大值还应小于根据定义式求得的最大升阻比约束边界。假设仅发生一次倾侧翻转,令设计的侧向剖面为两段二次曲线的组合。为满足单调特性,令初始点为第一段二次曲线的顶点,第二段则根据曲线光滑特性直接确定。用数学式子表示为

$$L_z = \begin{cases} C_0 e^2 + L_{z0} & 0 \leqslant e \leqslant e_r \\ C_1 e^2 + C_2 e + C_3 & e_r < e \leqslant 1 \end{cases} \tag{5.17}$$

式中,C_0 和 C_1、C_2、C_3 为待定系数。任选一个可行的翻转点 $e_r \in (e_{rev0}, e_{rev1})$,易确定 C_0 值。其中,翻转区间 (e_{rev0}, e_{rev1}) 由式(5.16)求得的最小侧向剖面决定。结合图 5.3 和式(5.16)知,影响侧向走廊下边界与 0 交接点的主要因素为设计 $D(E)$ 剖面的最小值,即要想飞行弹道实现平缓倾侧,其最小阻力加速度必须小于某一值,故发生倾侧翻转的三维剖面弹道不可能是上凸形二次曲线。根据曲线光滑特性和准平衡滑翔条件解算的终端 L_{zf} 可求得余下待定参数 C_1、C_2、C_3。可见 e_r 的选取直接决定剖面的形状,在确定初值后必须对剖面进行校核以确保不超过侧向走廊约束条件。

5.2.2 满足任务要求的三维剖面生成方法

5.2.1 小节生成的初始三维剖面只是确保生成的弹道不会超过给定的约束,但是不能保证飞行器沿设计的参考剖面或参考状态飞行后准确到达期望的目标点。因此,有必要对初始三维剖面进行迭代,并给出三维剖面与运动状态以及控制变量之间的对应关系。同时,为了验证所提弹道规划方法的可行性,还需要设计相应的跟踪器对解算的参考状态进行跟踪。

1. 三维剖面迭代方法

由于纵向和侧向运动的耦合影响,初始化的纵向和侧向剖面通常不能满足给定的精度要求。记剩余航程 S_{tot} 表示终端位置到期望终点的大圆弧距离,剩余纵程 S_{lon} 为期望经度与终端经度差的圆弧距离,剩余横程 S_{cro} 为期望纬度与终端纬度差的圆弧距离。分析式(3.78)~(3.80)知,阻力加速度 D 直接影响经度、纬度和航向角的变化,而 L_z 则直接作用于航向角,并通过航向角影响经度和纬

度的变化。如果令 $\sigma \in (0, \pi/2)$，那么，当 D 减小时，σ 增大；反之，σ 减小。根据正余弦函数在第一象限的变化特性，当 D 减小（增大），则 λ 迅速增大（减小），而 ϕ 基本保持不变。类似地，当侧向 L_z 的变化使 σ 增大（减小）时，ϕ 减小（增大）。但是此时由于 ϕ 的减小（增大）抵消了 σ 增大（减小）对 λ 的影响，因此 L_z 的变化基本不影响 λ。为了确保 $\sigma \in (0, \pi/2)$ 条件成立，可以通过坐标变换将初始射向变换到东北方向，即 σ 在 45° 附近。由此，可以得到三维剖面的规划方法为：

Step 1：分别设定剩余纵程、横程的精度为 ε_1、ε_c，其中 $\varepsilon_1 = (|S_{lon}| + |S_{cro}|)/2$，$\varepsilon_c = \varepsilon$。

Step 2：当剩余横程的模大于剩余纵程的模的 k 倍时，调整倾侧翻转点，即

$$e_r = e_r + k_c \Delta e \qquad (5.18)$$

其中，$k_c = \text{sgn}(S_{cro}) \cdot S_{tot}/(S_{tot} - |S_{cro}|)$，$\Delta e$ 为调整量。通常，k 取 2～3。由 k_c 知，当 S_{cro} 为正，即当前剖面对应的终端纬度小于期望值时，侧向剖面曲线向右平移，增大 S_{cro}；反之，则向左平移，减小 S_{cro}。

Step 3：当 $|S_{lon}| > \varepsilon_1$，调整纵向剖面 D_1 为

$$D_1 = D_1 + k_d \Delta D \qquad (5.19)$$

其中，$k_d = \text{sgn}(S_{lon}) \cdot S_{tot}/(S_{tot} - |S_{lon}|)$，$\Delta D$ 为阻力剖面调整系数。与 k_c 类似，当 S_{lon} 为正，即当前剖面对应的终端经度小于期望值时，纵向剖面曲线向下平移，增大 S_{lon}；反之，则向上平移，减小 S_{lon}。

Step 4：当 $|S_{lon}| > |S_{cro}|$，调整 $\varepsilon_1 = (\varepsilon_1 + \varepsilon_c)/2$，转至 Step 3；否则，转至 Step 5。

Step 5：当 $|S_{cro}| > k_1\varepsilon_c$ 时，侧向剖面调整方法仍由式(5.18)给出；否则，调整剖面后半段，即

$$L_{zmod} = L_{zmod} + k_1 \Delta L_z \qquad (5.20)$$

式中，ΔL_z 为侧向剖面调整量，k_1 为侧向剖面调整系数。同样，当 S_{cro} 为正，即当前剖面对应的终端纬度小于期望值时，侧向剖面曲线向右平移，增大 S_{cro}；反之，则向左平移，减小 S_{cro}。

Step 6：分别验证剩余纵程、横程，满足给定精度要求时停止规划，否则转至 Step 1 继续调整。

上述三维剖面参数迭代过程可用图 5.4 表示。通过纵、侧向剖面的调整，可以使由三维剖面解算的侧向状态量满足终端位置要求，而终端高度、速度约束则在设计纵、侧向剖面时就已得到满足，因此规划后的三维剖面可以满足给定的任务要求。

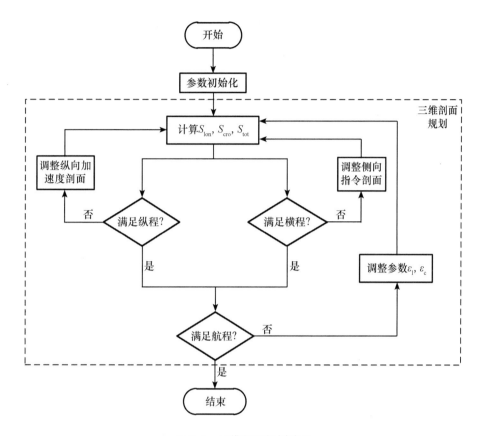

图 5.4　三维剖面规划流程

2. 三维剖面与运动状态的转换关系

积分降阶动力学方程组（3.78）~（3.80）可以得到所有的 σ、λ 以及 ϕ，余下待求的状态参数还有 r、V、θ 以及控制量 α 和 υ。

分别对高度和阻力加速度求关于能量的一阶导数，得

$$\begin{cases} h' = -\dfrac{\sin\theta}{D} \\ D' = D\left(\dfrac{C'_D}{C_D} + \dfrac{-h'}{h_s} + \dfrac{2V'}{V}\right) \end{cases} \tag{5.21}$$

其中，速度关于能量的一阶导数为

$$VV' = 1 + gh' \tag{5.22}$$

所以，参考速度倾角 θ_r 可表示为

$$\theta_r = -Dh_s\left(\frac{C'_D}{C_D} - \frac{D'}{D} + 2\frac{1+gh'}{V^2}\right) \tag{5.23}$$

在初步计算参考值时,可忽略阻力系数导数的影响。在积分求解降阶动力学方程时,为了简化计算,可将高度线性化为能量的函数。值得注意的是,这个假设条件仅是用于快速积分求解侧向运动状态,实际参考高度变化率为

$$h' = h_s\left(\frac{C'_D}{C_D} - \frac{D'}{D} + \frac{2V'}{V}\right) \tag{5.24}$$

化简整理得

$$h' = \frac{V^2 h_s}{V^2 - 2gh_s}\left(\frac{C'_D}{C_D} - \frac{D'}{D} + \frac{2}{V^2}\right) \tag{5.25}$$

在计算参考高度时,同样需要忽略阻力系数的影响。当求出参考高度后,速度的大小则可以根据能量的定义直接求出。为了解算参考控制量,需进一步对阻力加速度求关于能量的二阶导数

$$
\begin{aligned}
D'' &= \left[\sin\theta\left(\frac{1}{h_s} + \frac{2g}{V^2}\right) + D\left(\frac{2}{V^2} + \frac{C'_D}{C_D}\right)\right]' \\
&= \cos\theta\left(\frac{1}{h_s} + \frac{2g}{V^2}\right)\theta' + 2\sin\theta\left(\frac{g'V^2 - 2gVV'}{V^4}\right) + \\
&\quad D'\left(\frac{2}{V^2} + \frac{C'_D}{C_D}\right) + D\left[-\frac{4}{V^2}\frac{V'}{V} + \frac{C''_D C_D - (C'_D)^2}{C_D^2}\right]
\end{aligned}
\tag{5.26}
$$

由于滑翔段速度倾角基本保持在 0 附近,因此近似计算时可以认为 $\cos\theta = 1$,$\sin\theta = 0$。化简并整理式(5.26)可以得到与传统航天飞机再入制导规划方法类似的纵向升阻比求解公式

$$(L/D)\cos\upsilon = a(D'' - b) \tag{5.27}$$

其中

$$
\begin{cases}
a = -h_s V^2 \\
b = D\left[\frac{C''_D}{C_D} - \frac{(C'_D)^2}{C_D^2}\right] + D'\left(\frac{2}{V^2} + \frac{C'_D}{C_D}\right) - \frac{4D}{V^4} + \left(g - \frac{V^2}{r}\right)\frac{1}{h_s V^2 D}
\end{cases}
\tag{5.28}
$$

忽略阻力系数的一、二阶导数,同时结合设计的侧向剖面得总升阻比为

$$L/D = \sqrt{[(L/D)\cos\upsilon]^2 + L_z^2} \tag{5.29}$$

故需要的参考攻角 α^* 可以通过气动系数表或拟合函数反求得

$$\alpha^* = f^{-1}\left[\frac{L}{D}(\alpha, Ma)\right] \tag{5.30}$$

而需要的参考倾侧角 υ^* 为

$$\upsilon^* = \arctan\left[\frac{L_z}{(L/D)\cos\upsilon}\right] \qquad (5.31)$$

3. 基于三维剖面的标准轨迹生成

为了验证所提弹道规划方法的可行性与准确性,需要对基于三维剖面解算的参考状态进行仿真验证,即验证数值仿真弹道与三维剖面解算结果的一致性。本节的重点只是验证标称状态下所提弹道规划方法的可行性,不考虑实际飞行中本体和环境多种偏差造成的影响。由于在参考剖面设计和参考状态解算中采用了大量的简化和假设,为了确保飞行器实际飞行轨迹能够较好吻合设计的参考轨迹,必须设计相应的控制器消除偏差的影响。为此,提出一种基于双PD组合策略的参考轨迹生成方法。具体求解算法如下:

在纵向,借鉴传统航天飞机的跟踪控制经验,选择阻力加速度剖面作为参考状态进行跟踪控制。同时,为了提高剖面跟踪效果、抑制参考阻力加速度变化过快产生的震荡,将阻力加速度的一阶导数也引入跟踪器中,最终设计的纵向跟踪器的形式为

$$(D'' - D_r'') + 2\xi_D\omega_D(D' - D_r') + \omega_D^2(D - D_r) = 0 \qquad (5.32)$$

其中,ξ_D、ω_D 分别为阻尼系数和频率。将上式代入式(5.27),解之得

$$(L/D)\cos\upsilon = a\left[D_r'' - 2\xi_D\omega_D(D' - D_r') - \omega_D^2(D - D_r) - b\right] \qquad (5.33)$$

在侧向,选择通过三维剖面解算的航向角作为参考状态进行跟踪。因为航向角较好地兼顾了纵向和侧向的航程需求,飞行器在标称情况下沿着参考航向可以准确到达目标点。同时,如果飞行中出现较大偏差,通过更新参考剖面产生新的航向即可校正偏差。因此,设计侧向跟踪器

$$(\sigma' - \sigma_r') + k_\sigma\omega_\sigma(\sigma - \sigma_r) = 0 \qquad (5.34)$$

其中,k_σ 为调节系数,一般 ω_σ 取 q/q_{max} [53],q 表示飞行器当前动压。将式(5.5)代入得

$$L_z = V^2\left[\sigma_r' - k_\sigma\omega_\sigma(\sigma - \sigma_r) + \frac{\tan\phi\sin\sigma}{r}\left(\frac{1}{D}\right) - C_\sigma - \tilde{C}_\sigma\right] \qquad (5.35)$$

将式(5.33)、式(5.35)解算得到的制导指令代入式(5.29)、式(5.31),求得制导所需的攻角和倾侧角。对比文献[53]采用的制导律,该方法综合考虑纵、侧向的作用,更能发挥三维剖面设计的优越性。

5.2.3 仿真验证与结果分析

根据提出的三维剖面弹道规划方法,采用CAV-H模型作为研究对象进行

数值仿真验证。高超声速滑翔飞行器一般采用助推器发射后再入返回进行长时间远距离滑翔飞行,或者直接由天基平台进行再入返回。本章重点研究飞行器在滑翔段的弹道规划方法,因此仿真时不加以区分,只关注飞行器从再入起点到滑翔段终点的弹道规划过程。参照国内外文献关于飞行器再入时的仿真环境设置[46,49,56],令飞行器再入时的初始高度和速度分别为 $h_0 = 80$ km,$V_0 = 6\ 500$ m/s。为简单起见,令飞行器的初始位置以及速度倾角均为0,初始航向角为45°,即飞行器初始朝东北方向飞行。同时,设定滑翔终端的目标点位于(68°,29.5°),要求滑翔终端高度、速度分别为 $h_f = 32$ km,$V_f = 2\ 700$ m/s。弹道规划的高度、速度误差分别不超过1 km和50 m/s,经纬度位置误差均小于500 m。同时,设置飞行器在整个滑翔段飞行过程中的峰值驻点热流密度、最大动压以及最大过载约束分别为 $\dot{Q}_{max} = 2\ 200$ kW/m²,$q_{max} = 100$ kPa,$n_{max} = 2g$,限制控制量攻角和倾侧角的幅值分别为 $\alpha \in [10°, 20°]$ 和 $\upsilon \in [-85°, 85°]$,不对控制量的变化速率进行限制。

因为飞行器初始再入时高度较高,大气较为稀薄,飞行器的气动控制力十分有限。因此,通常将飞行器从再入起点到滑翔段终点分为两段分别进行控制,即初始下降段和滑翔段。在初始下降段,控制器的主要任务是保持弹道平稳进入滑翔段的同时避免驻点热流密度过大。因此,通常采用常值最大攻角,同时配合迭代滑翔段交班条件确定的常值倾侧角进行初始下降段的轨迹控制。因为关注的重点是滑翔段三维剖面的弹道规划,故初始下降段的轨迹控制直接参考文献[56]的方法。通过计算,取 $\alpha = 20°$,$\upsilon = 0°$,仿真得到的初始下降段结果如图5.5所示,滑翔段各状态的数值如表5.1所示。

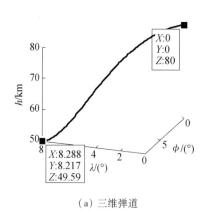

(a)三维弹道

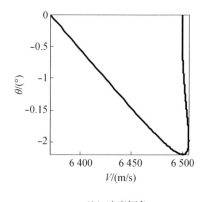

(b)速度倾角

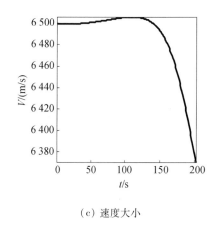

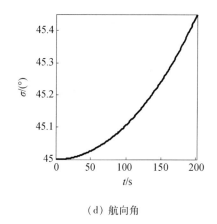

（c）速度大小 　　　　　　　　　　　　　（d）航向角

图 5.5　初始下降段弹道仿真结果

表 5.1　典型飞行任务的滑翔初始和终端状态

状态	高度/km	速度/（m/s）	速度倾角/（°）	航向角/（°）	经度/（°）	纬度/（°）
滑翔起点	49.59	6 370.21	0	45.45	8.288	8.217
滑翔终点	32.13	2 693	−0.49	31.9	68	29.5

　　分析仿真得到的三维弹道曲线（见图 5.5（a））和速度倾角（见图 5.5（b））变化曲线知，飞行器从再入点下降后平缓进入了滑翔段。由于初始参数是任意设置的，可能存在高度大而速度小，故飞行器按照给定初始条件和控制量进行再入后速度出现了微微上扬，见图 5.5（c）。同时，虽然倾侧角保持为 0，但是航向角相较初始时略有改变，见图 5.5（d）。仿真得到的最大驻点热流密度为 2 065.3 kW/m²，满足最大驻点热流密度约束。在后续仿真中，若无特殊说明将不再给出初始下降段的仿真结果，直接以此状态作为滑翔段的起点，研究并给出基于三维剖面的弹道规划方法。

　　基于前述方法，仿真得到的结果如图 5.6 所示，相应的滑翔段终端飞行状态列于表 5.1。通过迭代求解得到的纵向和侧向剖面参数分别为 $D_1 = 3.145\,43$，$e_1 = 0.334$，相应的纵向和侧向剖面分别如图 5.6（a）~（b）所示，而由剖面解算的参考攻角和倾侧角控制量以及高度和航向角曲线分别如图 5.6（c）~（f）所示。图 5.6（g）为完成飞行任务的三维弹道，图 5.6（h）则表示纵向阻力加速度剖面和侧向剖面在三维飞行走廊中的结果。此外，图 5.6 还给出了利用设计的控制器对参考阻力加速度剖面和航向角剖面跟踪的仿真结果。对比规划和跟踪的结果知，

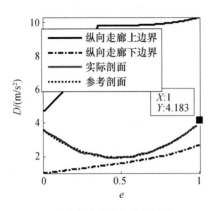

（a）纵向阻力加速度剖面

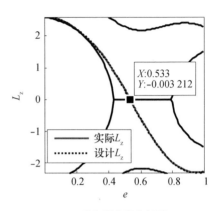

（b）侧向指令剖面

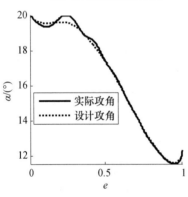

（c）攻角曲线

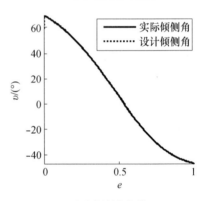

（d）倾侧角曲线

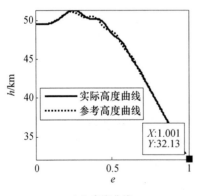

（e）高度曲线

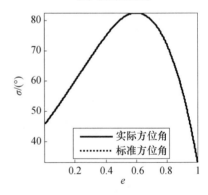

（f）航向角曲线

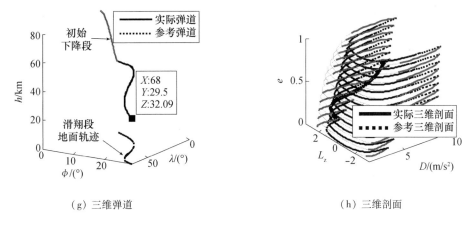

（g）三维弹道　　　　　　　　　　　　　　（h）三维剖面

图5.6　基于三维剖面的弹道规划仿真结果

实际飞行弹道与规划弹道吻合较好,表明了设计跟踪器的有效性,并验证了所提三维剖面弹道规划方法的可行性和准确性。

在同一仿真场景下利用传统 $D-E$ 剖面跟踪制导方法得到的结果如图5.7所示,从(a)～(f)依次为 $D-E$ 剖面、参考攻角剖面、倾侧角变化曲线、高度变化曲线、航向角变化曲线以及三维弹道曲线。对比图5.6和图5.7可知,基于三维剖面的弹道规划方法与传统方法之间有很多相似之处,即规划的阻力加速度剖面基本相同、参考攻角剖面走向相似、高度曲线走向也基本相似。但是,两者的不同也十分明显。比如上述相似的曲线中也存在细微不同,不过最显著的是侧向倾侧角控制量和航向角的变化曲线。基于三维剖面规划得到的倾侧角从初始状态平缓过渡到终端状态,而传统方法的则是不断在正负幅值之间翻转。由于传统方法只能调节倾侧角,为了控制终端横程误差而设计的航向角误差走廊使得航向角呈折线形状,而通过三维剖面控制的航向角则为平滑曲线。由于三维剖面是攻角和倾侧角同时控制,因此图5.6的(c)和(d)整体变化幅度都要小于图5.7的(b)和(c),从而减小了控制机构动作的幅度,节省了能量。值得注意的是,图5.7(a)中规划的 $D-E$ 剖面已略微超出下端准平衡滑翔边界。由此也可体现出三维剖面规划的优越性。

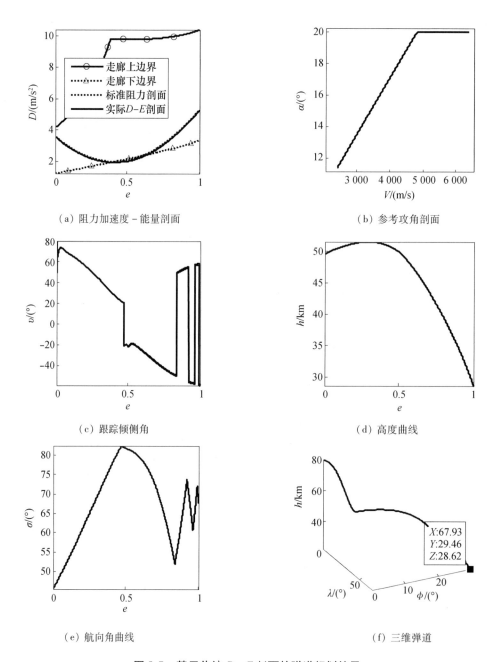

（a）阻力加速度－能量剖面

（b）参考攻角剖面

（c）跟踪倾侧角

（d）高度曲线

（e）航向角曲线

（f）三维弹道

图 5.7　基于传统 $D-E$ 剖面的弹道规划结果

为了进一步验证三维剖面规划方法对不同终端高度、速度以及位置的适应性,还增加了如表 5.2 所示的六组仿真对比算例。利用 5.2.2 小节提出的规划算法,分别求解得到的三维剖面参数如表 5.3 所示,其中表格第 1 列为算例设置,其余列为规划后的三维剖面相关参数。仿真得到的弹道曲线则分别见图 5.8 和图 5.9。

表 5.2　三维剖面规划的仿真算例

Case	(h_f, V_f)	(λ_f, ϕ_f)
TDP1	(32 km, 2 700 m/s)	(68.0°, 29.5°)
TDP2	(29 km, 2 400 m/s)	(68.0°, 29.5°)
TDP3	(26 km, 2 200 m/s)	(68.0°, 29.5°)
TDP4	(30 km, 2 500 m/s)	(68.0°, 31.5°)
TDP5	(30 km, 2 500 m/s)	(68.0°, 28.5°)
TDP6	(30 km, 2 500 m/s)	(68.0°, 25.5°)

表 5.3　三维剖面参数的规划结果

Case	e_1	D_1	D_f	e_r	e_{zmod}	L_{zmod}	L_{zf}
TDP1	0.394	1.998 1	4.35	0.532 7	0.712 9	−1.496 7	−2.28
TDP2	0.394	1.948 2	4.86	0.522 9	0.665 3	−1.272 5	−2.41
TDP3	0.394	1.833 0	6.31	0.500 0	0.739 3	−1.717 4	−2.57
TDP4	0.394	1.934 7	4.98	0.500 2	0.676 0	−1.544 6	−2.39
TDP5	0.394	1.978 5	4.97	0.539 8	0.679 8	−1.223 1	−2.39
TDP6	0.394	2.017 6	4.96	0.575 0	0.680 1	−0.807 2	−2.39

图 5.8 给出的是同一目标点不同终端高度、速度约束下的规划结果,其中(a)为三维剖面规划结果,(b)~(d)分别是根据三维剖面解算的三维轨迹、攻角曲线和倾侧角曲线。可见虽然终端位置一样,但终端高度、速度约束不同得到的三维剖面是不相同的。从控制量变化关系来看,攻角曲线先减小后增大,而倾侧角则是一直减小。图 5.9 则是在相同终端高度、速度约束,不同终端纬度条件下的仿真结果,其中(a)为三维剖面规划结果,(b)为由三维剖面解算的三维轨迹,(c)和(d)分别是根据三维剖面解算的攻角和倾侧角。结合表 5.2、表 5.3 和

图 5.9(a)可知,这一组规划的三维剖面终点基本相同。对比两组规划结果可知,终端高度、速度和位置约束均对三维剖面规划有不同程度的影响,相对来说,高度和速度约束对三维剖面终端点的影响较大。由此可见,即使在不同终端高度、速度和位置约束下,三维剖面的终端结束点也可以相同,为可行设计留下了许多自由规划空间。

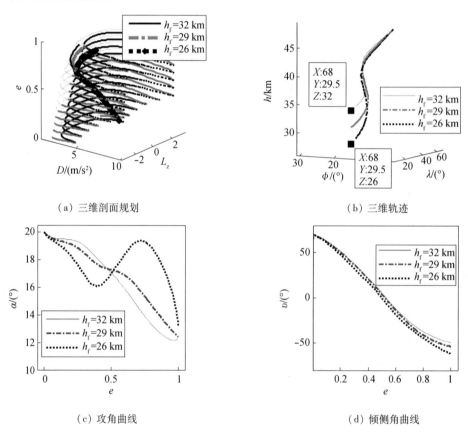

(a) 三维剖面规划

(b) 三维轨迹

(c) 攻角曲线

(d) 倾侧角曲线

图 5.8　同一目标点不同终端约束的仿真结果

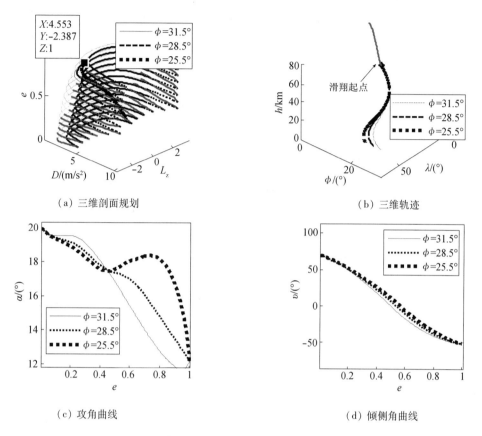

（a）三维剖面规划　　　　　　　　　　　　　　（b）三维轨迹

（c）攻角曲线　　　　　　　　　　　　　　（d）倾侧角曲线

图 5.9　相同终端约束不同目标点的仿真结果

　　通过上述多组不同条件的仿真结果以及与传统方法对比,较好地验证了基于三维剖面的弹道规划方法在滑翔弹道规划中的可行性与准确性,充分展现了该方法相对于传统方法的优势和特点。

5.3　复杂任务约束下的三维剖面规划方法

　　由于地缘政治等因素,飞行器在实际飞行中需要执行避开特定的区域或通过一些特定的测控区域进行导航信息的更新等复杂机动任务。此时,若仍采用5.2 节中的先规划纵向后求解侧向的三维剖面规划策略则会比较复杂,且难以确保在面对各种复杂飞行任务时均能可靠成功地规划出符合需求的三维剖面弹道。主要原因在于先规划纵向剖面虽然较好地处理了参考剖面与总航程的对应关系,避免出现初始剖面偏离目标点太远而没有可行解的反复迭代问题;但同时,侧向的可行规划空间就受到了严重制约,可行侧向边界求解复杂且可用于侧向机动飞行的剖面规划范围很难实现自适应调整。为此,针对航路点、禁飞区[81]等复杂飞行任务,设计了一种以满足侧向复杂机动任务需求为主的三维剖面规划方法。

5.3.1 复杂任务问题的数学描述

复杂约束条件下再入弹道规划问题主要是指在传统典型过程约束、初始终端约束、控制约束等条件下,考虑航路点、禁飞区规避等几何路径约束下的再入弹道规划。在5.2节中已详细介绍了典型飞行任务下的再入弹道规划问题建模以及规划策略,因此本节将重点针对航路点和禁飞区约束进行问题建模并给出复杂约束条件下的弹道规划策略。

航路点是飞行器在飞行过程中由于导航信息校准等需求而要求飞行器必须通过的特定点,准确说是一个在经度和纬度方向分别给定精度要求的测控区域。记$(\lambda_{wp}, \phi_{wp})$表示航路点坐标,$\varepsilon_{\lambda wp}$和$\varepsilon_{\phi wp}$分别表示过航路点的经纬度精度要求,则航路点约束可表示为

$$\begin{cases} |\lambda(E_{wp}) - \lambda_{wp}| \leqslant \varepsilon_{\lambda wp} \\ |\phi(E_{wp}) - \phi_{wp}| \leqslant \varepsilon_{\phi wp} \end{cases} \tag{5.36}$$

式中,E_{wp}表示规划弹道过航路点处的能量。为了简化计算,通常取飞行弹道的经度等于λ_{wp}时的能量为E_{wp},此时航路点约束变为

$$|\phi(E_{wp}) - \phi_{wp}| \leqslant \varepsilon_{\phi wp} \tag{5.37}$$

为了确保规划弹道准确通过给定航路点,必须在三维剖面生成中将航路点约束考虑进去。传统方法为了确保飞行弹道满足航路点约束,通过迭代倾侧翻转点位置或方位角误差走廊使飞行器先通过航路点后再规划终端弹道。由于飞行器本身侧向机动能力有限,这种先通过航路点后规划终端位置的局部弹道规划方法存在无可行弹道的风险。为此,在三维剖面规划中应优先采用同时规划通过航路点和终端目标点的全局规划方法以避免这种风险。

禁飞区约束是为了规避防空区域、高人口密度城市或由于地缘政治等需求而设置的禁止飞行区域,其根据实际飞行环境的不同而呈现多种不同的形式[88]。为了简化计算,通常直接将禁飞区假设为无限高圆柱形或有限高半椭球形区域。本书在禁飞区规避计算时统一采用无限高圆柱形假设。令禁飞圆中心

位置为 $(\lambda_{NF}, \phi_{NF})$，半径为 R_{NF}，则禁飞区约束可表示为

$$\sqrt{(\lambda - \lambda_{NF})^2 + (\phi - \phi_{NF})^2} > R_{NF} \qquad (5.38)$$

即当弹道上任一点与禁飞圆中心的距离大于禁飞圆半径时就认为实现了禁飞区规避任务。为了规避禁飞区，传统方法在保持纵向跟踪参考剖面的基础上，通过建立动态侧向倾侧翻转逻辑规划侧向运动成功完成了禁飞区规避任务。这种高度依赖方位误差走廊确定侧向运动的方法虽然有效确保了禁飞区规避任务的完成，但是却容易导致无满足飞行任务的可行解。因此，复杂约束条件下的三维剖面弹道规划方法必须建立在同时考虑禁飞区规避和终端目标点通过的全局规划基础上。

5.3.2 基于侧向优先的三维剖面生成方法

针对航路点、禁飞区等复杂约束条件下的弹道规划任务需求，基于三维剖面提出了一种自适应弹道生成策略。首先，参考 5.2 节的分平面策略的弹道规划方法，根据约束条件分别建立纵向和侧向飞行走廊。与分平面策略不同的是，剖面初始化时先确定侧向剖面，然后再依据建立的侧向剖面求解满足任务需求的纵向剖面。在 3.4.1 小节讲解覆盖区域生成时已经说明了先规划侧向后求解纵向策略的优越性，即规划弹道的翻转时机和翻转次数可以根据任务需求自适应调整而无须像 5.2 节中那样需事先确定翻转次数以及翻转区间。当满足约束的初始三维剖面确定后，再根据飞行任务设计相应的迭代策略求解满足任务的三维剖面。最后，设计相应的弹道跟踪算法验证所提弹道规划方法的可行性。下面将对这一策略进行详细阐述。

为了解决复杂约束条件下的可行弹道规划问题，本节基于自适应弹道生成策略，研究了一种以满足侧向复杂机动任务需求为主的三维剖面规划方法。该方法主要包括三部分：一是基于分平面的三维剖面轨迹生成方法，主要是基于三维剖面生成满足任务要求的标准轨迹；二是考虑航路点和禁飞区的三维剖面弹道规划方法；三是利用 PD 控制器对生成的标准轨迹进行跟踪实现。

1. 基于分平面的三维剖面轨迹生成方法

在进行三维剖面生成前，先确定其可行边界。由于纵、侧向飞行走廊的生成方法在第 2 章已经进行了详细介绍，故此处不再赘述。在侧向走廊内，根据给定的初始终端约束，产生一条二次型函数的初始侧向剖面

$$f_z(E) = a_z E^2 + b_z E + c_z \qquad (5.39)$$

式中，a_z、b_z 以及 c_z 为侧向剖面待定系数。当给定初、终端条件后，任给一个中

间可行点即可求解。根据升阻比约束,有

$$(L/D)\cos\upsilon = \sqrt{(L/D)^2 - [f_z(E)]^2} \tag{5.40}$$

由准平衡滑翔条件

$$L\cos\upsilon \leqslant g - \frac{V^2}{r} = f_{\text{QEG}}(E) \tag{5.41}$$

将其作为硬约束并取等号,结合式(5.40)可求得此时对应的阻力加速度剖面变化范围

$$\frac{f_{\text{QEG}}(E)}{\sqrt{[(L/D)_{\text{max}}]^2 - [f_z(E)]^2}} \leqslant D(E) \leqslant \frac{f_{\text{QEG}}(E)}{\sqrt{[(L/D)_{\text{min}}]^2 - [f_z(E)]^2}} \tag{5.42}$$

式中,$(L/D)_{\text{max}}$和$(L/D)_{\text{min}}$分别表示最大和最小升阻比。此外,阻力加速度剖面还应满足初始和终端条件。因此,为了使剖面过渡平滑,可通过在初始和终端分别设计过渡段衔接。至此,当给定一个权重比ω_{D},即可利用式(5.42)求得相应的阻力加速度剖面,从而完成满足过程约束的初始三维剖面设计。

为了使设计的三维剖面能实现给定的飞行任务,还应对初始三维剖面做调整。根据初始三维剖面,可通过积分求解侧向降阶运动方程组(5.20)~(5.22)快速确定其对应的终端状态。侧向剖面物理意义可直观理解为升力在侧向运动的分量,当其增大时对应的横程也增加;而阻力加速度剖面与总航程有近似反比的解析关系。因此,为了使上述推论成立,简化由于纵向和横向运动耦合产生的复杂影响,通常将飞行任务进行换极坐标变换,即在均质圆球假设下以初始和目标点所在平面为新的赤道平面建立新的极点坐标系。通过变换后,飞行器的纬度即代表横程,经度即代表纵程。这里,为了简化设计过程,可直接设计飞行器的起点和终点都在赤道平面。

令λ_f和ϕ_f分别表示期望的终端经纬度,$\lambda(E_f)$和$\phi(E_f)$分别表示由降阶动力学积分得到的经纬度,如图5.10所示,当飞行器仅做一次倾侧翻转时:

Step 1:初始化倾侧翻转点位置(e_r, L_{zr}),结合初始和终端点可唯一确定侧向二次型剖面,并根据5.2.1节方法可得到相应的可行阻力加速度变化范围。初次计算时,可选择$(e_r, L_{zr}) = (0.5, 0)$。

Step 2:分别对阻力加速度剖面权重ω_{D}取0和1,当求得的终端纵程精度差同号时,表明此时无满足纵程要求的阻力加速度剖面存在,因此可将初始e_r向左或右平移一个单位,转到Step 1直至求得的纵程差出现异号;否则,基于牛顿迭代法,求解出满足$|\lambda_f - \lambda(E_f)| \leqslant \varepsilon_\lambda$的阻力加速度剖面权重$\omega_{\text{D}}$。

Step 3:设定倾侧翻转点e_r的可行搜索范围$[e_{\text{rmin}}, e_{\text{rmax}}]$,基于二分法求解满足任务精度$|\phi_f - \phi(E_f)| \leqslant \varepsilon_\phi$的倾侧翻转点$e_r$。当$e_r$分别取边界值求得的终

端横程精度同号时,表明设定的可行搜索范围内不存在解,需要扩大搜索区间。

Step 4:判断,若$|\phi_f - \phi(E_f)| \leqslant \varepsilon_\phi$、$|\lambda_f - \lambda(E_f)| \leqslant \varepsilon_\lambda$,停止迭代,否则转到Step 2。

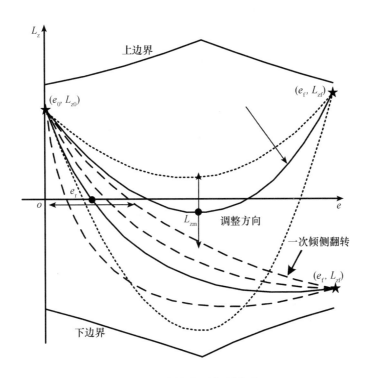

图5.10 侧向剖面规划方法

当飞行器需要做两次倾侧翻转才能实现任务目标时,三维剖面迭代生成思路与一次倾侧翻转的基本相同。有所区别的是,此时侧向剖面迭代的参数变为中间设计点纵坐标L_{zm}(如图5.10所示),纵向剖面迭代参数仍为权重ω_D。得益于二次曲线优异的性能,侧向剖面可以直接通过调整其顶点值或者过零点横坐标改变函数值,而纵向剖面大小则可以通过调整权重ω_D实现。值得注意的是,当侧向剖面调整时其所对应的纵向阻力剖面可行解也对应变化。为确保三维剖面规划的可行性,当侧向剖面调整后应验证纵向剖面的可行性并进行相应的调整。

2. 复杂飞行任务的三维剖面迭代方法

5.2节和本小节前述剖面规划方法主要解决了考虑多种过程约束下的典型飞行任务弹道规划问题,当实际飞行中由于某种需要,飞行器必须通过特定测控区域或者规避禁飞区时,上述方法则不再适用。因此,针对这类复杂飞行任务,需要对上述方法进行相应的拓展。

(1)考虑航路点通过的三维剖面弹道规划

设航路点中心位置为$(\lambda_{wp}, \phi_{wp})$,利用降阶运动方程组积分得到终端坐标后,先迭代纵向剖面,使纵程满足精度后,再迭代侧向剖面使过航路点和终端横程同时满足任务要求。为了加快侧向剖面解的收敛,可以先迭代终端横程产生初值后再迭代同时满足航路点和终端横程要求。具体流程如下:

Step 1:初始化倾侧翻转点位置(e_r, L_{zr}),结合初始和终端点可唯一确定侧向二次型剖面,并根据5.2.1节方法得到相应的可行阻力加速度变化范围。初次计算时,可选择$(e_r, L_{zr}) = (0.5, 0)$。

Step 2:分别对阻力加速度剖面权重ω_D取0和1,当求得的终端纵程精度差同号时,表明此时无满足纵程要求的阻力加速度剖面存在,因此可将初始e_r向左或右平移一个单位,转到Step 1直至求得的纵程差出现异号;否则,基于牛顿迭代法,求解出满足$|\lambda_f - \lambda(E_f)| \leqslant \varepsilon_\lambda$的阻力加速度剖面权重$\omega_D$。

Step 3:设定倾侧翻转点e_r的可行搜索范围$[e_{rmin}, e_{rmax}]$,基于二分法求解满足任务精度$|\phi_f - \phi(E_f)| \leqslant \varepsilon_\phi$的倾侧翻转点$e_r$。当$e_r$分别取边界值求得的终端横程精度同号时,表明设定的可行搜索范围内不存在解,需要扩大搜索区间。

Step 4:记利用降阶运动方程组积分得到的坐标为$(\lambda_{wp}, \phi(E_{wp}))$,其中$E_{wp}$表示纵程为$\lambda_{wp}$的能量点,若$|\phi_{wp} - \phi(E_{wp})| \leqslant \varepsilon_{wp}$且$|\phi_f - \phi(E_f)| \leqslant \varepsilon_\phi$,则转到Step 6;否则转到Step 5。

Step 5:记下Step 4中E_{wp}对应的侧向剖面值,以E_{wp}为分界点,将侧向剖面分为两段二次曲线剖面,并记过初始和终端点的斜率分别为k_{z0}和k_{zf}。再利用牛顿迭代法,迭代k_{z0}和k_{zf},直至满足$|\phi_{wp} - \phi(E_{wp})| \leqslant \varepsilon_{wp}$且$|\phi_f - \phi(E_f)| \leqslant \varepsilon_\phi$。

Step 6:判断,若$|\phi_f - \phi(E_f)| \leqslant \varepsilon_\phi$、$|\lambda_f - \lambda(E_f)| \leqslant \varepsilon_\lambda$以及$|\phi_{wp} - \phi(E_{wp})| \leqslant \varepsilon_{wp}$满足时停止迭代,否则转到Step 2。

对于第1点"基于分平面的三维剖面轨迹生成方法"以及上述迭代过程Step 3中的二分法,也可以换为牛顿迭代。但是,实际仿真中牛顿迭代有时会出现因为任务设计不合理而发散的现象,而二分法由于强制设置了可行区间,避免了此情况。

(2)考虑禁飞区规避的三维剖面弹道规划

与航路点不同,禁飞区是飞行器必须规避绕开的区域。设禁飞区为无限高圆柱形区域,禁飞区中心位置为$(\lambda_{NF}, \phi_{NF})$,半径为$R_{NF}$。为了利用过航路点的弹道规划方法实现禁飞区规避任务,记禁飞区顶点为 $(\lambda_{NF}, \phi_{NF} + R_{NF}/R_0)$,如图 5.11 所示,规划三维剖面,当其通过设定的禁飞区参考点时,判断其他点是否满足规避要求。若满足,则停止迭代;否则上移参考点,直至满足规避要求。

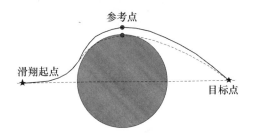

图 5.11　禁飞区规避策略

综合上述内容,复杂飞行任务下的三维剖面弹道规划方法可用如图 5.12 所示的流程图表示。

3. 基于 PD 控制器的标准轨迹生成方法

为了验证所提三维剖面规划方法的可行性,设计了一种三维轨迹跟踪器。令 $(\ )_r$ 表示参考状态量,$\mu_L = (L/D)\cos\upsilon$ 和 $\mu_z = (L/D)\sin\upsilon$ 分别表示纵向和侧向需要的制导指令。文献[60,72]等通过分别设计纵向和侧向控制律求出需要的 μ_L 和 μ_z 后,利用气动系数反求出需要的攻角和倾侧角,而文献[49,53]等则是保持攻角事先给定的攻角 – 速度剖面值,分别利用 μ_L 和 μ_z 求出倾侧角幅值后将其加权值作为制导的倾侧角,而符号则通过航向角误差走廊或迭代终端横程误差确定。本节采用的控制策略为保持攻角为参考剖面解算值,倾侧角大小取加权值而符号与侧向参考剖面相同。

对于纵向,借鉴航天飞机再入制导方法[44]有

$$\mu_L = \mu_{L_0} + f_1 \Delta D + f_2 \Delta \dot{h} \tag{5.43}$$

其中,参数 f_1 和 f_2 为反馈系数,$\Delta D = D - D_r$,$\Delta \dot{h} = \dot{h} - \dot{h}_r$。文献[44]已给出了求解参数 f_1 和 f_2 的详细推导过程。μ_{L_0} 为标准制导指令,忽略阻力系数一阶、二阶导数,由设计的标准阻力加速度剖面可以直接得到

$$\mu_{L_0} = \frac{1}{D_0}\left(g_0 - \frac{V_0^2}{r_0}\right) - h_s\left(\frac{4D_0}{V_0} - 2D_0'\right) \tag{5.44}$$

对于侧向,设计 PD 跟踪律,通过跟踪三维剖面解算得到的航向角剖面产生侧向制导指令,即

$$(\sigma' - \sigma_r') + k_\sigma \omega(\sigma - \sigma_r) = 0 \tag{5.45}$$

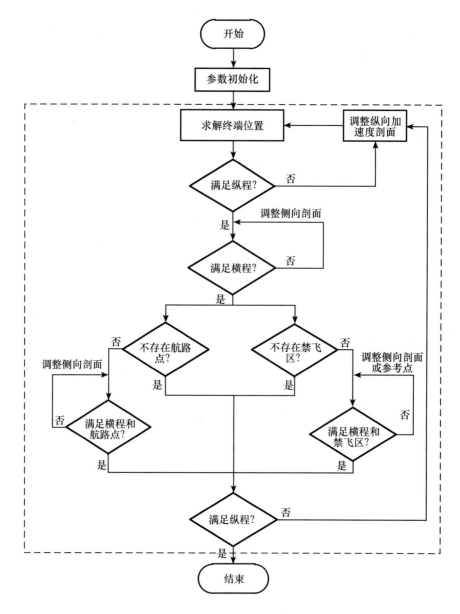

图 5.12　复杂飞行任务下三维剖面规划方法

结合动力学方程,可求得

$$(L/D)\sin\upsilon = V^2\left[\sigma_{\mathrm{r}}' - k_\sigma\omega(\sigma - \sigma_{\mathrm{r}}) + \frac{\tan\phi\sin\sigma}{r}\left(\frac{1}{D}\right)\right] \tag{5.46}$$

记通过纵向和侧向控制器求解的倾侧角大小分别为 $|v_L|$ 和 $|v_z|$，则

$$\begin{cases} |v_L| = \arccos\left(\dfrac{\mu_L}{(L/D)_r}\right) \\[3mm] |v_z| = \arccos\left(\dfrac{\mu_z}{(L/D)_r}\right) \end{cases} \qquad (5.47)$$

式中，$(L/D)_r$ 表示由参考剖面解算的参考攻角求得的升阻比。因此，制导需要的倾侧角为

$$v^* = \text{sign}(v_r)\left[\omega_v|v_z| + (1-\omega_v)|v_L|\right] \qquad (5.48)$$

值得注意的是，本节主要研究的是如何基于三维剖面生成满足需要的标准轨迹，因此这里所提出的制导方法主要是为了对提出的三维剖面弹道规划方法的可行性进行验证。而对于制导方法的鲁棒性验证不是此次的研究重点，在后续研究中将会考虑。

5.3.3 仿真验证与结果分析

采用洛克希德·马丁公司的 CAV – H 模型作为仿真对象，同时将气动系数拟合为攻角和马赫数的函数。设定飞行器从 $(0,0)$ 处以 $h_0 = 80\ \text{km}$、$V_0 = 6\ 500\ \text{m/s}$ 沿赤道方向自西向东进行再入，要求飞行过程中的最大驻点热流、动压和过载约束分别为 $\dot{Q}_{max} = 2\ 000\ \text{kW/m}^2$，$q_{max} = 100\ \text{kPa}$，$n_{max} = 2g$，终端高度和速度限定在 $h_f = 30(\pm1)\ \text{km}$，$V_f = 2\ 500(\pm50)\ \text{m/s}$。同时，设置攻角和倾侧角的幅值约束分别为 $v \in [-85°, 85°]$，$\alpha \in [10°, 20°]$，不考虑控制量翻转速率限制。因此，根据所提的三维剖面弹道规划方法，下面分别针对典型飞行任务和考虑航路点、禁飞区规避任务的情况进行仿真试验。再入点一般位置较高，从再入起点到滑翔起点这一段由于大气较为稀薄，气动力控制不明显。从再入点到滑翔起点通常直接采用常值攻角，通过迭代准平衡滑翔条件获得所需倾侧角进行轨迹控制。因此，所提方法主要针对的是滑翔段的弹道规划。表 5.4 给出了参照文献[56] 获得的初始下降段终端状态，本小节的仿真试验直接将其作为初始状态进行仿真。

表5.4　复杂任务的滑翔初始和终端状态

状态	高度/km	速度/(m/s)	速度倾角/(°)	航向角/(°)	经度/(°)	纬度/(°)
滑翔起点	50.73	6 380	0	90	12.31	0
滑翔终点	30.09	2 499.65	−0.49	31.9	75.91	0.05

1. 典型飞行任务的三维剖面弹道规划结果

假定典型飞行任务的目标点位于$(76°, 0°)$。设定滑翔终端时刻的攻角为 $12.5°$，终端时刻的倾侧角则通过准平衡滑翔条件求得，终端经度和纬度的迭代精度分别为 $\varepsilon_\lambda = 1 \times 10^{-4}(°)$ 和 $\varepsilon_\phi = 1 \times 10^{-4}(°)$。根据5.3.2节所提方法，分别规划得到满足任务要求的侧向和纵向剖面如图5.13(a)、(b)所示。受运动耦合因素影响，当图5.13(a)的侧向剖面确定后，纵向剖面的可行规划边界受到了严重压缩，如图5.13(b)所示。根据设定的终端位置精度要求，利用牛顿迭代和二分法确定的侧向和纵向剖面参数分别为 $e_r = 0.333$ 和 $\omega_D = 0.886$。基于迭代的三维剖面，解算的参考控制量、航向角以及三维轨迹分别表示于图5.13(c)~(e)。为方便对照，利用跟踪器得到的结果也同样在相应仿真图中给出。从图5.13(a)~(e)的仿真结果可见，设计的控制器较好地完成了对参考轨迹的跟踪，终端高度和速度分别为 30.09 km、2 499.65 m/s，滑翔终端位置为$(75.91°,$ $0.05°)$，满足给定的任务要求。进一步，针对同一飞行任务，图5.13(f)给出了通过调整终端期望攻角和翻转次数获得的多组满足任务要求的三维弹道规划结果。

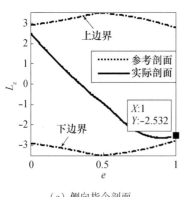

（a）侧向指令剖面

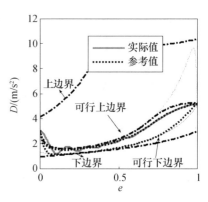

（b）纵向阻力加速度剖面

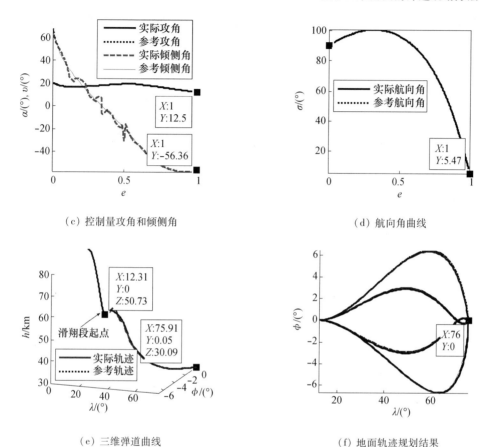

（c）控制量攻角和倾侧角　　　　　　　　　（d）航向角曲线

（e）三维弹道曲线　　　　　　　　　　　　（f）地面轨迹规划结果

图 5.13　典型飞行任务的三维剖面仿真结果

2. 复杂飞行任务的三维剖面弹道规划结果

不改变仿真的初始条件和终端约束，在飞行任务中增设航路点（50°，−4.5°），同时要求设计轨迹通过航路点的位置精度约束为 $\varepsilon_{wp} = 1 \times 10^{-5}$。根据前述方法，仿真得到的不同终端期望攻角的规划结果如图 5.14（a）～（d）所示。其中，图 5.14（a）给出了三维剖面在三维再入走廊内的规划结果，图 5.14（b）～（d）则分别展示了三维轨迹、控制量以及航向角的变化曲线。显然，终端期望攻角不同，对应的三维剖面以及弹道终端状态也不相同。因为初始条件、航路点位置以及目标点都没改变，所以无论是三维剖面还是弹道状态在过航路点前基本都没改变。可见，规划的三维剖面较好地反映了运动状态和控制量的变化情况，实现了在给定约束范围内规划过航路点的三维轨迹任务要求，轨迹状态以及控制量攻角和倾侧角变化都较为平缓。不同攻角下相同任务的成功规划结果进一步验证了所提方法对飞行任务有较强的适应性和可行性。

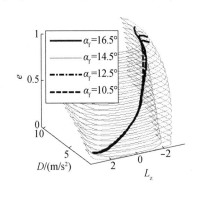

（a）考虑航路点的三维剖面规划

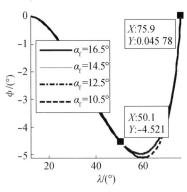

（b）过航路点的地面轨迹

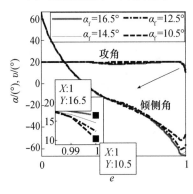

（c）过航路点的控制量

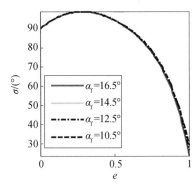

（d）过航路点的航向角

图 5.14　航路点约束的三维剖面仿真结果

当考虑禁飞区约束时仿真得到的结果如图 5.15（a）～（d）所示。其中,禁飞区中心位于（60°,－1°）,禁飞区半径为 500 km,选择的参考点为（60°,－6.5°）,其他仿真条件与本小节第 1 点的保持相同。由图 5.15（a）的三维剖面和图 5.15（b）的三维轨迹知,规划的三维剖面较好地实现了给定初终端约束和禁飞区约束下不同目标点的可行弹道规划,解算的攻角和倾侧角控制量都较好地控制在给定的约束范围内（见图 5.15（c）、（d））,从而保证了设计弹道的可行性和有效性。为了便于比较,图 5.15（b）还给出了未考虑禁飞区时,以（76°,0°）为目标点的轨迹规划结果。通过分析仿真结果知,无论是攻角和倾侧角控制量还是三维轨迹,禁飞区约束下规划的三维剖面弹道都是光滑且满足任务要求的。

因此,设计的禁飞区约束下的三维剖面规划方法是可行的。

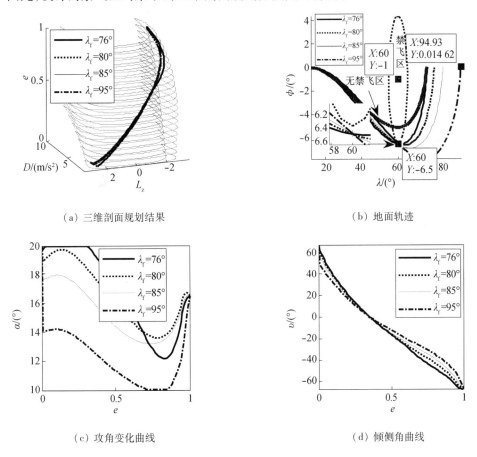

(a) 三维剖面规划结果　　　　　　　　(b) 地面轨迹

(c) 攻角变化曲线　　　　　　　　　(d) 倾侧角曲线

图 5.15　同一禁飞区不同终端位置仿真结果

3. 两种方法的对比分析

对比分析 5.2 节和 5.3 节的两种基于分平面策略的三维剖面弹道规划方法知,5.2 节中提出的先规划纵向阻力加速度剖面后求解侧向指令剖面的三维剖面弹道规划方法由于需要满足纵程和横程相互解耦关系,对于飞行器的初始航向和初终端位置的分布都有一定的限制,因此其适应面相对较窄;而 5.3 节中提出的先规划侧向指令剖面后求解纵向阻力加速度剖面的策略在保留 5.2 节中规划方法的弹道平滑等特性外,适应能力更强,对于考虑航路点、禁飞区等横侧向大机动的复杂飞行任务更能胜任。但是,由于侧向指令剖面与飞行航程或横程之间的解析关系尚不明确,目前在规划满足飞行任务需求的三维剖面时仍需要反复借助阻力加速度剖面进行迭代,计算量相对较大。

5.4　沿期望高度剖面飞行的三维剖面规划方法

在 5.2 节和 5.3 节中,分别着重介绍了基于纵 - 侧向的三维剖面规划方法和复杂约束条件下的三维剖面规划方法。这两种方法基本可以解决当前滑翔段弹道规划的各种问题,但是其生成的弹道状态,尤其是高度状态却不一定都是平滑缓慢变化,如图 5.6(e)和图 5.13(e)所示。造成这一现象的主要原因是纵向采用的准平衡滑翔条件仅仅是确保飞行器的升力加速度分量和引力加速度与离心加速度的差在纵向保持平衡,但是不能保证高度是否存在跳动。因此,为了确保后续采用优化算法生成的三维弹道更加平滑,有必要研究一种基于三维剖面的平滑弹道设计方法,即基于准平衡滑翔修正条件(Modified Quasi-Equilibrium Glide Condition,MQEGC)的三维剖面规划方法。

5.4.1　基于三维剖面的弹道高度平滑性分析

结合能量定义式和准平衡滑翔条件,有

$$L\cos\upsilon = \frac{\mu}{r^2} - \frac{V^2}{r} = -\frac{\mu}{r^2} - \frac{2E}{r} \tag{5.49}$$

令 $D(e)$ 和 $L_z(e)$ 分别代表规划的纵向阻力加速度剖面和侧向指令剖面,则

$$[D(e)L_z(e)]^2 + (L\cos\upsilon)^2 = L^2 \tag{5.50}$$

将式(5.49)代入式(5.50),并将方程两边同时对能量求偏导,得

$$[D(e)L_z(e)][D(e)L_z(e)]' + (L\cos\upsilon)\left(\frac{2\mu}{r^3} + \frac{2E}{r^2}\right)r' = LL' \tag{5.51}$$

令 $f_{DLz}(e) = [D(e)L_z(e)][D(e)L_z(e)]'$,则

$$r' = \frac{1}{(L\cos\upsilon)\left(\frac{2\mu}{r^3} + \frac{2E}{r^2}\right)}[LL' - f_{DLz}(e)] \tag{5.52}$$

根据分析知

$$(L\cos\upsilon)\left(\frac{2\mu}{r^3} + \frac{2E}{r^2}\right) = \frac{2}{r}\left(g + \frac{E}{r}\right)(L\cos\upsilon) > 0 \tag{5.53}$$

要想使高度平滑变化且不发生跳动,需要求

$$r' \geqslant 0 \tag{5.54}$$

因此

$$\left[LL' - f_{DLz}(e) \right] \geqslant 0 \qquad (5.55)$$

即

$$LL' \geqslant \left[D(e) L_z(e) \right] \left[D(e) L_z(e) \right]' \qquad (5.56)$$

因为 $D(e)L_z(e) = L\sin\upsilon$,代入化简、整理得

$$\frac{L'}{L} \geqslant \frac{\sin\upsilon}{\cos\upsilon} \upsilon' = \frac{L\sin\upsilon}{L\cos\upsilon} \upsilon' = \left[\frac{D(e)L_z(e)}{-\dfrac{\mu}{r^2} - \dfrac{2E}{r}} \right] \upsilon' \qquad (5.57)$$

由阻力加速度定义

$$D' = -D\left[\frac{h'}{h_s} - (1 - gh')\frac{2}{V^2} - \frac{C_D'}{C_D} \right] = -D\left[\left(\frac{1}{h_s} + \frac{2g}{V^2} \right)h' - \frac{2}{V^2} - \frac{C_D'}{C_D} \right] \qquad (5.58)$$

整理得

$$h' = -\frac{h_s}{1 + \dfrac{2gh_s}{V^2}} \left(\frac{D'}{D} - \frac{2}{V^2} - \frac{C_D'}{C_D} \right) \qquad (5.59)$$

所以要使 $h' \geqslant 0$,则

$$\frac{D'}{D} \leqslant \frac{2}{V^2} + \frac{C_D'}{C_D} \qquad (5.60)$$

综上,当规划的三维剖面同时满足式(5.57)和式(5.60)时即可确保高度平滑变化。分析式(5.57)和式(5.60)知,为了同时满足这一条件,除了需要已知三维剖面及其导数外,还必须将飞行器的气动参数代入才能得出解析的表达式。因此,为了简化计算,直接令飞行器的参考高度为期望的函数曲线,比如抛物线、椭圆等,即根据设计的参考高度剖面建立修正的准平衡滑翔条件,再进行三维剖面规划即可快速得到满足约束条件的平滑弹道状态和控制量。

5.4.2 基于 MQEGC 的三维剖面弹道规划逻辑

记 h_0 和 h_f 分别代表滑翔段初始和终端高度,则可设计参考高度剖面为

$$h = (h_f - h_0)(e - e_0)^2 + h_0 \qquad (5.61)$$

即采用顶点式抛物线作为参考高度剖面,既满足初终端条件约束,同时使初始点为最大高度点,确保弹道高度平滑降低。相应的参考速度可以通过能量定义求得。所以,修正后的准平衡滑翔条件为

$$L\cos\upsilon = \left(g - \frac{V^2}{r} \right)_h = L_{hu}(e) \qquad (5.62)$$

因此,要想确保式(5.62)恒成立,飞行器升力加速度最小值必须大于等于式(5.62)确定的升力加速度,故满足条件的最小攻角 α_{egmin} 为

$$C_{\text{L}}(\alpha_{\text{egmin}}, Ma) = \frac{ML\cos\upsilon}{qS_{\text{r}}} \tag{5.63}$$

从而飞行器的最小允许攻角 α_{feamin} 为

$$\alpha_{\text{feamin}} = \max(\alpha_{\text{egmin}}, \alpha_{\text{min}}) \tag{5.64}$$

根据侧向指令的定义,可求得其可达边界的绝对值为

$$|L_{\text{z}}| = \frac{L}{D}\sin\left[\arccos\left(\frac{L\cos\upsilon}{L}\right)\right] \tag{5.65}$$

当参考高度曲线确定后,根据给定的过程约束和攻角变化范围,可确定与式(5.12)相类似的纵向飞行走廊。记 D_{conmax} 和 D_{conmin} 分别表示给定参考高度的纵向走廊最大、最小边界值,$D_{\alpha\text{max}}$ 和 $D_{\alpha\text{min}}$ 分别表示根据定义求得的最大和最小可达阻力加速度边界,则给定参考高度下飞行器的最大和最小允许阻力加速度为

$$\begin{cases} D_{\text{hmax}} = \min(D_{\text{conmax}}, D_{\alpha\text{max}}) \\ D_{\text{hmin}} = \max(D_{\text{conmin}}, D_{\alpha\text{min}}) \end{cases} \tag{5.66}$$

因此,对侧向指令 L_{z} 有

$$|L_{\text{z}}| = \sqrt{\left(\frac{L}{D}\right)^2 - \left(\frac{L_{\text{hu}}(e)}{D}\right)^2} \tag{5.67}$$

因为高度、速度已知,所以式(5.67)的变量只有攻角。令攻角的取值范围为 $\alpha \in [\alpha_{\text{feamin}}, \alpha_{\text{max}}]$,同时阻力加速度满足式(5.66),记

$$\begin{cases} L_{\text{z}\alpha\text{min}} = \min\left[\sqrt{\left(\frac{L}{D}\right)^2 - \left(\frac{L_{\text{u}}(e)}{D}\right)^2}\right] \\ L_{\text{z}\alpha\text{max}} = \max\left[\sqrt{\left(\frac{L}{D}\right)^2 - \left(\frac{L_{\text{u}}(e)}{D}\right)^2}\right] \end{cases} \tag{5.68}$$

则侧向指令走廊大小的变化区间为

$$L_{\text{z}\alpha\text{min}} \leqslant |L_{\text{z}}| \leqslant L_{\text{z}\alpha\text{max}} \tag{5.69}$$

结合式(5.67)和式(5.69)可确定此时对应的侧向指令走廊边界的绝对值变化范围。根据上述推导过程,并参照3.4.3节中关于三维飞行走廊的仿真场景设置,以初始正、终端负侧向指令为例,依次仿真得到如图5.16所示的侧向和纵向飞行走廊。采用3.4.2节的处理方法,将图5.16(a)中的侧向飞行走廊进行了光滑过渡处理。因为光滑处理过程是向走廊内侧进行的,故(a)中对应的可行纵向阻力加速度走廊必然在(b)中纵向走廊内部,从而确保了解的可行性

和唯一性。

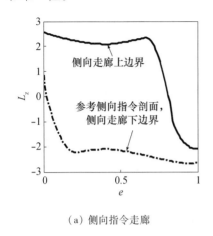

（a）侧向指令走廊

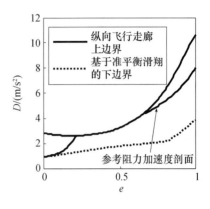

（b）纵向阻力加速度走廊

图 5.16　给定参考高度曲线的纵侧向飞行走廊

分析图 5.16 的仿真结果知,当给定参考侧向指令剖面后,通过插值仅可唯一确定一条纵向阻力加速度剖面。这与 3.4.2 节中给定侧向指令剖面后插值得到的是一簇纵向阻力加速度剖面不同。产生这一现象的主要原因是三维剖面变量与运动状态之间存在唯一对应关系。当高度和侧向指令剖面同时给定,则结合飞行器的运动模型可以唯一确定一条三维轨迹。假设已知侧向剖面 $L_z(e)$ 和高度剖面 $h(e)$,则

$$\left[D(e)L_z(e)\right]^2 + (L\cos v)^2 = L^2 \tag{5.70}$$

因为高度已知,故 $L\cos v$ 可唯一确定,相应地可记

$$M_q = \left(\frac{qS_r}{M}\right)^2 \tag{5.71}$$

为一已知常数。则式(5.70)可化为

$$C_L^2 - C_D^2 L_z^2 = \frac{(L\cos v)^2}{M_q} \tag{5.72}$$

因为飞行器的气动参数已经拟合为关于攻角和马赫数的二元函数,所以当高度、速度已知时可令

$$\begin{cases} C_L = C_{l1}\alpha^2 + C_{l2}\alpha + C_{l3} \\ C_D = C_{d1}\alpha^2 + C_{d2}\alpha + C_{d3} \end{cases} \tag{5.73}$$

式中,C_{li},$C_{di}(i=1,2,3)$ 为与攻角无关的飞行器气动系数。将式(5.73)代入式(5.72),化简整理得

$$C_{\mathrm{L}}^2 - C_{\mathrm{D}}^2 L_z^2 = f_{\alpha 1}\alpha^4 + f_{\alpha 2}\alpha^3 + f_{\alpha 3}\alpha^2 + f_{\alpha 4}\alpha + f_{\alpha 5}$$

$$= \frac{(L\cos\upsilon)^2}{M_{\mathrm{q}}} \tag{5.74}$$

其中,

$$\begin{cases} f_{\alpha 1} = C_{l1}^2 - L_z^2 C_{d1}^2 \\ f_{\alpha 2} = 2(C_{l1}C_{l2} - L_z^2 C_{d1}C_{d2}) \\ f_{\alpha 3} = 2(C_{l1}C_{l3} - L_z^2 C_{d1}C_{d3}) + C_{l2}^2 - L_z^2 C_{d2}^2 \\ f_{\alpha 4} = 2(C_{l2}C_{l3} - L_z^2 C_{d2}C_{d3}) \\ f_{\alpha 5} = C_{l3}^2 - L_z^2 C_{d3}^2 \end{cases} \tag{5.75}$$

显然求解式(5.74)的一元四次方程将产生四个不同的根。根据实际物理意义和弹道特性,飞行器在给定的攻角变化区间内最多存在两个可行的实根。因此,其余两个根一般为复数或极大和极小的数。同时,为了确保阻力加速度曲线的平滑过渡,当已知前一时刻的值后,根据式(5.74)求解得到的两个可行攻角就只能有一个是可行解。当攻角 α_r 确定后,结合设计的高度曲线可以唯一得到此时对应的升阻比 L_{D}^* 和阻力加速度 D^*,从而参考倾侧角为

$$\upsilon_r = \arcsin\left(\frac{L_z(e)}{L_{\mathrm{D}}^*}\right) \tag{5.76}$$

由式(5.1),可反求出此时对应的速度倾角 θ^* 为

$$\theta^* = -\arcsin(Dh') \tag{5.77}$$

至此,纵向运动状态 r、V、θ 和控制量 α 与 υ 都已唯一确定。然后通过数值积分求解余下的3个侧向运动方程式(5.2)、式(5.3)以及式(5.5),从而得到飞行器整个飞行过程的运动状态。

但是,当给定高度曲线与阻力加速度剖面时,仅可确定倾侧角的大小和倾侧翻转区间,而倾侧角的翻转时机或者倾侧角的符号不能唯一确定。这种情况实际上与传统给定参考攻角剖面,通过规划可行阻力加速度剖面后迭代倾侧翻转点的三维弹道规划思路类似。由此,亦可发现传统的二维阻力加速度剖面弹道规划方法实际上就是三维剖面弹道规划方法通过固定攻角降维后的一种弹道规划方法。由于高度可以看作与攻角和倾侧角相互耦合关联的另一个控制量,因此本节提出的基于给定高度曲线建立的准平衡滑翔修正条件的三维剖面弹道规划方法实际上是属于降半维或者强高度约束的三维剖面弹道规划方法。攻角和倾侧角仍是由规划的三维剖面直接解算,不同的三维剖面对应不同的攻角和倾侧角。同时,设计的高度曲线仅是为了确保规划弹道不发生抖动,只要在

图 3.37(a)中可行高度变化范围内根据任务需求或任意选择一条可行高度曲线,对应的纵向、侧向飞行走廊都将发生改变,从而得到更为丰富的三维弹道。

5.4.3　基于 MQEGC 的覆盖区域计算

为了确保基于 MQEGC 规划的弹道存在可行解,必须先确定其滑翔段终端的目标覆盖范围。记侧向飞行走廊上、下边界分别为 L_{zup} 和 L_{zdn},侧向剖面权重系数为 ω_z,则可通过插值产生一条参考剖面

$$L_z(e) = \omega_z L_{zup}(e) + (1 - \omega_z) L_{zdn}(e) \tag{5.78}$$

根据式(5.78)产生的侧向剖面,利用式(5.66)确定的纵向走廊边界可唯一得到一条对应的阻力加速度剖面。从而可根据第 3 章知识,利用纵、侧向剖面解算得到相应的三维弹道。参照 3.4 节的覆盖区域计算方法,通过仿真四组不同初终端符号组合对应的飞行走廊产生相应的弹道落点集合作为覆盖区域。在开始进行覆盖区域计算前,须首先验证所提弹道规划方法的可行性,即对规划的参考弹道进行跟踪验证。在第 3 章已经给出了两种可行的跟踪器设计方法,但是这两种方法主要是针对阻力加速度剖面进行跟踪设计的。鉴于本节所提方法重点在于要求设计弹道沿期望高度曲线飞行,因此在进行纵向跟踪器设计时需要首先考虑对参考高度曲线的跟踪。对于侧向,仍旧采用跟踪航向角的策略。整个跟踪器设计的思路简要介绍如下:

通过在纵、侧向分别设计控制器跟踪选定的参考状态,实现对整个飞行轨迹的控制。因为纵向升力加速度分量 $L\cos\upsilon$ 和侧向加速度分量 $L\sin\upsilon$ 完整地包含了制导所需的攻角和倾侧角控制量的信息,同时这两个方向的加速度分量容易通过飞行器自身携带的加表敏感得到,因此分别选择其作为纵、侧向的中间制导指令。

在纵向,由高度动力学方程有

$$\dot{h} = V\sin\theta \tag{5.79}$$

对方程两边继续求关于时间的二阶导数,同时将忽略地球自转后的动力学方程代入,整理化简得

$$\ddot{h} = \dot{V}\sin\theta + V\dot{\theta}\cos\theta = -D\sin\theta - g + \frac{V^2}{r}\cos^2\theta + L\cos\upsilon\cos\theta \tag{5.80}$$

由此,可设计一个纵向的二阶 PD 控制律对参考高度进行跟踪

$$(\ddot{h} - \ddot{h}_r) + 2\xi_h\omega_h(\dot{h} - \dot{h}_r) + \omega_h^2(h - h_r) = 0 \tag{5.81}$$

式中,ξ_h、ω_h 分别为阻尼系数和振荡频率。将式(5.80)代入式(5.81),整理得

$$Lcos\upsilon = \frac{1}{cos\theta}\Big[\Big(Dsin\theta + g - \frac{V^2}{r}cos^2\theta\Big) + \ddot{h}_r - 2\xi_h\omega_h(\dot{h} - \dot{h}_r) - \omega_h^2(h - h_r)\Big]$$

$$(5.82)$$

对于侧向,通过设计一阶 PD 控制器跟踪三维剖面解算得到的航向角剖面产生侧向制导指令

$$(\dot{\sigma} - \dot{\sigma}_r) + k_\sigma\omega(\sigma - \sigma_r) = 0 \qquad (5.83)$$

同样,将忽略地球自转后的动力学方程代入式(5.83),整理化简后可得需要的侧向加速度为

$$Lsin\upsilon = -\frac{V^2tan\phi cos\theta sin\sigma}{r} + V[\dot{\sigma}_r - k_\sigma\omega(\sigma - \sigma_r)] \qquad (5.84)$$

结合式(5.82)和式(5.84),可求得需要的总升力加速度为

$$L^* = \sqrt{(Lsin\upsilon)^2 + (Lcos\upsilon)^2} \qquad (5.85)$$

根据升力加速度的定义式(5.7),可反求出此时对应的升力系数为

$$C_L^* = \frac{L^*M}{qS_r} \qquad (5.86)$$

从而利用拟合的升力函数关系式或气动系数表可以反求出需要的攻角 α^*。相应的制导倾侧角 υ^* 为

$$\upsilon^* = arctan\Big(\frac{Lsin\upsilon}{Lcos\upsilon}\Big) \qquad (5.87)$$

值得注意的是,在利用式(5.82)和式(5.84)求解中间制导指令时需要将设计的参考剖面转换为关于时间的函数关系。本节设计的跟踪器目的主要是验证所提弹道规划方法,因此仿真过程中不涉及初始状态偏差和过程偏差等对制导方法的鲁棒性测试。

5.4.4 仿真验证与结果分析

仿真场景设置和飞行器的模型保持与 5.3 节相同,但不设置具体任务的目标点。以侧向指令初始正、终端负为例,通过对侧向剖面的权重系数 ω_z 进行赋值后利用式(5.78)可产生侧向剖面,从而结合设计的高度曲线(5.61)可唯一确定对应的阻力加速度剖面。从 0~1 按四等分依次递增选取 ω_z 并求解相应的参考弹道,同时分别设置纵向跟踪器参数 $\xi_h = 0.707$ 和 $\omega_h = 0.09$,侧向跟踪器参数为 $\omega_\sigma = q/q_{max}$ 和 $k_\sigma = 0.006$,则根据 5.4.3 节提出的方法,仿真得到的结果如图 5.17 所示。分析仿真结果知,设计的控制器分别较好地实现了对图 5.17(a)中参考高度和图 5.17(b)中参考航向角的跟踪,相应的纵向阻力加速度剖面和

侧向指令剖面也都分别较好地与参考剖面贴合,见图 5.17(c)和(d)。但是,由于在参考剖面设计过程中引入了假设并忽略了一些小量,所以为了补偿实际数值积分求解的弹道与设计弹道之间的差异,实际的攻角和倾侧角控制量都分别进行了一定的调整,但攻角的调整量相对要大些,如图 5.17 (e)和(f)所示。图 5.17(g)展示了跟踪后的地面轨迹与规划的参考轨迹的对比结果。从仿真图可以清晰发现两者几乎完全贴合,因此跟踪器通过跟踪高度和航向角两个状态,较好地实现了对参考弹道的跟踪。最后,图 5.17(h)为所规划的三维剖面在三维飞行走廊内的表达。由于高度曲线作为约束已经给定,因此得到的三维飞行走廊退化为一个二维空间的曲面,同时上述五组规划的三维剖面都严格落在了三维飞行走廊面上。

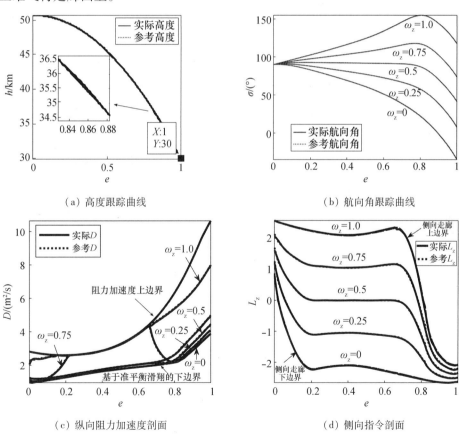

(a) 高度跟踪曲线

(b) 航向角跟踪曲线

(c) 纵向阻力加速度剖面

(d) 侧向指令剖面

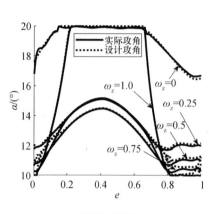

（e）攻角变化曲线

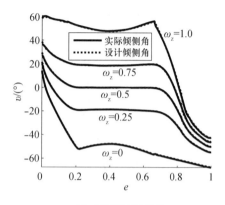

（f）倾侧角变化曲线

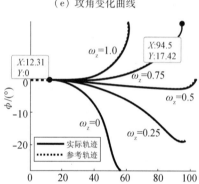

（g）地面轨迹跟踪结果

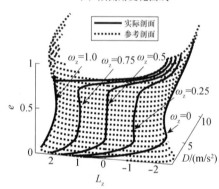

（h）三维剖面在三维飞行走廊内的表达

图 5.17　基于 MQEGC 逻辑的三维剖面弹道规划结果

　　进一步，为了获得更多落点产生滑翔终端目标区域的可达边界，将侧向剖面权重系数均分为 100 甚至 1 000 以上等分，并改变初终端侧向指令符号获得其他三组飞行走廊对应的三维剖面弹道落点，最终仿真得到的结果如图 5.18 所示。

　　分析图 5.18 的结果知，（a）、（b）和（c）分别给出的初始负终端正、初始负终端负、初始正终端正的终端落点集合都几乎呈一条曲线分布，但这仅表示当前点可以覆盖的滑翔终端最外侧边界。边界内侧落点可以通过其他不同的倾侧翻转组合得到，相应的（d）图组合结果的最外侧边界即为覆盖区域的最外侧边界。当然，图 5.18 显示的覆盖区域仅是基于准平衡滑翔条件假设的结果。若忽略这一条件，飞行器的可达区域将会更广。

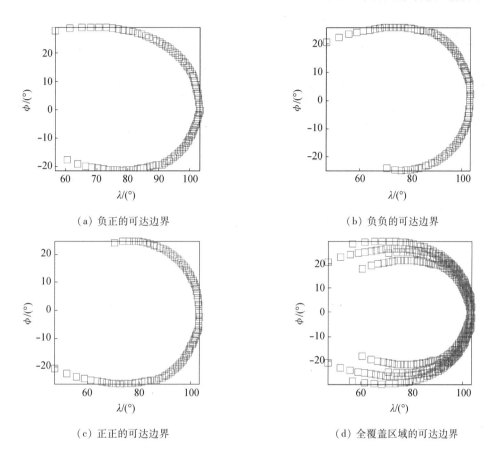

（a）负正的可达边界　　　　　　　　　　（b）负负的可达边界

（c）正正的可达边界　　　　　　　　　　（d）全覆盖区域的可达边界

图 5.18　基于 MQEGC 逻辑的三维剖面弹道覆盖区域

本章小结

　　本章基于准平衡滑翔条件,分别研究了先规划纵向阻力加速度剖面后求解侧向指令剖面的纵侧向三维剖面规划方法、以满足侧向复杂机动任务需求为主的三维剖面规划方法以及沿期望高度剖面的三维剖面规划方法。通过前两种方法的对比仿真分析知,作为从传统方法直接衍生的纵侧向三维剖面规划方法相对简单,容易理解,但是对飞行任务的适应性较弱;而以满足侧向复杂机动任务需求为主的三维剖面规划方法在规划复杂横侧向机动飞行任务弹道时优势更为明显,适应性更强。两种方法生成的参考轨迹和控制量都完全通过规划的三维剖面直接获得,不再需要事先优化参考攻角剖面,从而使飞行器的机动能力得到了充分发挥,未来可以继续对其进行深入研究和拓展,使其适应于更加复杂的机动飞行任务。由于将侧向运动考虑到三维剖面设计中而取消了传统航天飞机弹道规划方法的航向误差走廊控制,获得的轨迹和控制量也更加平滑,也将更有利于控制系统的指令跟踪和工程实现。此外,为了使获得的三维剖面弹道高度曲线更为平滑,研究了一种可以沿设计的参考高度曲线飞行的三维剖面规划方法。该方法与前两种方法相比,由于引入了参考高度剖面约束,三维剖面的设计难度相应增加,因此,本章仅给出了其对应的覆盖区域结果。在后续章节中将介绍一种通过优化算法来求解其满足任务要求的三维剖面弹道规划方法。

第6章　基于三维剖面的再入弹道优化设计

　　飞行器弹道优化设计问题一直以来都是一个备受关注的问题,同时也是一个较为复杂的问题。著名弹道优化专家 Vinh(阮春荣)博士曾说"一个最有前途和最吸引人的最优化问题就是最优飞行轨迹的研究"。滑翔弹道优化问题区别于其他弹道优化问题的最显著特点是高超声速滑翔飞行器在临近空间长时间高速滑翔飞行,所经历的气动力/热环境十分恶劣,因此,如何确保飞行器满足气动力/热约束是弹道优化需要重点考虑的问题。此外,高超声速滑翔飞行器弹道优化还需考虑为完成特定飞行任务而应满足的各种约束条件。在如此多约束条件下进行弹道优化设计是一个比较复杂的问题,需结合高超声速滑翔飞行器飞行特性,采用合适的优化策略和优化方法。

　　强约束复杂飞行任务是在考虑航路点和禁飞区约束[137]的复杂任务基础上进一步增设其他约束的飞行任务,比如沿期望高度飞行、有限航程内实现等效总吸热或总过载模拟等。由于约束的增多加大了问题的求解难度,采用一般的迭代搜索算法很难快速获得理想弹道。同时,这类飞行任务常与飞行试验紧密相关,是飞行器从理论设计走向型号研制的重要阶段。因此,有必要针对这类问题结合优化算法开展相应的弹道优化设计。

　　弹道优化设计方法主要包括两大类,即直接法和间接法。直接法通常是指通过数值积分或其他搜索算法,直接找到满足问题的最优解。间接法则一般是通过建立必要的微分方程、目标函数以及约束条件,并基于一定的假设和简化,解析推导得出满足问题的最优表达式。对于滑翔飞行器弹道优化设计而言,由于问题本身较为复杂,在进行大量的假设和简化后获得的解析解通常适应性较差[138]。因此,本章将主要基于直接法开展三维剖面的弹道优化设计。

6.1 RLV 再入弹道优化问题的一般描述

RLV 弹道优化问题实际上是一个带有复杂约束的最优控制问题,控制量通常取攻角和倾侧角,状态变量为飞行器状态参数。因此,滑翔弹道优化问题可用如下一般最优控制问题进行描述:寻找控制变量 $\boldsymbol{u}(t) \in \mathbb{R}^{m}$,使 Bolza 型性能指标达最小,即

$$J = \boldsymbol{\Phi}(\boldsymbol{x}(t_0), t_0, \boldsymbol{x}(t_f), t_f) + \int_{t_0}^{t_f} L(\boldsymbol{x}(t), \boldsymbol{u}(t), t) \mathrm{d}t \quad (6.1)$$

其中,状态变量 $\boldsymbol{x}(t) \in \mathbb{R}^{n}$;$t_0$、$t_f$ 分别为初始时间和终端时间。

最优控制问题需满足如下动态系统微分方程约束

$$\dot{\boldsymbol{x}}(t) = f(\boldsymbol{x}(t), \boldsymbol{u}(t), t) \quad t \in [t_0, t_f] \quad (6.2)$$

对应的边界条件可描述为

$$\phi(\boldsymbol{x}(t_0), t_0, \boldsymbol{x}(t_f), t_f) = 0 \quad (6.3)$$

满足等式和不等式约束条件

$$C(\boldsymbol{x}(t), \boldsymbol{u}(t), t) \leq 0 \quad (6.4)$$

针对上述最优控制问题,求解方法通常包括间接法和直接法两类。间接法基于极大值原理推导最优控制一阶必要条件,将最优控制问题转化为两点边值问题进行求解。间接法虽然具有解的精度高、优化结果满足一阶最优必要条件等优势,但求解过程复杂烦琐,并且两点边值问题的求解也比较困难。此外,RLV 弹道优化设计需考虑各种复杂的过程约束,采用间接法求解十分困难。相比较而言,直接法无须进行复杂而烦琐的最优控制一阶必要条件的推导,而是将最优控制问题在选取的一系列离散点上进行离散化,进而采用理论上较为成熟的参数优化方法进行求解。因此,直接法在求解复杂约束条件下弹道优化问题上更有优势。

基于直接法的滑翔弹道优化基本思路如下:

1)确定控制量。对高超声速滑翔飞行器而言,通常选择攻角和倾侧角作为弹道设计问题的控制量。

2)连续最优控制问题离散化,转化为参数优化问题。根据离散方式的不同,又可分为直接打靶法和配点法两类。直接打靶法仅离散控制量,而配点法则同时离散状态量和控制量。

3)求解参数优化问题,进而获得最优控制问题的解。

直接法在 RLV 弹道优化中具有较为广泛的应用,其中配点法应用最为广泛。近年来,配点法中的伪谱法受到了国内外学者的广泛关注。伪谱法以全局正交多项式对状态量和控制量进行近似,从而将弹道优化的最优控制问题转换为非线性规划问题进行求解,具有计算量小和计算精度高的特点[139]。此外,遗传算法、神经网络方法、迦辽金方法等也受到了学者的重视。

6.2 基于 SQP 的三维剖面优化设计方法

本节主要是基于5.4 节提出的准平衡滑翔修正条件下的三维剖面弹道规划逻辑,利用序列二次规划(Sequential Quadratic Programming,SQP)方法进行三维剖面的优化设计。该优化方法设计的核心思想主要是在确保高度平滑过渡甚至是沿期望走势变化的前提下,通过优化算法寻找满足给定飞行任务要求的三维剖面,并由此解算出期望的飞行弹道。故而,本节的研究内容可以看作是强高度约束复杂飞行任务条件下的三维剖面优化设计。

RLV 弹道优化设计问题本质上属于非线性复杂多约束条件的最优化问题。目前,关于非线性最优设计问题尚未有统一的解决算法,一般做法是将连续问题离散化后转换为非线性规划问题进行求解。SQP 方法是当前用于复杂约束非线性规划问题的公认最有效的求解算法之一,具有类似牛顿迭代算法的超一次收敛速率和稳定性,而这也正是本书将其选为三维剖面弹道优化设计的重要原因。

6.2.1 SQP 方法概述

SQP 算法[140]作为求解复杂约束非线性规划问题的重要求解方法之一,最早是由数学家 Han 和 Powell 对 Wilson 教授在 1963 年提出的 Newton-Lagrang 方法进行改良和完善后得出的。后人为了纪念他们三者对这一方法的贡献,也将 SQP 方法称为 Wilson-Han-Powell(WHP)法。从 SQP 算法的来源可以发现,其本质仍是利用 Newton-Lagrang 方法进行迭代搜索。因此,为了获得 Newton-Lagrang 计算式的乘子变量和迭代求解变量的搜索方向,SQP 算法将问题转化为序列的二次规划子问题依次求解。因为二次规划子问题中近似含有二阶导数信息,故而算法具有远超一次的收敛性、快速性,且稳定性较好。[141]

目前,SQP 算法已被广泛应用到工业生产和过程控制[142-143]以及飞行器的再入轨迹优化设计等问题的求解中[141,144]。比如,罗建[141]针对空间中两航天器追逃策略问题,首先基于绝对坐标系下建立的航天器运动模型,推导了追逃问题最优解存在性的必要条件;然后利用鞍点平衡法将原双边最优控制问题转化为单边最优控制问题,再应用 SQP 算法对转换后的问题进行求解;最后,为了产生 SQP 算法求解的初值,设计了一种基于遗传算法(Genetic Algorithm,GA)的初值搜索策略。郑总准[144]在研究总加热量最小的飞行器再入轨迹优化问题时,首先推导了无量纲化的能量运动方程,利用直接配点法将原问题进行离散,从而转换为可以直接利用 SQP 算法进行求解的非线性规划问题;通过选取配点处的状态量和控制量作为优化参数,考虑飞行过程中的驻点热流密度、动压以及过载等过程约束和初终端约束进行求解;为了弥补 SQP 算法对初值较为敏感的不足,文中给出了一种基于分平面运动规划的方法快速获得了一条满足约束的初始轨迹,从而提高了算法的求解速度。

6.2.2 基于 SQP 的三维剖面优化策略

三维剖面优化设计问题本质上还是属于弹道优化设计问题。一般而言,弹道优化设计问题的求解步骤主要包括问题建模、优化变量的选取以及优化算法设计三个部分。问题建模和优化变量的选取直接决定了优化算法的基本求解过程,而优化算法的选取又反过来要求相应的模型和优化变量的选取。三者之间相互制约和影响,需要统一进行考虑和分析。基于 SQP 的三维剖面优化设计的主要任务是基于三维剖面规划方法,选择合适的优化变量并建立相应的优化模型,然后利用 SQP 算法求解出满足任务需求的标准弹道。

参照以往关于弹道优化设计问题的求解经验和 SQP 算法的基本流程,基于 SQP 的三维剖面优化设计方法可分为以下几个主要步骤[141]。

1. RLV 弹道优化设计问题的建模

高超声速滑翔飞行器弹道优化设计问题是一个包含强气动力/力矩耦合、快时变的复杂约束条件下非线性优化问题,需要考虑严苛的驻点热流密度、峰值动压以及过载等过程约束,甚至还需要考虑航路点或禁飞区等地理环境约束、初终端约束、控制量的大小和变化速率约束等。针对这类问题,一般采用最优控制问题的处理思路进行建模求解,即寻找使 Bolza 型性能指标(式(6.1))达最小的控制变量 $u(t) \in \mathbb{R}^m$。针对弹道优化设计问题,性能指标通常可以选择以下几种形式[21]:

1)最大纵程:以最大或最小纵程作为最优性能指标的问题一般是为了探索飞行器的纵向可达范围,确定纵向弹道规划的可达边界。这类问题一般与横程最大或最小相结合,用于初步确定飞行器的覆盖范围。为了提高问题的求解效率,通常利用坐标换极变换将飞行器运动过程中的经纬度变量直接转换为相应的纵程角和横程角,从而可将纵程最大指标描述为

$$J = \max(\lambda_f) \qquad (6.5)$$

2)最大横程:与最大纵程问题类似,横程最大问题主要是为了确定飞行器的横侧向机动能力,为飞行器作横侧向机动飞行任务规划做铺垫。在建立最大横程性能指标时,同样需要利用坐标换极变换将纬度直接用于表征横程角,从而有横程最大性能指标

$$J = \max(|\phi_f|) \qquad (6.6)$$

3)最小吸热量:高超声速飞行器运动过程中将产生大量的气动加热,如果不加以限制将会直接造成飞行器部件的损毁,严重时甚至会直接导致飞行器坠毁。因此,为了确保飞行安全,弹道优化设计时都希望气动加热产生的总吸热量尽可能小,即

$$J = \min\left(\int_{t_0}^{t_f} \dot{Q} dt\right) \qquad (6.7)$$

4)弹道跳跃幅度最小:弹道跳跃幅度是用于表征飞行器的纵向高度平滑程度。弹道跳跃幅度越大,说明高度曲线越不平滑;反之亦然。结合飞行器的运动特性知,其当地弹道倾角的变化速率可以用于表征飞行器的弹道跳跃幅度。因此,可以选择当地速度倾角最小作为性能指标控制弹道跳跃幅度,即

$$J = \min\left(\int_{t_0}^{t_f} \dot{\theta}^2 dt\right) \qquad (6.8)$$

在求解上述指标的过程中,状态变量 $x(t) \in \mathbb{R}^n$ 和控制变量 $u(t) \in \mathbb{R}^m$ 还需满足系统的微分方程约束式(6.2)。同时还应满足飞行任务给定的边界条件约束,主要是指初始和终端约束(式(6.3))以及系统运动过程中涉及的等式和不等式约束(驻点热流密度、动压以及最大过载等过程约束)、航路点和禁飞区约束(式(6.4))。

2. 离散化

为了利用 SQP 算法进行求解,需要将原连续问题进行离散,转换为含约束条件的非线性规划问题。根据问题的复杂程度,可以选择将所有状态变量和控制量都进行离散化,也可只对需要进行迭代求解的控制量进行离散化。

3. 基于 SQP 的优化求解

根据前面两个步骤建立的离散问题模型,当给定问题的迭代初始点 $(x_0,$

$\lambda_0) \in \mathbb{R}^n \times \mathbb{R}^m$,针对一般的序列二次规划问题

$$\min \quad J(x)$$
$$\text{s. t.} \quad \begin{cases} c_i(x) = \mathbf{0} & i \in E = \{1, 2, \cdots, m_e\} \\ c_i(x) \geq \mathbf{0} & i \in I = \{m_e + 1, \cdots, m\} \end{cases} \quad (6.9)$$

可将约束函数在给定点进行线性化,并将目标函数进行二次近似,得

$$\min \quad \frac{1}{2} \boldsymbol{d}^\mathrm{T} \boldsymbol{B}_k \boldsymbol{d} + \nabla f(x_k)^\mathrm{T} \boldsymbol{d}$$
$$\text{s. t.} \quad \begin{cases} \boldsymbol{c}_i(x_k) + \nabla \boldsymbol{c}_i(x_k)^\mathrm{T} \boldsymbol{d} = \mathbf{0} & i \in E \\ \boldsymbol{c}_i(x_k) + \nabla \boldsymbol{c}_i(x_k)^\mathrm{T} \boldsymbol{d} \geq \mathbf{0} & i \in I \end{cases} \quad (6.10)$$

其中,$\boldsymbol{B}_k$ 为 $\nabla_{xx}^2 L(x_k, \lambda_k)$ 的正定逼近矩阵,$\boldsymbol{d}$ 表示搜索方向。设定初始正定阵 $\boldsymbol{B}_0 \in \mathbb{R}^{n \times n}$,并给定迭代控制精度 $0 \leq \varepsilon_1 \leq 1, 0 \leq \varepsilon_2 \leq 1$。计算式(6.10),并记相应的拉格朗日乘子为 λ_{k+1}。每求解一次 QP 问题,式(6.10)就会产生新的搜索方向 d_k,但要确保算法迭代后可以实现全局收敛,须建立合适的目标函数使每一次搜索后产生的新迭代点 x_{k+1} 都能使评价函数得到改进。关于评价函数的选取和建立准则,文献[140-144]等已经给出了详细介绍。与此同时,目前关于 SQP 方法已有较为成熟的工具包可供仿真编程使用。因此,本节将着重介绍如何利用SQP 算法实现三维剖面弹道的优化设计。

6.2.3 基于SQP的三维剖面弹道优化算法

根据5.4节的分析,当参考高度给定后,纵、侧向剖面的可行走廊也唯一确定。因此,当给定侧向或纵向剖面变量的其中一个后,另一个也可以唯一确定。将侧向指令剖面离散化为一系列参考点,各参考点间进行线性连接产生标准侧向指令剖面。当确定纵、侧向剖面后,将其代入方程组(4.59)~(4.61)中积分求解余下的侧向运动状态量。值得注意的是,此时的高度已知,相应的速度和速度倾角也都可以唯一确定。因此,积分方程组(4.59)~(4.61)产生的误差,理论上只有忽略地球自转而产生的。由此,设定目标函数为与终端目标点的距离最小,则可建立如式(6.11)所示的最优控制问题模型:

$$\min J = \min(|\lambda(e_\mathrm{f}) - \lambda_\mathrm{f}| + |\phi(e_\mathrm{f}) - \phi_\mathrm{f}|) \quad (6.11)$$

$$\text{s. t.}\begin{cases} h(e)=f_{\text{h}}(e) \\ L\cos\upsilon = g - V^2/r \\ \dot{\boldsymbol{x}}(e)=f(\boldsymbol{x}(e),\boldsymbol{u}(e),e),e\in[e_0,e_{\text{f}}] \\ \dot{Q}(e)\leqslant \dot{Q}_{\max}^2,q(e)\leqslant q_{\max} \\ (\sqrt{L^2(e)+D^2(e)})/g_0\leqslant n_{\max} \end{cases} \quad (6.12)$$

式(6.12)中,控制变量 $\boldsymbol{u}(e)=[D(e),L_{\text{z}}(e)]^{\text{T}}$。记待优化侧向剖面变量数为 N,因为侧向剖面是通过各迭代点之间线性连接得到,因此容易求得此时的侧向剖面为

$$\begin{cases} a_{\text{Lz}}(i)=\dfrac{L_{\text{z}}(i+1)-L_{\text{z}}(i)}{e(i+1)-e(i)} \\ b_{\text{Lz}}(i)=L_{\text{z}}(i)-a_{\text{z}}e(i) \end{cases} \quad i=1,2,\cdots,N-1 \quad (6.13)$$

为了方便进行优化计算,将侧向剖面参数进行归一化,即

$$x_{\text{z}}(N)=\frac{L_{\text{z}}-L_{\text{zdn}}(N)}{L_{\text{zup}}(N)-L_{\text{zdn}}(N)} \quad (6.14)$$

因此,通过搜索归一化参数 $x_{\text{z}}(N)$,当其确定的剖面(6.13)满足式(6.11)给定的约束方程,同时使性能指标达到最小时即为所求。

当考虑航路点和禁飞区任务时,记航路点的坐标为 $(\lambda_{\text{w}},\phi_{\text{w}},e_{\text{w}})$,禁飞区中心坐标为 $(\lambda_{\text{N}},\phi_{\text{N}},R_{\text{N}})$,则航路点约束可表示为

$$J_{\text{W}}=|\lambda(e_{\text{w}})-\lambda_{\text{w}}|+|\phi(e_{\text{w}})-\phi_{\text{w}}|<\varepsilon_{\text{w}} \quad (6.15)$$

式中,ε_{w} 表示过航路点的精度要求。为了快速确定优化得到的轨迹是否通过航路点,可以将式(6.15)修改为

$$J_{\text{W}}=|\phi(\lambda_{\text{w}})-\phi_{\text{w}}|<\varepsilon_{\text{w}} \quad (6.16)$$

即将同一经度下两者的纬度差作为飞行轨迹与航路点的距离差。对于禁飞区约束,同样参照5.3节的设计思路,将禁飞区约束转换为航路点约束来进行弹道优化设计。因此,考虑航路点和禁飞区约束的总性能指标可表示为

$$J=|\lambda(e_{\text{f}})-\lambda_{\text{f}}|+|\phi(e_{\text{f}})-\phi_{\text{f}}|+\omega_{\text{W}}J_{\text{W}}+\omega_{\text{N}}J_{\text{N}} \quad (6.17)$$

式中,ω_{W} 和 ω_{N} 分别表示航路点约束和禁飞区约束的惩罚系数,两者值越大,说明对其约束要求越严格。

在利用上述算法进行优化求解时,须给定初始侧向剖面点作为迭代的初始条件。由于满足飞行任务的弹道不止一个,同时SQP算法在迭代求解过程中可能会由于初值不恰当而陷入局部最优甚至无解,因此为了提高算法的求解速率和稳定性,需要事先设计合适的初始剖面。根据总飞行航程与三维剖面的对应

关系,设计了一种基于总航程需求的初始侧向剖面生成器:

首先,根据飞行任务,判定初终端符号。根据确定的初终端符号,建立相应的侧向和纵向走廊边界。

其次,假定从滑翔起点到终点间的飞行路径为理想大圆弧,则根据球面几何三角变换可求得需要的总飞行航程为

$$S_{togo} = \arccos\left[\sin\phi_f\sin\phi + \cos\phi_f\cos\phi\cos(\lambda_f - \lambda)\right] \tag{6.18}$$

记阻力加速度走廊的最大最小边界分别为 D_{conmax} 和 D_{conmin},则当给定初始阻力加速度剖面权重系数 ω_D 时,对应的阻力加速度剖面为

$$D(e) = \omega_D(D_{conmax}(e) - D_{conmin}(e)) + D_{conmin}(e) \tag{6.19}$$

为了快速求出式(6.19)对应的剖面航程,将式(6.19)在积分区间内进行离散,并假设各个剖面点之间采用线性连接,容易求得此时相邻两点间对应的阻力加速度剖面系数为

$$\begin{cases} a_D(i) = \dfrac{D(i+1) - D(i)}{e(i+1) - e(i)} \\ b_D(i) = D(i) - a_z e(i) \end{cases} \quad i = 1,2,\cdots,N-1 \tag{6.20}$$

记各阻力加速度点间对应的剖面航程为 $S_D(i)$,则可求得剖面对应的总航程 S_T 为

$$S_T = \sum_{i=1}^{N_{int}-1} S_D(i) = \sum_{i=1}^{N_{int}-1} \frac{1}{a_D(i)} \ln\left(\frac{a_D(i) \cdot e(i) + b_D(i)}{a_D(i) \cdot e(i+1) + b_D(i)}\right) \tag{6.21}$$

式中,N_{int} 表示离散点数目。迭代 ω_D,当等式

$$S_T = S_{togo} \tag{6.22}$$

成立时,即找到初始阻力加速度剖面。

最后,利用侧向走廊大小边界,通过插值获得对应的侧向剖面大小。根据初始判定的初终端符号对侧向剖面的符号进行调整。以初始正、终端负为例,以求得的侧向指令大小剖面最小值点为边界,按照初始正、终端负确定侧向剖面的符号;再从找到的初始剖面中反求出需要的初始迭代点,并将其进行归一化,从而得到需要的初值迭代点。

6.2.4 仿真验证与结果分析

保持仿真场景设置和飞行器模型与 5.4 节相同。首先,根据 6.2.2 节和 6.2.3 节提出的三维剖面优化算法,仿真分析所提方法在考虑过程和初终端等约束条件下完成典型飞行任务的可行性。给定滑翔飞行任务的终端目标点为

$(82°,0°)$,终端高度和速度要求分别为 30 km 和 2 500 m/s,要求规划得到的三维轨迹终端位置误差不超过 1 km,高度误差不超过 100 m,速度误差小于 50 m/s。因为高度已经采用式(5.61)给定,所以规划轨迹的参考高度、速度自然满足要求。因此,只需重点关注终端位置误差。

设置迭代搜索点数 $N=16$,利用 MATLAB 的 fmincon 函数进行 SQP 优化计算,得到归一化的侧向剖面参数为

$$x_0 = \{0.63,0.99,0.79,0.65,0.85,0.81,0.59,0.09,$$
$$0.01,0.08,0.05,0.02,0.02,0.08,0.47,0.54\} \quad (6.23)$$

相应的仿真曲线如图 6.1 所示。由仿真结果知,设计的纵、侧向跟踪器分别较好地实现了对高度和航向角曲线的跟踪,实际侧向指令剖面和纵向剖面也都分别与设计剖面贴合较好,如图 6.1(a) ~ (d)所示。为了补偿实际弹道与期望弹道之间的偏差,实际制导的攻角和倾侧角相对参考值进行了一定的调整,如图6.1(e)和(f)。地面轨迹和三维剖面的跟踪和设计曲线则分别展示于图 6.1(g)和(h)。由图可知,设计的三维剖面优化方法较好地完成了给定的任务,验证了该方法的可行性。

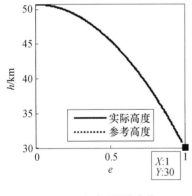

(a) 高度跟踪曲线

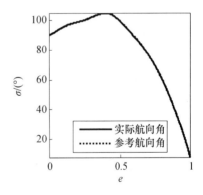

(b) 航向角跟踪曲线

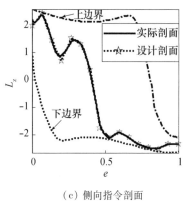

（c）侧向指令剖面

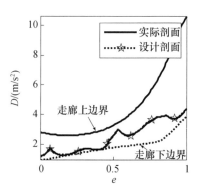

（d）纵向阻力加速度剖面

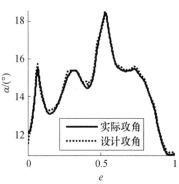

（e）攻角变化曲线

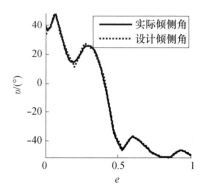

（f）倾侧角变化曲线

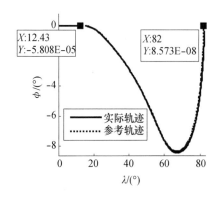

（g）地面轨迹

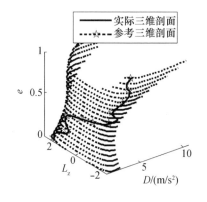

（h）三维剖面规划结果

图 6.1　典型飞行任务的三维剖面优化结果

为进一步考察所提方法对飞行任务的适应性,增加如表6.1所示的航路点和禁飞区约束进行仿真测试,得到的结果展示于图6.2。其中,图6.2(a)和(b)分别为一个航路点时的弹道规划结果和侧向剖面优化结果,图6.2(c)和(d)表示禁飞区的弹道规划和侧向剖面优化结果,而两个航路点约束的弹道规划和三维剖面优化结果展示于图6.2(e)和(f)。

表6.1　航路点和禁飞区的设置

算例	航路点或禁飞区中心	终端高度/km	终端速度/(m/s)	目标点
Case1 航路点	$(40°, -3.5°)$	30	2 500	$(82°,0°)$
Case2 航路点	$(40°, -2°)$	30	2 500	$(82°,0°)$
Case3 航路点	$(40°, -3.5°), (80°, -6.5°)$	30	2 500	$(86°,0°)$
Case4 航路点	$(40°, -3.5°), (80°, -6.5°)$	30	2 500	$(90°,0°)$
Case5 航路点	$(40°, -3.5°), (80°, -6.5°)$	30	2 500	$(94°,0°)$
Case1 禁飞区	$(60°, -6.5°)$	30	2 500	$(76°,0°)$
Case2 禁飞区	$(60°, -6.5°)$	30	2 500	$(82°,0°)$
Case3 禁飞区	$(60°, -6.5°)$	30	2 500	$(89°,0°)$

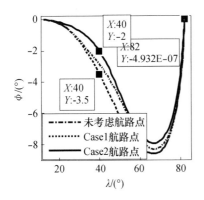

（a）航路点约束的优化轨迹

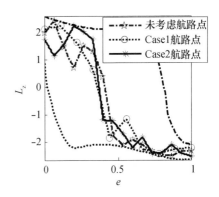

（b）航路点约束的侧向剖面

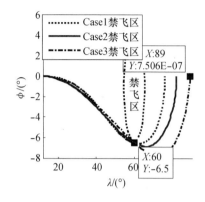

（c）禁飞区约束的优化轨迹

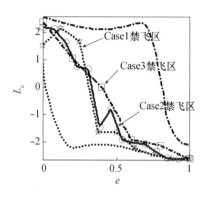

（d）禁飞区约束的侧向剖面

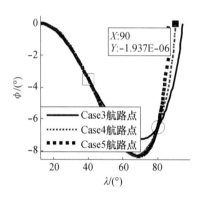

（e）两个航路点约束的优化轨迹

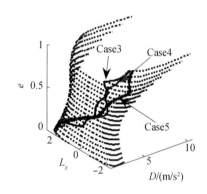

（f）两个航路点约束的三维剖面

图 6.2　航路点和禁飞区约束的三维剖面优化结果

通过对比可以发现,优化算法在规划图 6.2(a)中 Case1 航路点轨迹时需要用到的迭代点数目明显比 Case2 航路点的少得多,见图 6.2(b)。由此说明 Case2 航路点的位置约束相对于 Case1 航路点要严苛,但所提算法最终都能较好地完成规划任务。因为所提方法在规划考虑禁飞区约束弹道时,实际上是将其转换为航路点约束弹道进行处理,所以图 6.2(c)和(d)的结果也可以看作是同一航路点不同目标点任务的方法考核。分析仿真结果同样可以发现,当目标点相对较远但仍在可行解范围内时,飞行器完成任务所需花费的代价是最小的。相对于一个航路点约束,两个航路点约束对于弹道规划方法的考核是更为严苛的。分析图 6.2(e)展示的可行轨迹知,三条轨迹在第一个航路点前基本重合, Case4 航路点和Case5 航路点在第二个航路点前仍基本重合,但其三维剖面则仅保持初终端相同,见图6.2(f)。通过上述八组不同的适应性仿真算例结果可以发现,本节提出的基于SQP的三维剖面优化设计方法较好地实现了沿期望高度剖面飞行并顺利通过了给定的航路点和规避了禁飞区,进一步验证了所提规划方法的可行性和有效性。

6.3 有限航程大吸热模拟的三维剖面弹道优化设计方法

RLV再入飞行时由于速度快、大气密度变化较大,与空气作用产生的热流环境复杂,极大地影响了飞行器结构设计和飞行任务的开展。热防护控制是滑翔飞行器飞行试验考核中最为关注的问题,其中最大驻点热流和总吸热量则是重点模拟和考核的物理量。受飞行试验条件限制,目前主要通过地面试验模拟而难以开展全程、全剖面的热试验模拟考核。机动性能作为RLV的一项重要突防指标,是飞行试验的一项重要考核内容。因此,为了更加真实地考核飞行器结构对实际飞行热环境的适应性和机动性,有必要基于现有靶场开展对有限航程大吸热模拟的弹道优化设计方法的研究。

高斯伪谱法(Gauss Pseudospectral Method,GPM)是一种直接优化方法,在飞行器弹道优化设计领域有较为广泛的应用。这种方法通过将待优化变量在Legendre-Gauss(LG)配点上进行离散,可使多约束复杂非线性的最优控制问题转换为非线性规划问题,进而实现快速计算的目的。与6.2节仅对控制量进行离散化的SQP优化设计方法不同,GPM是通过将整个飞行过程的状态变量和控制变量都进行离散化再进行优化计算。因为GPM在进行弹道优化设计时,已经将状态变量和控制量同时进行了优化求解,故而可将其看作一种更为广义的三维剖面优化设计。与前面章节进行的阻力加速度-侧向指令-能量或者高度-侧向指令-能量的三维剖面弹道规划方法相比,此时的三维剖面弹道规划可以看作是对控制量攻角-倾侧角-时间构成的广义三维剖面或者位置坐标的三个变量构成的三维剖面进行优化设计。因此,本节基于GPM开展的弹道优化设计方法研究将是对三维剖面弹道规划思想的进一步拓展和升华。

在开始介绍基于GPM的三维剖面优化设计方法之前,首先对GPM进行概述,然后以高超声速滑翔飞行器再入过程的气动吸热控制为背景,研究一种在有限航程约束下大吸热模拟的弹道优化设计方法。最后,以通用飞行器CAV-H作为研究对象对所提方法进行仿真验证。

6.3.1 高斯伪谱法概述

根据离散后配点位置选择的不同,伪谱法分为高斯伪谱法、Radau 伪谱法、Legendre 伪谱法以及 Chebyshev 伪谱法等。高斯伪谱法最早可追溯到 20 世纪 70 年代 Reddien 求解流体力学偏微分方程的应用中。后来,随着 Cuthrell[145] 和 Elnagar[146] 等的进一步推动,高斯伪谱法的研究渐渐变得火热起来。2005 年,Benson[147] 在其博士论文中指出,利用全局多项式对状态变量和控制变量在 LG 配点上同时进行离散,可以将复杂的系统微分方程约束转换为简单代数方程进行求解,并且求解精度随离散点的数目增加而呈指数级增长。随后,Huntington[148] 补充了存在路径约束时协态映射定理仍然成立的推导过程,进一步促进了 GPM 的推广和应用。

目前,国内外关于 GPM 在弹道优化设计上的应用已有诸多成果,比如:Yu[92] 针对火星再入轨迹优化问题,将伪谱法应用到了考虑干扰和初始状态偏差的轨迹优化问题中;Miller 和 Rao[96] 则针对包括动力上升段、离轨段、再入段等多段复杂约束条件下的轨迹优化问题,应用 Hp - 高斯伪谱法进行求解;Burchett[98] 基于高斯伪谱研究了线性或准线性方程的弹道快速设计,并用 LQR 实现跟踪制导的目标;为了提高伪谱法的优化求解效率,Jiang[99] 则研究了基于粒子群和高斯伪谱法协同优化的火星再入弹道优化设计;等等。可见,高斯伪谱法已经成为当前解决弹道优化设计问题的一种重要方法,并且仍将在弹道优化领域继续发挥巨大作用。

6.3.2 射程给定的大吸热模拟弹道优化设计方法

为了更加真实地模拟考核再入飞行过程中驻点热流对飞行器结构的影响,有必要开展基于射程给定的大吸热试验模拟弹道的优化设计。为了在小射程内完成上述热试验飞行任务,必须充分发挥飞行器的横侧向机动飞行能力。因此,飞行器的攻角和倾侧角必须根据飞行过程的任务需求而实时进行调整。为了解决这一问题,提出了一种基于高斯伪谱法的分段多弹道优化设计方法。

1. 问题建模

由于滑翔飞行器运动状态参数在量级上存在很大差异,不利于优化计算,必须进行无量纲化处理。本书中,对地心距 r、速度大小 V、时间 t 及地球旋转角速度 ω_e 进行如下无量纲化处理[95]:

$$\begin{cases} \bar{r} = \dfrac{r}{R_0} \\[3mm] \bar{V} = \dfrac{V}{V_c} = \dfrac{V}{\sqrt{g_0 R_0}} \\[3mm] \bar{t} = \dfrac{t}{\sqrt{R_0 / g_0}} \\[3mm] \bar{\omega}_e = \dfrac{\omega_e}{\sqrt{g_0 / R_0}} \end{cases} \tag{6.24}$$

利用式(6.24)对第 2 章中运动模型进行无量纲化处理,并引入无量纲化的驻点热流密度项,得

$$\frac{\mathrm{d}\sigma}{\mathrm{d}\bar{t}} = \frac{\bar{V}}{\bar{r}}\cos\theta\tan\phi\sin\sigma + \frac{\bar{L}\sin\upsilon}{\bar{V}\cos\theta} + \bar{C}_\sigma + \tilde{C}_\sigma \tag{6.25}$$

$$\frac{\mathrm{d}\theta}{\mathrm{d}\bar{t}} = \frac{\bar{L}}{\bar{V}}\cos\upsilon - \frac{\cos\theta}{\bar{r}^2\bar{V}} + \frac{\bar{V}}{\bar{r}}\cos\theta + \bar{C}_\theta + \tilde{C}_\theta \tag{6.26}$$

$$\frac{\mathrm{d}\bar{V}}{\mathrm{d}\bar{t}} = -\bar{D} - \frac{\sin\theta}{\bar{r}^2} + \tilde{C}_V \tag{6.27}$$

$$\frac{\mathrm{d}\bar{Q}}{\mathrm{d}\bar{t}} = \rho^n \bar{V}^m \tag{6.28}$$

其中,无量纲化后的升力和阻力加速度分别为

$$\begin{cases} \bar{L} = \dfrac{1}{2Mg_0}\rho(V_c\bar{V})^2 S_r C_L \\[3mm] \bar{D} = \dfrac{1}{2Mg_0}\rho(V_c\bar{V})2 S_r C_D \end{cases} \tag{6.29}$$

相应地,哥氏加速度项和牵连加速度项进行无量纲化处理后的结果为

$$\begin{cases} \bar{C}_\sigma = 2\bar{\omega}_{ex} - 2\tan\theta(\bar{\omega}_{ey}\sin\sigma + \bar{\omega}_{ez}\cos\sigma) \\[2mm] \tilde{C}_\sigma = -\dfrac{\bar{r}}{\bar{V}\cos\theta}(\bar{\omega}_{ex}\bar{\omega}_{ey}\cos\sigma - \bar{\omega}_{ex}\bar{\omega}_{ez}\sin\sigma) \\[2mm] \bar{C}_\theta = 2(\bar{\omega}_{ez}\sin\sigma - \bar{\omega}_{ey}\cos\sigma) \\[2mm] \tilde{C}_\theta = \dfrac{\bar{r}}{\bar{V}}[\bar{\omega}_{ex}\bar{\omega}_{ey}\sin\theta\sin\sigma + \bar{\omega}_{ex}\bar{\omega}_{ez}\sin\theta\cos\sigma + (\bar{\omega}_{ey}^2 + \bar{\omega}_{ez}^2)\cos\theta] \end{cases} \tag{6.30}$$

$$\tilde{C}_V = \bar{r}[-\bar{\omega}_{ex}\bar{\omega}_{ey}\cos\theta\sin\sigma - \bar{\omega}_{ex}\bar{\omega}_{ez}\cos\theta\cos\sigma + (\bar{\omega}_{ey}^2 + \bar{\omega}_{ez}^2)\sin\theta] \tag{6.31}$$

其中,$\bar{\omega}_{ex}$、$\bar{\omega}_{ey}$ 和 $\bar{\omega}_{ez}$ 为无量纲化处理后的地球自转角速度分量。同理,通过无量纲化处理后得到的运动学方程与原方程在形式上仍保持一致,即

$$\begin{cases} \dfrac{\mathrm{d}\bar{r}}{\mathrm{d}\bar{t}} = \bar{V}\sin\theta \\[2mm] \dfrac{\mathrm{d}\lambda}{\mathrm{d}\bar{t}} = \dfrac{\bar{V}\cos\theta\sin\sigma}{\bar{r}\cos\phi} \\[2mm] \dfrac{\mathrm{d}\phi}{\mathrm{d}\bar{t}} = \dfrac{\bar{V}\cos\theta\cos\sigma}{\bar{r}} \end{cases} \tag{6.32}$$

令 $\boldsymbol{u}=(\alpha,\upsilon)^{\mathrm{T}}$，$\boldsymbol{x}=(\sigma,\theta,\bar{V},\bar{r},\lambda,\phi)^{\mathrm{T}}$，则动力学微分方程可描述为式(6.2)所示的形式。对于滑翔飞行过程中的驻点热流密度、动压以及过载等典型过程约束，用无量纲化处理后的状态量表示为

$$\begin{cases} \dot{Q} = K_h \rho^{0.5}(\bar{V}_c)^m \leqslant \dot{Q}_{\max} \\[2mm] q = \dfrac{1}{2}\rho(\bar{V}_c)^2 \leqslant q_{\max} \\[2mm] n = \sqrt{\bar{L}^2 + \bar{D}^2} \leqslant n_{\max} \end{cases} \tag{6.33}$$

除上式所述的过程约束条件外，飞行过程中还需考虑控制量幅值大小及变化速率约束，对应的数学模型见2.3节。终端约束与滑翔弹道的具体优化设计指标有关。针对本节的研究内容，其终端条件约束可表示为

$$\begin{cases} Q_f = Q_f^* \\ h_f = h_f^* \\ V_f = V_f^* \\ \theta_f = \theta_f^* \end{cases} \tag{6.34}$$

2. 基于高斯伪谱法的求解算法

为了求解上述复杂多约束条件下的弹道优化设计问题，需首先将原问题转换为离散化的非线性多约束规划问题进行求解。

首先，为了利用全局多项式对原问题在离散配点上逼近，必须先求解Legendre多项式产生离散配点，即解方程

$$\begin{aligned} P_{N^{(p)}}(\tau) &= \frac{1}{2^{N^{(p)}}N^{(p)}!}\frac{\mathrm{d}^{N^{(p)}}\left[(\tau^2-1)^{N^{(p)}}\right]}{\mathrm{d}\tau^{N^{(p)}}} \\ &= \sum_{n=0}^{\frac{N^{(p)}}{2}}\frac{(-1)^n(2N^{(p)}-2n)!}{2^{N^{(p)}}n!(N^{(p)}-n)!(N^{(p)}-2n)!}\tau^{N^{(p)}-2n} \quad N^{(p)}=1,2,\cdots \end{aligned} \tag{6.35}$$

得到其零点 $\tau_1,\cdots,\tau_{N^{(p)}}$,作为配点。式中,$p$ 表示整个弹道离散空间上的第 p 段,其不包含两端的配点数为 $N^{(p)}$。分析上式知,其解 $\tau_{k=1,2,\cdots,N^{(p)}} \in (-1,1)$。同时,可令 $\tau_0 = -1,\tau_{N^{(p)}+1} = 1$,从而配点的集合就构成了 -1 到 1 的闭区间。因此,为了利用伪谱法进行求解,必须先将自变量 t 的取值区间从 $[t_0,t_f]$ 转换到 $[-1,1]$ 上,即

$$t^{(p)} = \tau^{(p)}\frac{t_f^{(p)} - t_0^{(p)}}{2} + \frac{t_f^{(p)} + t_0^{(p)}}{2} \tag{6.36}$$

转换后,时间 t 变为归一化变量 τ,$t_0^{(p)}$ 和 $t_f^{(p)}$ 分别表示第 p 段区间的起始和终止时刻。

然后,基于求解式(6.35)得到的 $(-1,1)$ 上的 $N^{(p)}$ 个配点和 -1 构成的 $N^{(p)}+1$ 离散点集合,可将状态变量 $\boldsymbol{x}^{(p)}(\tau)$ 用 $N^{(p)}+1$ 阶 Lagrange 插值多项式 $L_i^{(p)}(\tau)$($i=0,\cdots,N^{(p)}$)函数进行逼近

$$\boldsymbol{x}^{(p)}(\tau) \approx \boldsymbol{X}^{(p)}(\tau) = \sum_{i=0}^{N^{(p)}} L_i^{(p)}(\tau)\boldsymbol{x}^{(p)}(\tau_i) \tag{6.37}$$

其中,

$$L_i^{(p)}(\tau) = \prod_{j=0,j\neq i}^{N^{(p)}} \frac{\tau - \tau_j}{\tau_i - \tau_j} \tag{6.38}$$

同理,对控制变量有

$$\boldsymbol{u}^{(p)}(\tau) \approx \boldsymbol{U}^{(p)}(\tau) = \sum_{i=1}^{N^{(p)}} L_i^{(p)}(\tau)\boldsymbol{u}^{(p)}(\tau_i) \tag{6.39}$$

为方便叙述,后文将省略上标 p,并记 $\tau = \tau_k$,即 $\boldsymbol{x}(\tau_k) = \boldsymbol{x}^{(p)}(\tau_k)$。对式(6.37)两边同时求导,化简整理得

$$\begin{cases} \dot{\boldsymbol{x}}(\tau_k) \approx \boldsymbol{X}(\tau_k) = \sum_{i=0}^{N} D_{k,i}\boldsymbol{X}_i \\ D_{k,i} = \dot{L}_i(\tau_k) \end{cases} \tag{6.40}$$

式中:$k=1,2,\cdots,N$;$i=0,1,2,\cdots,N$;$N\times(N+1)$ 矩阵 $\boldsymbol{D}$ 中元素 $D_{k,i}$ 由下式决定。

$$D_{k,i} = \begin{cases} \dfrac{\dot{b}(\tau_k)}{\dot{b}(\tau_i)(\tau_k - \tau_i)},k \neq i \\ \dfrac{\ddot{b}(\tau_k)}{2\dot{b}(\tau_k)},k = i \end{cases} \qquad b(\tau) = \prod_{i=0}^{N}(\tau - \tau_i) \tag{6.41}$$

最后,可将原系统连续动力学微分方程约束利用多项式逼近为

$$\sum_{i=0}^{N} D_{k,t} \boldsymbol{X}_i = \frac{t_f - t_0}{2} f(\boldsymbol{X}_k, \boldsymbol{U}_k, \tau_k; t_0, t_f) \tag{6.42}$$

因为微分矩阵 $\boldsymbol{D}$ 可以事先求解得到,所以式(6.42)转换后的代数约束方程求解起来将十分方便。

根据前面建立的离散配点集合知,终点时刻不包括在配点集合中,需要单独根据动力学方程约束进行求解,即

$$\boldsymbol{x}(t_f) = \boldsymbol{x}(t_0) + \int_{t_0}^{t_f} f(\boldsymbol{x}(t), \boldsymbol{u}(t), t) \mathrm{d}t \tag{6.43}$$

将终点状态约束条件离散并用 Gauss 积分进行逼近,得

$$\boldsymbol{X}_f = \boldsymbol{X}_0 + \frac{t_f - t_0}{2} \sum_{k=1}^{N} \omega_k f(\boldsymbol{X}_k, \boldsymbol{U}_k, \tau_k; t_0, t_f) \tag{6.44}$$

其中,$\omega_k = \dfrac{2}{(1 - \tau_k^2)\left[\dot{P}_{N^{(p)}}(\tau_k)\right]^2}$ 为 Gauss 求积系数。至此,完成了所有状态点的转换。值得注意的是,在利用上述转换后的离散非线性规划方程求解前,还应先对相应的过程约束以及初终端约束进行转换并考虑进去。目前,针对上述非线性规划问题已有较为成熟的工具包,比如 SNOPT、GPOPS 等。通过调用相应的软件包,即可快速完成相应的弹道优化设计过程。[21,147-148]

6.3.3 沿峰值驻点热流密度飞行的弹道设计方法

为了突出采用三维剖面规划思想求解的优势,针对给定射程下大吸热弹道优化问题,在传统定攻角剖面弹道设计框架下,研究了一种基于峰值驻点热流密度跟踪的弹道设计方法。根据飞行任务需求,要求飞行器在给定的驻点热流密度约束下尽可能短距离地完成总吸热量的模拟。因此,可以事先优化设计确定参考攻角剖面后,使飞行器尽可能长时间地跟踪峰值驻点热流密度,从而实现弹道设计目标。设计这一弹道规划方法的目的是与采用攻角和倾侧角由飞行任务自适应确定的三维剖面规划方法进行对比,以此说明采用传统事先优化攻角剖面而仅通过调节倾侧角进行轨迹控制方式的不足。

驻点热流密度计算经验公式[95]为

$$\dot{Q} = K_h \sqrt{\rho} V^{3.15} \tag{6.45}$$

继续将式(6.45)两边对时间求导,得

$$\frac{\ddot{Q}}{\dot{Q}} = \frac{\dot{\rho}}{2\rho} + \frac{3.15\dot{V}}{V} \tag{6.46}$$

$$\ddot{Q} = \ddot{Q}\left(\frac{\dot{\rho}}{2\rho} + \frac{3.15\dot{V}}{V}\right) + \dot{Q}\left[\frac{\ddot{\rho}\rho - \dot{\rho}^2}{2\rho^2} + \frac{3.15(\ddot{V}V - \dot{V}^2)}{V^2}\right] \qquad (6.47)$$

假设地球为不自转的均质圆球,令控制量 $\mu = L\cos\upsilon$,则结合动力学方程可以导出

$$\ddot{Q} = a_Q - b_Q\mu \qquad (6.48)$$

其中,

$$\begin{cases} a_Q = C_4 + \dfrac{\dot{Q}\cos\theta}{V}\left(\dfrac{3.15g\cos\theta}{V} + \dfrac{V\cos\theta}{h_s}\right)\left(g - \dfrac{V^2}{r}\right) \\ b_Q = \dot{Q}\left(\dfrac{3.15g\cos\theta}{V} + \dfrac{V\cos\theta}{h_s}\right)\dfrac{1}{V} \end{cases} \qquad (6.49)$$

在式(6.49)中,C_4 为推导过程中使用的中间变量,其值由如下关系决定:

$$\begin{cases} C_1 = \ddot{Q}\left(\dfrac{\dot{\rho}}{2\rho} + \dfrac{3.15\dot{V}}{V}\right) \\ C_2 = C_1 - \dot{Q}\left[\dfrac{1}{2}\left(\dfrac{\dot{\rho}}{\rho}\right)^2 + 3.15\left(\dfrac{\dot{V}}{V}\right)^2\right] \\ C_3 = C_2 - \dot{Q}\left(\dfrac{\ddot{h}}{h_s} + \dfrac{3.15g\dot{\theta}\cos\theta}{V}\right) + \dot{Q}\left[\dfrac{1}{2}\left(\dfrac{\dot{h}}{h_s}\right)^2 - \dfrac{3.15(\dot{D} + \dot{g}\sin\theta)}{V}\right] \\ C_4 = C_3 - \dfrac{\dot{Q}\dot{V}\sin\theta}{h_s} \end{cases} \qquad (6.50)$$

基于式(6.48),记 $\dot{Q}_r$、$\ddot{Q}_r$ 以及 $\dddot{Q}_r$ 分别表示参考驻点热流密度及其一阶、二阶导数,则可以设计如式(6.51)形式的 PD 控制器对参考驻点热流密度进行跟踪。

$$(\ddot{Q} - \ddot{Q}_r) + 2\xi_Q\omega_Q(\ddot{Q} - \ddot{Q}_r) + \omega_Q^2(\dot{Q} - \dot{Q}_r) = 0 \qquad (6.51)$$

式中,ξ_Q、ω_Q 分别表示控制器的阻尼比和频率。将式(6.48)代入式(6.51),可求得控制量 μ 为

$$\mu = \frac{1}{b_Q}\left[a_Q + 2\xi_Q\omega_Q(\ddot{Q} - \ddot{Q}_r) + \omega_Q^2(\dot{Q} - \dot{Q}_r) - \dddot{Q}_r\right] \qquad (6.52)$$

所以,当攻角剖面事先给定,则可求出飞行器实时的升力加速度 L_t,从而控制量倾侧角大小为

$$\upsilon = \arccos\left(\frac{\mu}{L_t}\right) \qquad (6.53)$$

因为飞行任务设计的目的是尽可能缩短射程,也就是尽可能增大飞行器的

横程而减小纵程,故而飞行器保持固定倾侧方向飞行时得到的弹道就是最大横程弹道。至此,完成了对参考驻点热流密度跟踪的弹道设计。

6.3.4 仿真验证与结果分析

采用通用飞行器 CAV – H 模型作为仿真的研究对象。为了进行热流模拟试验,须先给定参考驻点热流密度曲线。设置参考弹道的仿真初始条件如表 6.2 所示,同时要求滑翔终端高度和速度分别限定在 30(±1) km 和 1 850(±50) m/s,再入过程的峰值驻点热流密度、最大动压以及最大过载约束分别为 $\dot{Q}_{max} = 2\,500\,\text{kW/m}^2$, $q_{max} = 100\,\text{kPa}$, $n_{max} = 2g$。利用文献[72]给出的弹道生成算法得到的初始参考三维弹道和驻点热流密度曲线分别如图 6.3(a)和(b)所示。同时,根据参考驻点热流密度曲线求得的总吸热量大小为 $1.95 \times 10^9\,\text{kJ/m}^2$。

表 6.2 参考弹道的仿真初始条件

初始状态	h	V	θ	σ	λ	ϕ
值	80 km	6 500 m/s	0°	90°	0°	0°

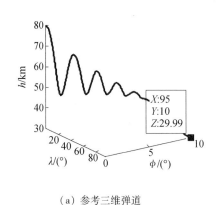

（a）参考三维弹道　　　　　　　　　（b）参考驻点热流密度

图 6.3 热流模拟的参考飞行弹道

假定驻点热流密度模拟考核的射程约束为不超过 4 000 km。为了实现在给定射程范围内对参考峰值驻点热流密度和总吸热量的模拟,对设计弹道的初始高度可根据需要放宽到 60 ~ 90 km 之间的某一值,初始航向角也可以根据需要在 0 ~ 360° 内自由选择, 其余参数保持与参考弹道相同, 详见表 6.3。基于前面介绍的多段高斯伪谱弹道优化设计方法, 仿真得到的满足热试验任务需求的总射程为 2 853.2 km, 具体结果如图 6.4 所示。分析仿真结果知, 图 6.4(a) 表示的速度倾角曲线长时间保持在 0 附近, 从而确保了弹道的平滑特性, 同时速度曲线变化也十分平缓, 如图 6.4(b) 所示。图 6.4(c) 和 (d) 分别给出的是通过高斯伪谱法优化得到的控制量和三维剖面弹道变化曲线。

表 6.3 模拟弹道的仿真初始条件

初始状态	h	V	θ	σ	λ	ϕ
值	60 ~ 90 km	6 500 m/s	0°	0 ~ 360°	0°	0°

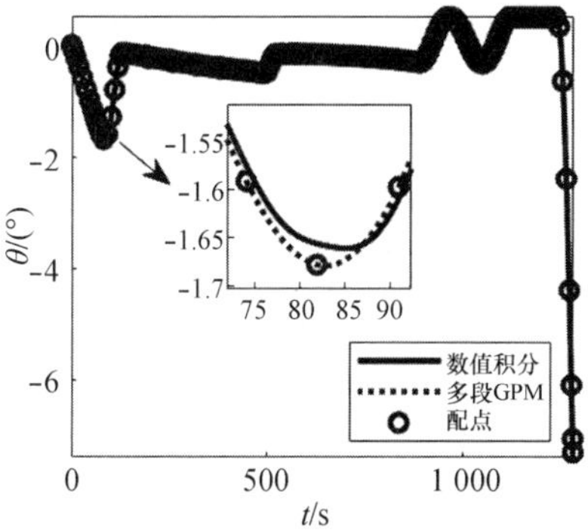

(a) 速度倾角曲线

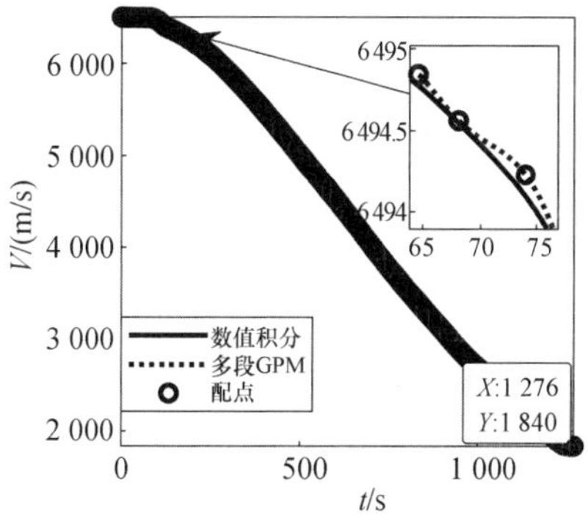

(b) 速度变化曲线

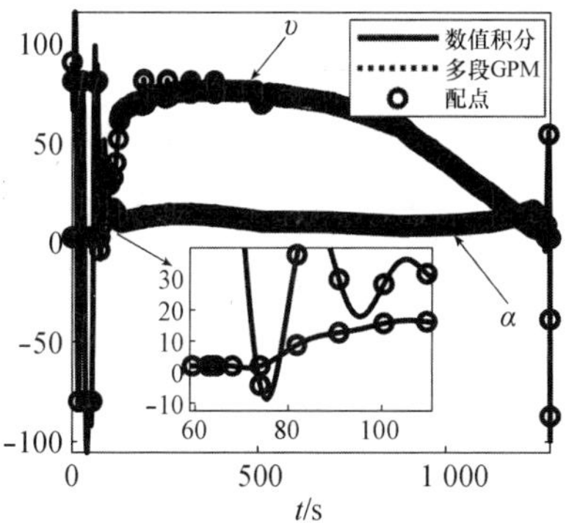

(c) 控制量攻角和倾侧角

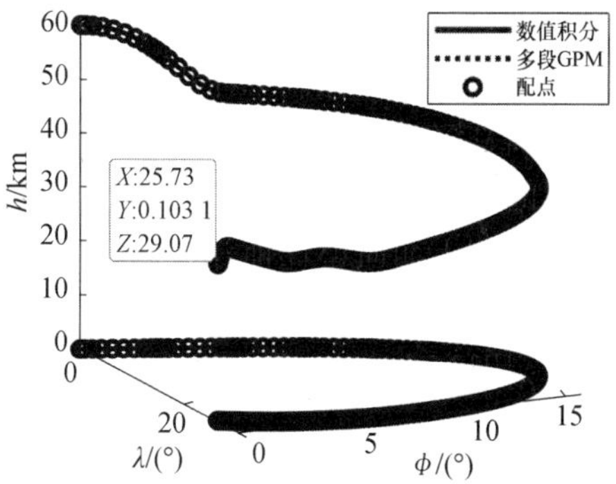

(d) 三维弹道曲线

图 6.4 基于高斯伪谱法的弹道优化结果

由图6.4(c)可见,在开始100 s内的部分时刻倾侧角超出了设定的约束范围$v\in[-85°,85°]$。结合高斯伪谱法的求解过程知,产生这一现象的主要原因在于高斯伪谱法是通过在一系列离散的LG配点上优化计算满足约束的可行解,即在配点处可以严格保证飞行器的状态和控制量都满足设定的约束,但是配点之间状态和控制量等参数则不进行限制,仅通过曲线光滑连接得到。因此,部分接近设定约束的配点间连接处就可能会出现图6.4(c)的现象,这是方法本身的误差。为了减小这种误差,可以通过增加配点的方法消除。但是为了确保优化弹道的可行性,在采用高斯伪谱法进行优化计算后必须通过数值积分进行仿真验证。虽然基于高斯伪谱法优化得到的控制量出现了部分不满足给定约束的情况,但通过图6.4数值积分仿真与优化结果的对比较好地验证了上述伪谱法结果的可行性和准确性。

图6.5给出了与上述仿真结果对应的过程约束和驻点总吸热量变化曲线。由图6.5可见,分段高斯伪谱法优化与数值积分得到的驻点热流密度、动压以及过载约束都较好地限制在了给定的约束范围内。为了实现在短射程内完成大驻点总吸热量的任务需求,飞行器的驻点热流密度在达到最大允许值后保持了较长一段时间,见图6.5(a)。然后由于最大过载限制,飞行器在确保不超过给定总过载约束(见图6.5(b))下尽量维持驻点热流密度飞行。但是,当动压达到最大允许值后,飞行器的驻点热流密度开始逐渐减小,以确保结构安全,如图6.5(c)。从过程约束变化曲线来看,优化弹道在确保不超过飞行器给定约束下尽力贴近约束边界飞行,从而在满足给定总吸热量的情况下使总射程达到了最小,见图6.5(d)。

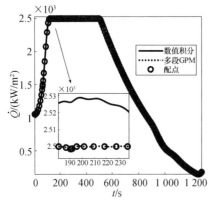

(a)驻点热流密度变化曲线

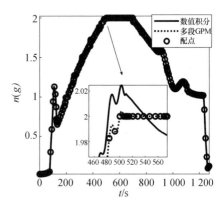

(b)总过载变化曲线

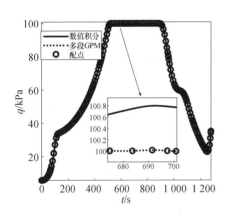

（c）动压变化曲线

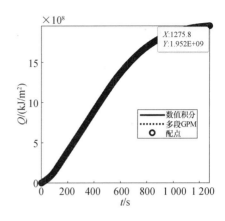

（d）总吸热量变化曲线

图6.5　基于高斯伪谱法优化的过程约束变化曲线

　　保持上述仿真环境设置不变,同时令参考驻点热流密度曲线从初始值就快速增加到设定的最大值约束后保持不变。利用本小节设计的跟踪峰值驻点热流密度曲线的方法进行仿真,得到的结果如图6.6所示。对比分析图6.4(a)和图6.6(a)知,该方法得到的速度倾角曲线与GPM优化的结果类似,都长时间保持在0附近,但是总飞行时间要比GPM优化得到的要少。观察图6.6(b)展示的控制量变化曲线可以发现,跟踪热流密度得到的倾侧角变化曲线基本保持在较高值附近。这说明飞行器一直在尽力保持较大的倾侧以实现大幅横侧向机动飞行。为了确保飞行器在进行大倾侧机动飞行后不至于出现升力过大而破坏良好跟踪的情况,在设计参考攻角剖面时既要选择尽量小的攻角以实现长时间大驻点热流飞行的目标,还要兼顾大侧向机动飞行而选择较大攻角以保持平衡滑翔。因此,最终优化设计得到的攻角剖面方案如图6.6(b)所示。虽然采用该方法得到的射程只有2 857.2 km,实现了小射程范围内大驻点热流考核的目标,但是该方法获得的终端高度与期望值相差了22 km多(见图6.6(c)),而且最终得到的总吸热量也只有1.882×10^9 kJ/m^2,比期望值略少。此外,由于跟踪误差的存在,实际驻点热流密度在个别时段甚至出现了超出设定约束的情况,见图6.6(d)。综上分析,对于这类需要进行大横侧向机动飞行的弹道设计任务,仅通过调整一个控制量的方法很难获得满足任务约束的期望弹道。

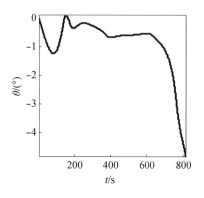

（a）速度倾角–时间变化曲线

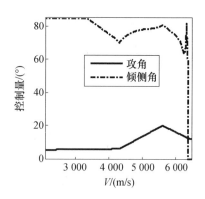

（b）攻角和倾侧角变化曲线

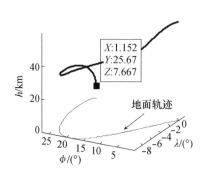

（c）三维弹道曲线

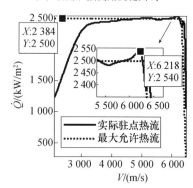

（d）热流密度曲线跟踪结果

图 6.6　基于常值热流密度跟踪的仿真结果

　　进一步,在原飞行任务基础上增设一个位于($10°$,$10°$)、半径为300 km的无限高圆柱形禁飞区。不改变其他仿真条件,仍基于6.3.2节提出的分段高斯伪谱法,仿真得到考虑禁飞区约束的结果如图6.7所示。对比图6.6和图6.7的仿真结果,增设禁飞区约束后整体仿真结果相差不大。但是,具体细节上又略有不同。在速度倾角曲线的末端,图6.7(a)变为向上跳动,表明末段高度低于期望值后为了满足给定约束而进行了拉起。两者的终端飞行时间和速度大小都相差不大,甚至考虑禁飞区约束后时间更少些,相应的终端速度也稍大些,见图6.7(b)。由于考虑了禁飞区规避,控制量倾侧角出现了一次明显的倾侧翻转,相应的攻角也进行了略微调整,但两者大体走势相当,如图6.7(c)。最后,图6.7(d)给出了相应的三维弹道仿真结果,并将两者的地面轨迹的对比结果也一并显示。可见,增设禁飞区后,飞行器的飞行总射程增加到了3 161.6 km。

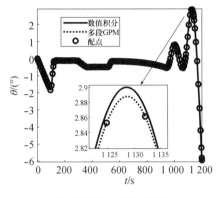

（a）速度倾角 - 时间变化曲线

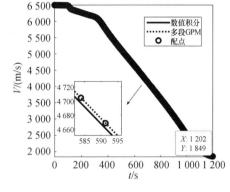

（b）速度 - 时间变化曲线

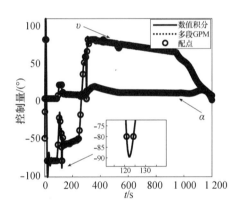

（c）攻角和倾侧角变化曲线

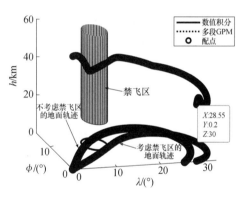

（d）三维弹道

图 6.7　考虑禁飞区约束的弹道优化结果

图 6.8(a) ~ (d)分别给出了考虑禁飞区约束的驻点热流密度、过载、动压以及驻点总吸热量随时间的变化曲线。与未考虑禁飞区相比,两者的走向大同小异,即都是在尽量维持峰值驻点热流密度附近长时间飞行,但是由于禁飞区约束而需要增加机动飞行,相应的总过载和动压都进行了调整。

综合上述仿真结果可以发现,针对这类需要进行大横侧向机动的飞行任务,基于三维剖面弹道规划思想开展的弹道优化设计方法更具优势。因为攻角和倾侧角都作为主要调整的控制量进行了轨迹控制,飞行器的机动能力得到了充分发挥,更容易在满足多种强约束条件下完成复杂飞行任务。

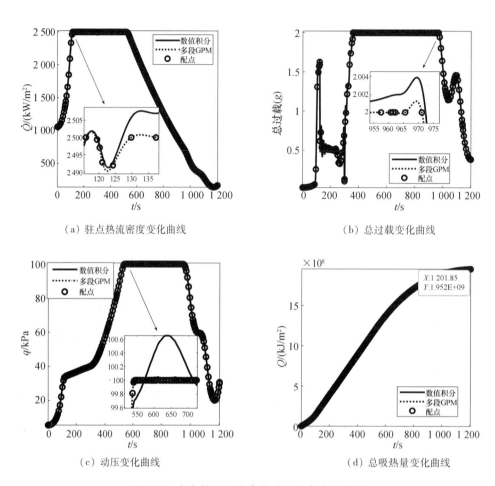

（a）驻点热流密度变化曲线 （b）总过载变化曲线

（c）动压变化曲线 （d）总吸热量变化曲线

图 6.8 考虑禁飞区约束的过程约束变化曲线

本章小结

　　本章基于三维剖面弹道规划思想分别开展了两种三维剖面弹道优化设计方法的研究，即高度剖面给定和射程约束给定的复杂飞行任务下三维剖面的优化设计方法。从飞行任务复杂程度的角度，本章研究的内容是对第 5 章复杂飞行任务下弹道规划方法的深化；从三维剖面规划的角度，高度剖面给定的三维剖面规划实质上是在规划高度－侧向指令－能量的三维剖面弹道，而射程给定下热试验考核的模拟弹道设计则是优化求解满足总吸热量约束的攻角－倾侧角－时间的最小射程三维剖面。本章的研究内容既是对第 5 章内容的进一步丰富和完善,同时也是对三维剖面弹道规划思想的拓展和深化,是更为广义的三维剖面弹道优化设计。

第7章 基于三维剖面的再入跟踪制导方法

　　当前关于跟踪制导方法,基于标准轨迹或标准剖面的跟踪制导方法已有诸多成果,但大多都是在传统定攻角剖面的基础上开展的。这类方法研究的重点大多聚焦于如何最佳地获得需要的倾侧角以提高制导算法在大偏差环境下的制导精度和对多种复杂飞行环境的适应性上。由于本书研究的基于三维剖面的弹道规划方法在控制量生成和作用方式方面已经与传统方法发生了较大的改变,仍采用传统跟踪控制方法很有可能会出现失控而无法实现既定目标。因为先前阐述的三维剖面弹道规划方法计算量较大,尤其是第6章基于优化算法求解的三维剖面更是需要大量计算,所以上述方法基本都是属于离线的弹道规划方法。一旦出现跟踪误差较大而无法实现对原标准轨迹的跟踪或跟踪原标准剖面已不能完成既定目标时,必须要进行三维剖面的在线更新。因此,本章就上述问题,首先针对三维剖面再入制导问题,阐述了基本的制导策略;然后,通过引入横程参数,提出了一种基于标准轨迹的三维滑模跟踪制导方法;进一步,根据提出的制导策略,在三维剖面规划和设计的标准轨迹/剖面跟踪器的基础上研究并给出了一种基于三维剖面在线更新的跟踪制导方法;最后,针对所提方法,利用通用飞行器 CAV – H 对基于标准剖面和基于标准轨迹的三维跟踪制导方法开展了仿真对比分析。

7.1　RLV 再入轨迹跟踪制导问题描述

　　跟踪制导作为再入制导的一种重要方法,需要事先确定一条参考轨迹或剖面后利用设计的跟踪控制器进行跟踪,从而实现对再入飞行轨迹进行控制的目标。因此,跟踪制导方法一般包括两大主要部分:参考弹道规划器和标准轨迹跟踪器。基于三维剖面的参考弹道规划方法在前面章节已经详细介绍了,因此本章将重点阐述基于标准轨迹的跟踪控制器设计。事实上,在研究基于三维剖面的弹道规划方法过程中,为了验证所提规划方法的可行性,已经分别给出了基于阻力加速度 – 航向角 – 能量剖面以及基于高度 – 航向角 – 能量的跟踪控制器设计方法。跟踪控制器根据是否直接跟踪设计的参考剖面状态而分为基于标准轨迹的跟踪制导和基于标准剖面的跟踪制导。因此,第 6 章设计的基于高度 – 航向角 – 能量的控制器属于基于标准轨迹的跟踪器,而第 5 章设计的基于阻力加速度 – 航向角 – 能量的则为基于标准剖面的跟踪器。在前面两章开展的仿真验证中都只研究了标称条件下的轨迹跟踪情况,这主要是因为飞行器的运动状态间相互耦合影响,尤其是将攻角和倾侧角同时作为主要控制量时更为明显。当仿真过程中考虑偏差后,跟踪器对参考轨迹的跟踪将产生较为严重的影响,不利于对参考轨迹的可行性验证。为了消除偏差的影响,使得飞行器在偏差状态下仍能准确到达目标点,必须进行标准轨迹或标准剖面的在线更新,如图 7.1 所示。采取的跟踪方式不同,跟踪器设计方法也有所不同,相应的标准轨迹或标准剖面在线更新方式也将随之改变。

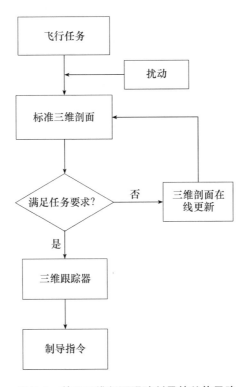

图 7.1　基于三维剖面跟踪制导的总体思路

7.1.1 基于三维剖面的跟踪制导策略

基于三维剖面的再入跟踪制导方法虽然在三维剖面的规划与生成过程中不再采用定攻角剖面进行设计,但是其本质上仍属于基于标准剖面的跟踪制导方法。因此,其制导策略仍可以参照传统基于标准阻力加速度剖面的跟踪制导方法,即主要包括标准轨迹/剖面跟踪制导算法和标准轨迹/剖面在线更新两个部分,如图 7.2 所示。基于三维剖面的标准轨迹跟踪制导是指通过先离线规划满足任务需求的三维剖面后解算出需要的标准轨迹,然后设计相应的控制器实现对标准轨迹的跟踪。根据跟踪标准轨迹是否解耦又可分为三维耦合标准轨迹跟踪制导方法和基于解耦控制的标准轨迹跟踪制导方法。三维耦合标准轨迹跟踪制导方法是直接基于建立的耦合运动模型而开展的轨迹跟踪制导方法。这种方法由于不需要进行解耦控制的假设和简化,对原运动模型的逼真度较高,因而理论上控制效果也更好。但是,由于状态变量之间存在相互耦合性,一旦其中某个运动状态发生偏离,必然会对整体控制效果产生影响。因此,在进行耦合制导律设计时,必须协调好各状态量和控制量间的相互关系。基于解耦控制的三维轨迹跟踪制导律,即根据某种方法或策略将耦合运动模型转换为相互独立控制的两个运动模型,然后分别设计相应的控制器跟踪产生制导指令,最后将得到的两个制导指令进行综合解算出需要的攻角和倾侧角。在采用解耦控制量进行控制

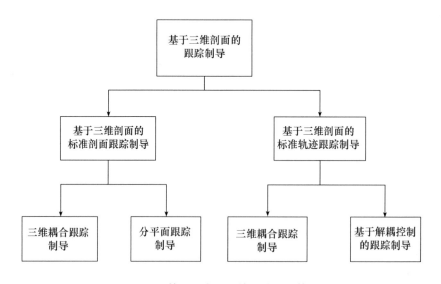

图 7.2 基于三维剖面的跟踪制导策略

时,某些具有强耦合关系的运动状态可能会出现由于解耦算法简化和假设过多而出现控制效果失真的现象。因此,针对上述情况,有时还应设计相应的控制器分配策略。

上述制导策略都是基于制导算法同时解算出需要的攻角和倾侧角来完成轨迹跟踪任务。由于在规划三维剖面时已经脱离了传统定攻角剖面的限制,实现了充分发挥飞行器机动能力完成既定飞行任务的目标,因此制导算法的任务就是设计控制器实现对参考轨迹的跟踪,它既可以是同时对基于参考剖面解算的两个参考控制量进行修正,比如文献[50,125]给出的基于反馈线性化的跟踪器和文献[149]研究的基于 LQR 的全状态耦合跟踪控制器等;也可以是根据控制器设计的需要将其中某个参考控制量保持不变,仅调整另一个控制量来实现扰动下的跟踪控制,这种控制方式最为常见,最为典型的是传统的航天飞机再入跟踪制导方法[44]及后续研究和发展的对制导精度和鲁棒性的改进方法等[50,53]。

7.1.2 三维剖面在线更新策略

为确保飞行器在偏差状态下仍能准确到达目标点、提高终端位置的控制精度,需对标准剖面进行在线更新。因为标准轨迹是根据参考剖面解算的,所以当参考剖面更新后,相应的标准轨迹也进行了更新。根据剖面更新策略的不同,剖面更新的方式也有所不同。针对三维剖面而言,由于其既可看作空间中一条三维曲线,又可以分为纵向和侧向两个子函数剖面,因此三维剖面的更新策略主要包括两种:耦合状态下的三维剖面在线更新和分平面的在线更新。同时,在具体的剖面更新调整方式上又可分为局部剖面更新和全局剖面更新两种。局部剖面更新方法是指仅更新从飞行器当前位置到终端目标点之间的飞行剖面,而全局剖面更新方法则是在每个更新周期都对整个飞行剖面进行更新,如图 7.3 所示。

局部剖面更新在每个周期都是基于当前点进行剖面重规划,因此确保了飞行剖面的连续性。但是,在剖面更新末期会出现由于可规划空间较小而无可行解的情况。相比于局部剖面更新,全局剖面更新方式相当于是重规划一条满足初终端约束且以当前点为起点到达目标点的三维剖面。由于任何时刻都是对整个飞行剖面的重规划,剖面可调整空间大,可行解的收敛性和稳定性要好,但是每更新一次基本上会出现一次跳跃,容易引起飞行控制系统的振荡。在采用分平面方式对三维剖面更新时,也可以根据需要将纵侧向子剖面分别选择局部剖面与全局剖面更新、都同时采用局部更新或全局更新的方式。值得注意的是,无论采用哪种三维剖面更新方式,都必须对更新后的三维剖面进行可行性检验,避免剖面超出边界而出现错误解。

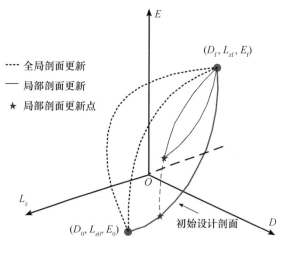

图 7.3　三维剖面更新方式示意图

7.2　基于标准轨迹的三维滑模跟踪制导方法

　　针对本章提出的三维跟踪制导任务需求,设计的制导律应能通过攻角和倾侧角同时调整控制飞行器沿着既定的飞行路线飞行。目前现有的跟踪制导方法基本都是以倾侧角作为主要控制量进行再入飞行控制,攻角的小幅度调整则是为了减弱倾侧翻转时带来的失稳,平滑飞行弹道。而以 LQR 为代表的最优跟踪制导方法实际上仅是对纵向弹道的最优跟踪,为了准确导向目标点,仍需引入侧向方位误差走廊等侧向辅助控制方式。这也不适用于所提三维制导方法的设计要求,即不是真正的三维跟踪制导方法。

　　滑模控制[150]自 20 世纪 50 年代初提出以来就广受学者们关注,现已发展成为自动控制系统中一种重要的制导控制方法。它与其他控制策略的不同之处在于,其结构根据偏差及其各阶导数进行相应变化,使系统按照预定"滑动模态"的轨迹运动,从而使跟踪误差在有限时间内渐进地收敛为零,具有较强的鲁棒性和抗干扰性。文献[151]通过设计参考速度倾角和视线角,利用反馈线性化方法建立跟踪状态的完全线性化方程,基于此方程设计滑模跟踪制导方法并取得满意效果。因此,本节将通过建立滑模控制系统实时调整控制量攻角和倾侧角,从而实现对参考轨迹的跟踪制导。

7.2.1 横程参数及其动力学特性

记 S_{togo} 为当前位置点 (λ, ϕ) 到目标点 (λ_f, ϕ_f) 的射程, $\Delta\psi$ 为速度方位角 σ 与视线方位角 ψ_{LOS} 之差,即

$$\Delta\psi = \sigma - \psi_{LOS} \qquad (7.1)$$

视线方位角是指当前点到目标点的连线与正北方向的夹角,顺时针为正。根据球面三角变换,可有 ψ_{LOS} 的计算公式为

$$\psi_{LOS} = \arcsin\left[\frac{\sin(\lambda_f - \lambda)\cos\phi_f}{\sin S_{togo}}\right] \qquad (7.2)$$

文献[152-153]利用横程参数 χ 进行侧向动态制导调整,取得较好效果。但其主要研究 $\Delta\psi$ 为小偏差下的制导任务,且文献中给出的方法用于本书研究的大横程机动等复杂飞行任务将会产生较大的偏差。下面给出更为精确的表达式。

定义横程参数 χ,其物理意义如图7.4所示。根据图7.4和前面定义的参数知,横程参数 χ 实际上为沿当前速度方向飞行时终端落点对目标点的横程角。根据球面几何变换,不难求得 χ 的计算式为

$$\chi = \arcsin(\sin S_{togo}\sin\Delta\psi) \qquad (7.3)$$

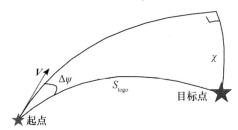

图7.4 横程参数物理意义

不考虑失控以及其他特殊飞行任务的情况,飞行器的射程是一个单调递减的变量。将式(7.3)对 S_{togo} 求偏导,得

$$\frac{\partial\chi}{\partial S_{togo}} = \frac{\cos S_{togo}\sin\Delta\psi}{\cos\chi} + \frac{\partial\Delta\psi}{\partial S_{togo}}\frac{\sin S_{togo}\cos\Delta\psi}{\cos\chi} \qquad (7.4)$$

将式(7.1)对 S_{togo} 求偏导数,得

$$\frac{\partial\psi_{LOS}}{\partial S_{togo}} = -\frac{\cos(\lambda_f - \lambda)\cos\phi_f}{\cos\psi_{LOS}\sin S_{togo}}\frac{\partial\lambda}{\partial S_{togo}} + \frac{\sin(\lambda_f - \lambda)\cos\phi_f\cos S_{togo}}{\cos\psi_{LOS}\sin^2 S_{togo}} \qquad (7.5)$$

又

$$\begin{cases} \dfrac{\mathrm{d}S_{\text{togo}}}{\mathrm{d}E} = -\dfrac{\cos\theta}{rD} k_{\text{stogo}} \\[3mm] k_{\text{stogo}} = \dfrac{\left[\cos\phi_{\text{f}}\sin\phi\cos(\lambda_{\text{f}} - \lambda) - \sin\phi_{\text{f}}\cos\phi\right]\cos\sigma}{\sin S_{\text{togo}}} - \\[3mm] \qquad\qquad \dfrac{\cos\phi_{\text{f}}\sin(\lambda_{\text{f}} - \lambda)\sin\sigma}{\sin S_{\text{togo}}} \end{cases} \tag{7.6}$$

结合 5.1 节的动力学方程,不难得到横程参数 χ 的动力学方程

$$\frac{\mathrm{d}\chi}{\mathrm{d}E} = C_{\chi} + C_{n_z} L\sin\upsilon \tag{7.7}$$

可见,在飞行器再入飞行过程中,χ 的变化由横程变化系数 C_{χ} 和侧向控制量 $L\sin\upsilon$ 与横程制导系数 C_{n_z} 的乘积共同决定,C_{χ} 和 C_{n_z} 的具体表达式分别如下

$$C_{\chi} = k_{\chi} \frac{\mathrm{d}S_{\text{togo}}}{\mathrm{d}E} \tag{7.8}$$

$$C_{n_z} = k_{n_z} \frac{\mathrm{d}S_{\text{togo}}}{\mathrm{d}E} \tag{7.9}$$

式中,k_{χ}、k_{n_z} 为求解过程中引入的中间变量,其计算公式为

$$\begin{cases} k_{\chi} = \dfrac{\cos S_{\text{togo}}\sin\Delta\psi}{\cos\chi} + \left[\dfrac{\tan\phi\sin\sigma}{k_{\text{stogo}}} - \dfrac{\partial\psi_{\text{LOS}}}{\partial S_{\text{togo}}} - \dfrac{(C_{\sigma} + \tilde{C}_{\sigma})rD}{k_{\text{stogo}}\cos\theta}\right]\dfrac{\sin S_{\text{togo}}\cos\Delta\psi}{\cos\chi} \\[4mm] k_{n_z} = \dfrac{r}{k_{\text{stogo}}V^2\cos^2\theta} \dfrac{\sin S_{\text{togo}}\cos\Delta\psi}{\cos\chi} \end{cases}$$

$$\tag{7.10}$$

7.2.2 三维滑模跟踪制导律

选择横程参数 χ 和速度倾角 θ 分别作为横向和纵向的跟踪变量。因为 θ 的变化直接影响高度变化,而高度与速度通过能量相互关联。因此,控制了 θ 或高度 h,也就控制了纵向平面的运动。而根据横程参数的定义,χ 表示的是实际飞行方向的终端落点相对于标准轨迹的横程变化,即决定了飞行的速度方向和相对于终端的横程。当实际的横程参数与标准 χ_{r} 相吻合时,即实现了对标准弹道地面轨迹的跟踪。因此,通过跟踪 χ 和 θ 可以唯一实现对标准弹道的跟踪。

定义动力学跟踪状态变量 $\boldsymbol{x} = [\theta, \chi]^{\text{T}}$,选择纵向和侧向过载 n_y、n_z 作为中间控制量,令输出变量为 $\boldsymbol{y} = [\theta_{\text{h}}, \chi_{\text{h}}]^{\text{T}}$,则可建立形式如式(7.11)所示的二维非线性系统方程。

$$\begin{cases} \dot{\boldsymbol{x}} = \boldsymbol{f}(\boldsymbol{x}) + \boldsymbol{g}(\boldsymbol{x})\boldsymbol{u} \\ \boldsymbol{y} = \boldsymbol{h}(\boldsymbol{x}) \end{cases} \tag{7.11}$$

其中,

$$\begin{cases} \boldsymbol{f}(\boldsymbol{x}) = \begin{bmatrix} \left(g - \dfrac{V^2}{r}\right)\dfrac{\cos\theta}{V^2 D} + C_\theta + \tilde{C}_\theta \\ C_\chi \end{bmatrix} \\ \boldsymbol{g}(\boldsymbol{x}) = \begin{bmatrix} -\dfrac{g_0}{DV^2} & 0 \\ 0 & g_0 C_{n_z} \end{bmatrix} \\ \boldsymbol{h}(\boldsymbol{x}) = \begin{bmatrix} 1, 1 \end{bmatrix} \\ \boldsymbol{u} = \begin{bmatrix} n_y, n_z \end{bmatrix}^{\mathrm{T}} = \begin{bmatrix} L\cos\upsilon/g_0, L\sin\upsilon/g_0 \end{bmatrix}^{\mathrm{T}} \end{cases} \tag{7.12}$$

由非线性方程精确线性化条件[154]可知,存在坐标变换可将式(7.11)所示的非线性方程线性化,即可定义变换

$$\boldsymbol{u} = \boldsymbol{g}^{-1}(\boldsymbol{x})\begin{bmatrix} -\boldsymbol{Q}(\boldsymbol{x}) + \boldsymbol{v} \end{bmatrix} \tag{7.13}$$

式中,$\boldsymbol{v}$ 为新控制变量,$\boldsymbol{Q}(\boldsymbol{x})$ 为 $\boldsymbol{h}$ 关于 $\boldsymbol{g}$ 的李导数[154]矩阵函数

$$\boldsymbol{Q}(\boldsymbol{x}) = \begin{bmatrix} L_{\mathrm{f}} h_1(\boldsymbol{x}) \\ L_{\mathrm{f}} h_2(\boldsymbol{x}) \end{bmatrix} = \begin{bmatrix} \left(g - \dfrac{V^2}{r}\right)\dfrac{\cos\theta}{V^2 D} + C_\theta + \tilde{C}_\theta \\ C_\chi \end{bmatrix} \tag{7.14}$$

变换后,原非线性系统方程可改写为

$$\begin{cases} \dot{\boldsymbol{z}} = \boldsymbol{A}\boldsymbol{v} \\ \boldsymbol{y} = \boldsymbol{C}\boldsymbol{z} \end{cases} \tag{7.15}$$

其中,系数矩阵

$$\begin{cases} \boldsymbol{A} = \begin{bmatrix} 1 & 0 \\ 0 & 1 \end{bmatrix} \\ \boldsymbol{C} = \begin{bmatrix} 1 & 0 \\ 0 & 1 \end{bmatrix} \end{cases} \tag{7.16}$$

均为单位矩阵。显然,转换后的线性系统满足完全能控能观条件,即系统是完全能控能观的。

令标准弹道跟踪状态为 $\boldsymbol{y}_{\mathrm{r}} = \begin{bmatrix} \theta_{\mathrm{r}}, \sigma_{\mathrm{r}} \end{bmatrix}^{\mathrm{T}}$,那么设计的制导律应能使实际弹道状态与期望的跟踪状态值之差收缩到 0,即

$$\begin{cases} \lim_{L \to L_f} |e_1| = \lim_{L \to L_f} |\theta - \theta_r| = 0 \\ \lim_{L \to L_f} |e_2| = \lim_{L \to L_f} |\sigma - \sigma_r| = 0 \end{cases} \qquad (7.17)$$

定义滑模面 s_i 和滑模面趋近率 $\dot{s}_i$ 为

$$\begin{cases} s_i = c_i e_i \\ \dot{s}_i = -k_i s_i - \varepsilon_i \mathrm{sat}(s_i) \quad k_i, \varepsilon_i > 0 \end{cases} \qquad i = 1,2 \qquad (7.18)$$

其中，$\mathrm{sat}(s_i)$ 为饱和函数

$$\mathrm{sat}(s_i) = \frac{s_i}{|s_i| + \delta_i} \qquad \delta_i > 0, i = 1,2 \qquad (7.19)$$

将式(7.17)代入，则滑模面可改写为

$$s_i = c(y_i - y_{ir}) \qquad (7.20)$$

为了判断滑模跟踪制导系统的稳定情况，构造李雅普诺夫函数

$$E_s = \frac{1}{2} s_i^2 > 0 \qquad (7.21)$$

对式(7.21)求一阶导，得

$$\dot{E}_s = s_i \dot{s}_i = -k_i s_i^2 - \varepsilon_i s_i \mathrm{sat}(s_i) < 0 \qquad (7.22)$$

由李雅普诺夫稳定判据知，设计的控制系统是李雅普诺夫渐进稳定的。因此，结合式(7.20)、式(7.15)和式(7.18)，可得期望的滑模跟踪制导控制量 $\boldsymbol{v}$，即

$$v_i = \dot{y}_{ir} - k_i e_i - \frac{\varepsilon_i}{c_i} \mathrm{sgn}(s_i) \qquad (7.23)$$

再利用变换式(7.13)可得到实际非线性系统的跟踪控制量 $\boldsymbol{u}$ 为

$$\begin{cases} n_y = -\dfrac{DV^2}{g_0} \Big[\Big(\dfrac{V^2}{r} - g \Big) \dfrac{\cos\theta}{V^2 D} - C_\theta - \tilde{C}_\theta + \dot{\theta}_r - k_1 e_1 - \dfrac{\varepsilon_1}{c_1} \mathrm{sat}(s_1) \Big] \\ n_z = \dfrac{1}{g_0 C_{n_z}} \Big(-C_\chi + \dot{\chi}_r - k_2 e_2 - \dfrac{\varepsilon_2}{c_2} \mathrm{sat}(s_2) \Big) \end{cases} \qquad (7.24)$$

根据获得的中间控制量 n_y、n_z，可求得实际控制量倾侧角 υ 为

$$\upsilon = \arctan(n_z / n_y) \qquad (7.25)$$

而攻角 α 则需要利用飞行器气动系数进行反插值获得，即

$$C_L(Ma, \alpha) qS = Mg_0 \sqrt{n_y^2 + n_z^2} \qquad (7.26)$$

7.2.3 控制量约束

为了确保由制导律获得的控制量是可行的，即由控制量产生的实际热流、动

压和过载等硬性约束满足要求,同时仍能保持平衡滑翔飞行,须对控制量施加约束。在4.2.2节中已经给出倾侧角的约束边界,此处仅推导攻角的约束条件。

结合3.1节对过程约束的转换和准平衡滑翔条件,有

$$
\begin{cases}
C_D(\alpha^*, Ma) \leqslant C_D(\alpha^n, Ma) = \dfrac{2M\sqrt{n_{max}^2 g_0^2 - L^{*2}}}{\rho V^2 S_r} \\[4mm]
C_L(\alpha^*, Ma) \geqslant C_L(\alpha^q, Ma) = \dfrac{M}{q_{max} S_r} \dfrac{g - \dfrac{V^2}{r}}{\cos \upsilon^*} \\[4mm]
C_L(\alpha^*, Ma) \geqslant C_L(\alpha^{\dot{Q}}, Ma) = \dfrac{2L^* M K_h V}{\dot{Q}_{max} S_r \rho^{0.5}} \dfrac{g - \dfrac{V^2}{r}}{\cos \upsilon^*}
\end{cases}
\tag{7.27}
$$

其中,准平衡滑翔时的升力加速度 L^* 由式(7.28)给出,υ^* 为平衡滑翔时倾侧角。因此,可行攻角解集为利用飞行器气动参数反插值获得的允许攻角边界且不超过给定的攻角取值范围的所有攻角。

$$
L^* = \dfrac{g - \dfrac{V^2}{r}}{\cos \upsilon^*}
\tag{7.28}
$$

因为飞行器在靠近滑翔终端时,一般采取最大升阻比攻角飞行;同时,为了避免制导律因为严格跟踪参考状态而在滑翔末段采用大攻角超出硬约束边界,设定归一化能量 $e > 0.98$ 时攻角取 α_{LDmax}。

7.2.4 仿真验证与结果分析

为了利用提出的滑模制导方法跟踪标准轨迹,需要事先获得一条标准弹道。利用前面所述方法,基于三维剖面获得参考轨迹后提取出需要的标准速度倾角和横程参数,分别如图7.5、图7.6所示。仿真初始和终端约束条件以及过程约束值不变,根据提出的滑模跟踪制导方法获得的制导指令曲线如图7.7所示。由图7.5、图7.6可知,设计的制导律较好地实现了对参考状态的跟踪,从而根据得到的制导指令产生的实际飞行轨迹较好地吻合了标准轨迹,见图7.8。具体来看,由实际制导指令产生的高度曲线(见图7.9)和速度方位角变化曲线(见图7.10)都较好地跟踪上参考值,即设计的制导律较好地实现了对标准轨迹的跟踪。

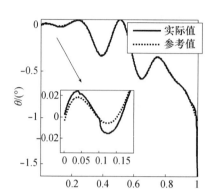

图 7.5　速度倾角跟踪

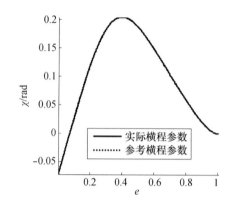

图 7.6　横程参数跟踪

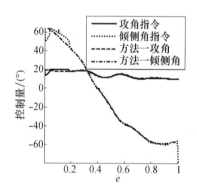

图 7.7　实际跟踪制导指令

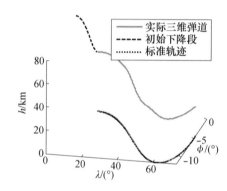

图 7.8　三维弹道曲线

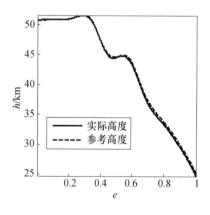

图 7.9　高度曲线

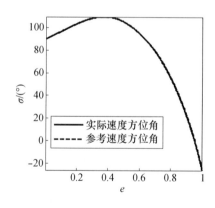

图 7.10　速度方位角曲线

在图 7.7 中,方法一指的是基于剖面更新的跟踪制导方法。由图可见,两种制导方法获得的制导指令在初始和终端略有差别。初始时攻角和倾侧角都相差较大,而末段则主要是倾侧角不同。这实际上是由参考弹道状态跟踪误差造成的,见图 7.5。虽然这一误差相对较小,但却被如实地反映到控制量上。反求此时获得的三维剖面,如图 7.11 所示。可见,跟踪标准轨迹获得的三维剖面与初始三维剖面在初始和终端处,尤其是初始段都有差异,但都严格包含在三维剖面内,即满足给定的约束要求。

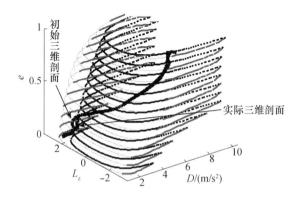

图 7.11　跟踪标准轨迹生成的三维剖面

为了验证提出的滑模跟踪制导方法的鲁棒性,采用最大偏差法进行仿真。除考虑初始状态偏差外,还包括大气密度偏差 $\Delta\rho$、升力系数偏差 ΔC_L 和阻力系数偏差 ΔC_D,具体偏差数值见表 7.1。仿真得到的终端落点状态详细列在表 7.2 中。

表 7.1　多种仿真偏差值设置

$\Delta h/\mathrm{km}$	$\Delta\lambda/(°)$	$\Delta\phi/(°)$	$\Delta\theta/(°)$	$\Delta\sigma/(°)$	$\Delta\rho/\%$	$\Delta C_L/\%$	$\Delta C_D/\%$
±5	±1	±1	±0.2	±2	±30	±10	±10

观察表 7.2 可以得到,终端经纬度位置基本都落在以标准轨迹的落点 $(73.38°, -4.23°)$ 为圆心、半径为 50 km 的圆内。同时,速度偏差最大约 13 m/s,高度偏差最大约 2.7 km(对应大气密度偏差 -30%)。图 7.12 为所有最大偏差情况下的弹道仿真曲线。由图可见,设计的制导律在各种最大偏差情况下基本都可以实现对标准轨迹的跟踪制导。

表7.2   多种偏差状态下的仿真结果

偏差		高度/km	速度/(m/s)	经度/(°)	纬度/(°)	速度倾角/(°)	速度方位角/(°)
Δh	+5 km	24.653	2 001.7	73.356	-4.058	-2.047	-19.529
	-5 km	26.678	1 991.9	73.288	-4.053	-1.289	-13.242
$\Delta \theta$	+0.2°	25.014	1 999.9	73.366	-4.304	-0.664	-27.124
	-0.2°	25.147	1 999.3	73.368	-4.318	-0.242	-28.947
$\Delta \sigma$	+2°	24.685	2 001.5	73.353	-4.063	-1.962	-20.772
	-2°	24.573	2 002.1	73.364	-4.228	-2.492	-24.115
$\Delta \lambda$	+1°	24.757	2 001.2	73.368	-4.268	-1.578	-28.267
	-1°	24.727	2 001.3	73.367	-4.142	-2.073	-16.277
$\Delta \phi$	+1°	24.808	2 000.9	73.367	-4.276	-1.372	-27.290
	-1°	24.676	2 001.6	73.353	-4.171	-2.223	-28.512
$\Delta \rho$	+30%	26.354	1 993.4	73.403	-4.130	-2.946	-17.950
	-30%	22.282	2 013.1	73.353	-4.195	-2.663	-26.643
ΔC_L	+10%	25.772	1 996.3	73.246	-4.037	-1.454	-21.916
	-10%	27.067	1 990.0	73.206	-4.664	1.048	9.959
ΔC_D	+10%	27.045	1 990.1	73.299	-4.418	0.160	8.184
	-10%	24.294	2 003.4	73.308	-4.054	-1.590	-36.245

仔细观察表7.2还可以发现,高度偏差较大的情况主要出现在产生使飞行器升力减小或阻力相对增大的情况,即大气密度负偏差、升力系数负偏差和阻力系数正偏差,但所有情况的终端位置误差都能很好地收敛到标准落点。一方面是因为制导律末段对攻角进行限制,迫使飞行器不能产生制导指令需要的大攻角以拉起飞行器或压低末段高度;而决定横程误差项的侧向控制量——倾侧角末段则没有限制(见图7.7),故位置误差可以通过制导律的调节在滑翔末段收敛。另一方面,则是由于在制导律设计时,纵平面内仅跟踪了速度倾角θ的一阶变率项,即仅跟踪了高度的一阶变率项。当存在持久过程偏差时,仅靠跟踪一阶变量就很难获得较高精度,但对初始状态偏差则都能实现很好地跟踪控制。虽然存在一点小瑕疵,但后期可以通过增加一个二阶的纵向跟踪制导律来进行改进。

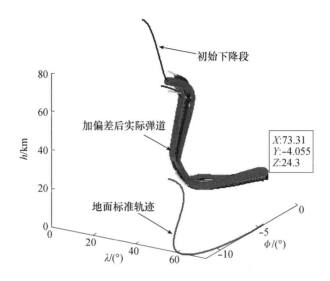

图 7.12　基于标准轨迹跟踪的最大偏差仿真弹道

7.3　基于分平面的三维剖面跟踪制导方法

由于 RLV 的气动耦合和运动耦合现象较严重,当实际飞行环境中存在诸如气动阻力、升力以及大气密度等较大过程偏差时,跟踪控制器的收敛性和稳定性会变差,甚至出现发散而导致飞行任务失败。为此,在标准轨迹跟踪制导方法的基础上,研究一种基于横程控制的三维剖面在线更新方法以提高跟踪制导方法的终端状态控制精度和改善控制器的稳定性和收敛性。基于 7.1 节提出的跟踪制导策略和剖面更新方式,本节将重点基于分平面的全局更新方式进行三维剖面的在线重规划。前面章节介绍的三维剖面弹道规划方法都主要是针对复杂飞行任务进行设计的,三维剖面的形式相对较为复杂。为了更好地聚焦研究的重点,在阐述三维剖面的在线更新策略前,首先给出一种面向典型飞行任务的初始三维剖面弹道快速生成方法,然后基于生成的初始三维剖面开展分平面下的全局三维剖面在线更新策略设计。

7.3.1　初始三维剖面弹道生成方法

以典型飞行任务为例,基于第 4 章中的剖面规划方法设计了一个满足初终端约束和过程约束的初始三维剖面生成器,即先根据任务需求规划初始侧向剖面,然后求解相应的纵向剖面,最后将两者进行迭代获得满足需求的初始三维剖面。为了快速规划三维剖面,分别将纵侧向剖面进行参数化,从而通过迭代设计参数获得需求的三维剖面。具体步骤为:

Step 1:根据第 4 章知识,将再入过程约束分别转换为纵、侧向走廊边界,然后针对设定的飞行任务确定侧向剖面初终端符号,将侧向走廊大小边界更新为图 5.16(a) 所示的可行侧向走廊。

Step 2:在 Step 1 确定的侧向走廊边界内,任选两个点作为侧向剖面的初终端点。为快速确保选择的初终端点满足约束,可以利用走廊边界通过插值得到。然后,以初始正、终端负为例,任意选择一个 $e_r \in (0,1)$ 的值作为侧向剖面的倾侧翻转点。基于初终端点、倾侧翻转点,即可求解出一条抛物线形的初始侧向剖面。同样,在初步设计时仍可以选择不在同一直线的三点作为初始倾侧点,比如 $e_r = 0.5$。值得注意的是,当初始点选择超出边界时,应将边界值替代超出部分值作为剖面值。

Step 3:根据确定的初始侧向剖面求出相应的可行纵向飞行走廊,然后任意给定初始纵向阻力剖面权重系数 ω_D。以此为基础,迭代倾侧翻转点 e_r,直至积分降阶侧向运动方程得到的终端横程满足设定的精度要求。

Step 4:分别求解最大最小阻力加速度边界对应的总航程。当需要射程在最大和最小射程之间时,即表示初始侧向剖面可行。由于侧向运动使实际轨迹发生了弯曲,利用圆弧假设求得的初始射程一般要偏短。因此,为确保后续迭代过程中存在可行解,应适当多预留一些余量。否则,转到 Step 2,重新设计其他侧向剖面构型。为了快速求解阻力加速度剖面对应的总航程,首先将求得的纵向阻力加速度剖面离散化,然后假设各离散化点间的剖面采用线性连接,并根据式(6.20)求出相应的各段线性阻力加速度剖面系数。将求得的剖面系数代入式(6.22),即可快速得到剖面对应的总航程。

Step 5:迭代 ω_D 直到满足总航程需求,产生需要的初始三维剖面。如果追求高精度,也可继续判定横程是否满足精度要求后再返回 Step 2,并将终端经度误差作为控制目标继续迭代,直至满足要求。

7.3.2　三维剖面更新方法

由于实际飞行过程中不可避免存在偏差,制导算法在跟踪参考轨迹时也不能完全做到理想跟踪。事实上为了提高制导算法的鲁棒性,其控制精度必然有所降低。因此,为了提高制导系统在偏差条件下的终端位置控制精度,需要设计相应的标准剖面/轨迹在线更新方法。因为可以通过坐标换极变换将任意两个起始和目标点转换到新极坐标系下的赤道上,所以在设计飞行任务时为了简化计算直接令滑翔起点和目标点在赤道上。此时,飞行器的纵程角和横程角都可以分别用经度和纬度表示。根据 7.1.2 节提出的几种剖面在线更新策略,本节选择分平面全局的三维剖面在线更新方式进行考虑偏差下的三维剖面重规划。

如图 7.13 所示,其主要更新思想为通过调整侧向剖面使终端横程误差角 $\Delta\phi$ 收敛到容许精度 ε_ϕ,然后调整纵向阻力加速度剖面使需要的总航程 S 与剖面的航程 S_D 的差收敛到容许精度 ε_λ。因为阻力加速度剖面与总飞行航程直接对应,当调整阻力加速度剖面而保持侧向剖面不变时,终端纵程误差角 $\Delta\lambda$ 和横程误差角 $\Delta\phi$ 也都相应地发生调整,从而使得总航程 S 与剖面的航程 S_D 的差收敛到容许精度 ε_λ;反之,当阻力加速度剖面保持不变而调整侧向剖面时,其对应的总航程也不变,但是终端的纵程误差角 $\Delta\lambda$ 和横程误差角 $\Delta\phi$ 都将发生改变。这也是采用总航程而不是纵程进行迭代控制的原因,因为无论是调整阻力加速度剖面还是侧向剖面,必然都会引起终端纵程误差角 $\Delta\lambda$ 和横程误差角 $\Delta\phi$ 的变化。因此,为了使整个迭代过程是在单一变量调整中不断收敛,应首先调整侧向剖面使终端的横程误差收敛到 0 或容许精度内,然后调整阻力加速度剖面使总航程收敛。具体迭代算法如下。

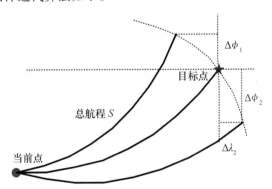

图 7.13 基于横程控制的三维剖面更新

Step 1:判定终端横程误差是否满足条件:

$$\Delta\phi < \varepsilon_\phi \tag{7.29}$$

成立则转入 Step 3,否则转到 Step 2。

Step 2:迭代倾侧翻转点 e_r,直至积分降阶侧向运动方程得到的终端横程满足条件式(7.29)。更新纵向阻力加速度剖面的可行边界,直至判定条件式(7.29)成立。

Step 3：记初始总射程为S_0，经过第k次迭代后的总航程为S_k，终端经纬度位置分别为$\lambda_f^{(k)}$和$\phi_f^{(k)}$，期望的终端目标点为(λ_f,ϕ_f)，则剩余待飞航程S_{togo}为

$$S_{togo} = \arccos\left[\sin\phi_f\sin\phi_f^{(k)} + \cos\phi_f\cos\phi_f^{(k)}\cos(\lambda_f - \lambda_f^{(k)})\right] \qquad (7.30)$$

判定总航程误差是否满足条件：

$$S_{togo} < \varepsilon_\lambda \qquad (7.31)$$

成立则转入 Step 4，否则更新S_k为

$$S_k = S_{k-1} + \text{sign}(\Delta\lambda) \cdot S_{togo} \qquad k = 1,2,\cdots \qquad (7.32)$$

然后迭代阻力加速度剖面，直至条件式(7.31)成立。

Step 4：判定条件式(7.29)，若成立则转到 Step 5，否则转到 Step 1。

Step 5：迭代结束，对初始三维剖面和相应的标准轨迹进行更新。

值得注意的是，在三维剖面更新过程中需注意检验更新后的三维剖面是否超过可行边界。当超出边界值时，用边界值代替。同时，为了减少阻力加速度剖面权重系数的无效迭代，在进行迭代前应先判定其是否存在可行解。上述三维剖面规划和更新过程可以用图 7.14 所示的流程图进行表示。图 7.14 中T和T_{update}分别表示当前运动模型的积分时刻和三维剖面的更新时刻，可以是时间，也可以是归一化能量。为了提高算法求解效率，防止求解过程中由于个别位置点偏差过大出现无可行解而导致死循环，可通过设置总迭代次数限制进行改进。

7.3.3 跟踪器设计

三维剖面设计完成后，还需要设计相应的跟踪器。因为三维剖面不断更新的目标是确保解算的参考轨迹能准确导向目标点，所以设计的跟踪器只要能准确跟踪更新后的参考轨迹就能完成既定目标。在前面章节中进行三维弹道规划时已经分别给出了基于标准剖面和基于标准轨迹的两种跟踪器形式。

1. 基于三维剖面在线更新的标准轨迹跟踪器设计

针对基于三维剖面在线更新的标准轨迹跟踪器设计，可以直接采用 5.4.3 节设计的跟踪器进行实现，此处仅给出控制器的形式。

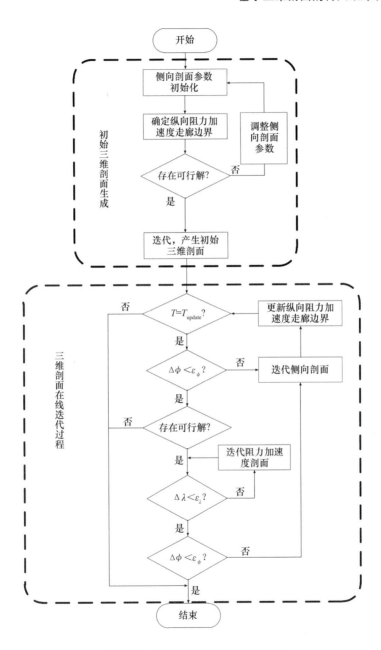

图 7.14　三维剖面在线更新流程图

在纵向通过 PD 控制律对参考高度进行跟踪

$$(\ddot{h} - \ddot{h}_r) + 2\xi_h\omega_h(\dot{h} - \dot{h}_r) + \omega_h^2(h - h_r) = 0 \tag{7.33}$$

对于侧向,通过设计一阶 PD 控制器跟踪航向角剖面

$$(\dot{\sigma} - \dot{\sigma}_r) + k_\sigma\omega(\sigma - \sigma_r) = 0 \tag{7.34}$$

结合飞行器运动模型后整理得

$$
\begin{cases}
L\cos\upsilon = \dfrac{1}{\cos\theta}\Big[\Big(D\sin\theta + g - \dfrac{V^2}{r}\cos^2\theta\Big) + \ddot{h}_r - 2\xi_h\omega_h(\dot{h} - \dot{h}_r) - \omega_h^2(h - h_r)\Big] \\[3mm]
L\sin\upsilon = -\dfrac{V^2\tan\phi\cos\theta\sin\sigma}{r} + V\big[\dot{\sigma}_r - k_\sigma\omega(\sigma - \sigma_r)\big]
\end{cases}
$$
$$\tag{7.35}$$

将式(7.35)代入式(5.85),然后根据需要的总升力加速度反求出需要的攻角,而倾侧角则可直接由式(5.87)求得。

2. 基于三维剖面在线更新的标准剖面跟踪器设计

对于标准剖面跟踪器,其设计的主体思想仍是采用通过跟踪参考阻力加速度剖面和解算的航向角剖面进行轨迹控制。但是,考虑到剖面更新过程中不断进行了调整,为提高剖面更新过程中控制器参数的自适应能力,对阻力加速度剖面跟踪器进行了调整。根据设计的参考阻力加速度剖面,可以求得此时的参考纵向升阻比指令为

$$(L\cos\upsilon/D)_0 = -\frac{1}{D_0}\Big(\frac{V_0^2}{r_0} - g_0\Big) - \frac{h_s}{D_0}\Big(\frac{\ddot{D}_0}{D_0} - \frac{\dot{D}_0^2}{D_0^2} + \frac{3\dot{D}_0}{V_0} + \frac{4D_0^2}{V_0^2} + \frac{\dot{C}_{D0}^2}{C_{D0}^2} - \frac{D_0\dot{C}_{D0}}{V_0 C_{D0}} - \frac{\ddot{C}_{D0}}{C_{D0}}\Big)$$
$$\tag{7.36}$$

其中,下标"0"均表示参考值。基于设计的参考阻力加速度 – 能量剖面,结合能量的定义,可以求得参考阻力加速度关于时间的一阶、二阶导数分别为

$$\dot{D}_0 = -D'(D_0 V_0) \tag{7.37}$$

$$\ddot{D}_0 = D''(D_0 V_0)^2 + D'(D_0' V_0 + D_0 V_0')(D_0 V_0) \tag{7.38}$$

在利用式(7.36)求解参考纵向升阻比指令时,通常忽略影响较小的气动系数一阶和二阶导数项。当受到扰动后,实际飞行弹道将在标准弹道附近发生偏离,为此,对式(7.36)可基于小扰动法推导并整理得到式(7.39)的结果[155]。

$$\delta\ddot{D} + \left(\frac{3D_0}{V_0} - \frac{2\dot{D}_0}{D_0}\right)\delta\dot{D} + \left[3\dot{D}_0\left(\frac{\dot{D}_0}{D_0^2} - \frac{1}{V_0}\right) + \frac{4D_0^2}{V_0^2} - \frac{1}{h_s}\left(\frac{V_0^2}{r_0} - g\right) - \frac{2\ddot{D}_0}{D_0} - \frac{\dot{C}_{D0}^2}{C_{D0}^2} + \frac{\ddot{C}_{D0}}{C_{D0}}\right]\delta D +$$

$$\left(\frac{2D_0 V_0}{h_s \cdot r_0} - \frac{3\dot{D}_0 D_0}{V_0^2} - \frac{8D_0^3}{V_0^3} + \frac{\dot{C}_{D0} D_0^2}{C_{D0} V_0^2}\right)\delta V$$

$$= -\frac{D_0^2}{h_s}\delta(L\cos\upsilon/D) \tag{7.39}$$

假设标准剖面跟踪系统在扰动下采用的 PD 控制器形式为

$$L\cos\upsilon_c/D = L\cos\upsilon_0/D + \delta(L\cos\upsilon/D)$$

$$= L\cos\upsilon_0/D + f_1'\delta D + f_2'\delta\dot{D} \tag{7.40}$$

在传统基于阻力加速度 – 速度的跟踪制导律设计过程中,因为速度作为自变量,可直接令 $\delta V=0$。对于基于阻力加速度 – 能量的标准剖面设计而言,由能量的定义式(3.59)知,因为高度的变化相对较小,故速度主要由能量决定,因此在简化计算时同样可认为 $\delta V=0$。同时令式(7.39)的解具有如下标准形式

$$\delta\ddot{D} + 2\xi_D\omega_D\delta\dot{D} + \omega_D^2\delta D = 0 \tag{7.41}$$

其中,系数 ξ_D 和 ω_D 分别为待设计控制参数。由此可求得相应的待设计参数 f_1' 和 f_2' 分别为

$$f_1' = \frac{h_s}{D_0^2}\left[\omega^2 + 3\dot{D}_0\left(\frac{1}{V_0} - \frac{\dot{D}_0}{D_0^2}\right) + \frac{1}{h_s}\left(\frac{V_0^2}{r_0} - g\right) - \frac{4D_0^2}{V_0^2} + \frac{2\ddot{D}_0}{D_0} + \frac{\dot{C}_{D0}^2}{C_{D0}^2} - \frac{\ddot{C}_{D0}}{C_{D0}}\right] \tag{7.42}$$

$$f_2' = \frac{h_s}{D_0^2}\left(2\xi\omega + \frac{2\dot{D}_0}{D_0} - \frac{3D_0}{V_0}\right) \tag{7.43}$$

在求解式(7.40)获得需要的制导指令时需要用到实际阻力加速度的一阶导数信息,但是其真实值既难以通过设备准确敏感得到,同时根据状态准确求解过程也较为烦琐和复杂,故通常将其近似转换为关于高度的导数再代入式(7.40)中进行计算,即将式(7.40)改写为

$$L\cos\upsilon_c/D = (L\cos\upsilon/D)_0 + f_1\delta D + f_2\delta\dot{h} \tag{7.44}$$

根据阻力加速度定义,利用变分可以推导得到

$$\delta\dot{D} = -\left(\frac{\dot{h}_0}{h_s} + \frac{4D_0}{V_0} - \frac{\dot{C}_{D0}}{C_{D0}}\right)\delta D - \frac{D_0}{h_s}\delta\dot{h} + \frac{2D_0^2}{V_0^2}\delta V \tag{7.45}$$

同样,忽略速度变化项。则结合式(7.40)、式(7.42)~(7.44)可求得

$$\begin{cases} f_1 = f_1' - f_2'\left(\dfrac{\dot{h}_0}{h_s} + \dfrac{4D_0}{V_0} - \dfrac{\dot{C}_{D0}}{C_{D0}}\right) \\ f_2 = -f_2'\dfrac{D_0}{h_s} \end{cases} \tag{7.46}$$

其中,参考高度的导数 $\dot{h}_0$ 的值可通过下式近似求得

$$\dot{h}_0 = h_s\left(\frac{\dot{D}_0}{D_0} + \frac{2D_0}{V_0} - \frac{\dot{C}_{D0}}{C_{D0}}\right) \tag{7.47}$$

在结合动力学方程,利用式(7.44)计算制导指令的过程中,同样可以忽略影响较小的气动阻力系数的导数项。同时,为了使设计的控制器能更好地适应跟踪后的不同参考剖面,将控制器振荡频率 ω_D 取为与参考阻力加速度关联的形式,并保持阻尼系数 $\xi_D = 0.707$。至此,完成了纵向阻力加速度剖面的跟踪。对于侧向,仍采用与式(7.34)相同的控制器。同样,当分别求出所需纵侧向制导指令后,根据需要的总升力加速度反求出需要的攻角,而倾侧角则可直接由式(5.87)求得。

7.3.4 仿真验证与结果分析

仿真场景的初始条件、过程约束以及飞行器模型与 5.2.3 节中保持不变。设置飞行任务的终端目标点为(95°,0°)。为了减少三维剖面的更新次数,将剖面更新时的经纬度控制精度按照初期大终端小的策略随归一化能量线性递减。对于纵向,初始取为 500 km,当减小到 5 km 后保持精度不变。对于侧向,其精度控制方法类似,但是其控制精度则分别取为纵向的一半,以提高横程控制精度。同时,设置三维剖面的更新周期为 0.02 个归一化能量时间。要求经过制导后飞行器的终端高度误差不超过 2 km,经纬度误差分别小于 50 km,速度误差不超过 50 m/s。下面将以此为基础,分别研究考虑三维剖面在线更新后的标准剖面跟踪制导和标准轨迹跟踪制导方法的控制性能。

1. 基于标准剖面跟踪的仿真结果分析

分别取纵向跟踪控制器参数 $\xi_h = 0.707$ 和 $\omega_h = 0.05 \cdot D_0$,侧向跟踪器参数为 $\omega_\sigma = q/q_{max}$ 和 $k_\sigma = 0.05$。首先针对标称条件,将跟踪器在未进行剖面更新和经过剖面更新后仿真得到的结果进行对比,得到的滑翔段终端状态如表 7.3 所示。分析表 7.3 可知,经过剖面更新后的终端高度误差、经度误差、纬度误差以及速度误差分别减小到了 0.61 km、0.334 km、14.23 km 以及 2.37 m/s,均比未

更新前有所改善。这说明经过三维剖面在线更新后确实有效改进了终端状态的控制精度。但是,由于未更新前跟踪器通过跟踪设计的标准阻力加速度剖面和航向角剖面已经实现了对终端状态的较好控制,因此经过剖面更新后的效果并不明显。具体可从这两组的对比仿真结果图7.15中分析得到。

表7.3　标称条件下跟踪标准剖面的终端状态

剖面状态	h_f/km	λ_f/(°)	ϕ_f/(°)	V_f/(m/s)	θ_f/(°)	σ_f/(°)
未更新	30.779	95.176	0.125	2 496.966	−2.671	31.065
更新后	30.609	94.997	0.128	2 497.627	−2.673	29.654

结合表7.3可知,设计的跟踪器很好地实现了对参考纵向阻力加速度剖面(图7.15(a))和航向角剖面(图7.15(b))的跟踪,实际攻角和倾侧角控制量与参考值基本相差不大(见图7.15(c)和(d)),相应的高度和侧向剖面变化曲线如图7.15(e)和(f)所示。因为三维剖面在规划时充分考虑了侧向运动的影响,标称情况下实际轨迹与设计轨迹基本相差不大,如图7.15(e)所示。因此,对于基于标准剖面的跟踪制导方法,在更新三维剖面以提高制导精度时不宜更新多次。因为攻角和倾侧角均直接由设计的三维剖面解算得到,所以当参考剖面发生明显变化时两者必然出现变化。由于实际状态不能立即跟随参考状态跳变,因此在发生明显更新的时刻(图7.15中归一化能量$e=0.7$左右),实际攻角和倾侧角都出现了振荡现象。最后,图7.15(h)在三维飞行走廊中展示了两组仿真结果的三维剖面。

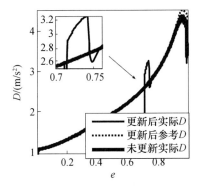

（a）参考阻力加速度剖面跟踪

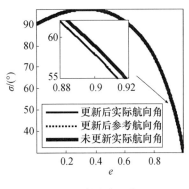

（b）航向角跟踪

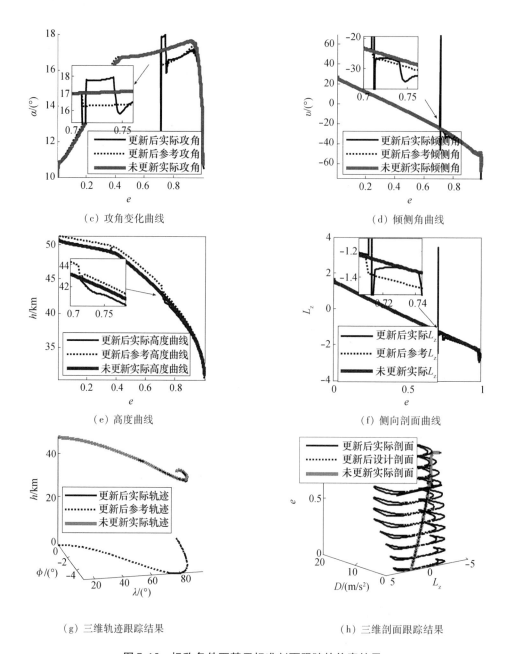

（c）攻角变化曲线   （d）倾侧角曲线

（e）高度曲线   （f）侧向剖面曲线

（g）三维轨迹跟踪结果   （h）三维剖面跟踪结果

图 7.15　标称条件下基于标准剖面跟踪的仿真结果

设定实际飞行中的初始状态和过程偏差如表 7.4 所示,然后利用极值拉偏法按照先正后负的原则,得到的终端状态如表 7.5 所示。分析表 7.5 知,基于标准剖面的跟踪制导方法得到的终端经纬度位置误差基本都控制在了 50 km 的范围内,最大速度误差约 17 m/s。但是终端高度误差,尤其是初始纬度和航向角都偏差 −1°时分别达到了约 4.2 km 和 4.4 km,严重超出设定的边界。可见,提出的标准剖面跟踪制导方法难以稳定保证高度收敛。因为跟踪器只能确保航向和总航程收敛到期望值,即保证位置误差收敛。虽然阻力加速度剖面中隐含高度,但也同时关联了速度和攻角。一旦由于扰动导致某个状态偏离期望值,终端高度误差就不能保证。下面以航向角偏差 −10°的仿真结果为例,详细阐述跟踪器在偏差下的控制性能。

表 7.4　仿真环境的偏差因素设置

Δh/km	$\Delta\lambda$/(°)	$\Delta\phi$/(°)	$\Delta\theta$/(°)	$\Delta\sigma$/(°)	$\Delta\rho$/%	ΔC_L/%	ΔC_D/%
±1	±1	±1	±1	±10	±20	±5	±5

表 7.5　初始状态偏差下跟踪标准剖面的终端状态

初始状态偏差		h_f/km	λ_f/(°)	ϕ_f/(°)	V_f/(m/s)	θ_f/(°)	σ_f/(°)
Δh	+ 1 km	30.961	94.983	− 0.130	2 496.256	− 3.126	35.311
	− 1 km	30.972	95.015	− 0.120	2 496.215	− 3.163	35.244
$\Delta\lambda$	+ 1°	30.957	94.911	− 0.431	2 496.272	− 3.014	38.217
	− 1°	30.651	94.894	− 0.158	2 497.465	− 2.344	33.671
$\Delta\phi$	+ 1°	34.218	94.544	− 0.430	2 483.543	− 0.714	34.924
	− 1°	33.944	94.585	− 0.392	2 484.616	− 1.770	30.481
$\Delta\theta$	+ 1°	32.936	94.610	− 0.384	2 488.556	− 0.839	32.749
	− 1°	34.386	94.682	− 0.196	2 482.884	− 1.456	32.401
$\Delta\sigma$	+ 10°	30.371	94.671	− 0.507	2 498.557	− 1.851	12.987
	− 10°	33.336	95.011	0.014	2 486.992	− 0.784	54.121

如图 7.16(a)和(b)所示,设计的跟踪器都较好地跟踪上了参考阻力加速度和航向角剖面。为了消除实际弹道与期望弹道的偏差,标准剖面进行了多次更新,得到的攻角和倾侧角分别如图 7.16(c)和(d)所示。分析图 7.16(e)和(f)的高度曲线和侧向指令剖面变化曲线知:由于标准剖面更新,解算的参考高度也不断发生调整,但是更新后的参考高度最终都是在期望值附近,同时地面轨迹跟踪误差也得到了很好的控制(见图 7.16(g))。偏差导致终端解算攻角与期

望攻角发生了较大偏离,从而影响了终端的高度误差。最后,图7.16(h)展示了三维剖面的跟踪情况。

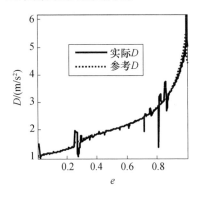

（a）参考阻力加速度剖面跟踪

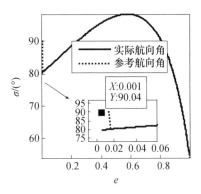

（b）航向角跟踪曲线

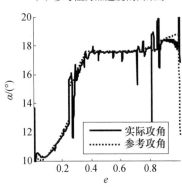

（c）攻角变化曲线

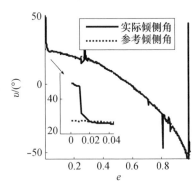

（d）倾侧角曲线

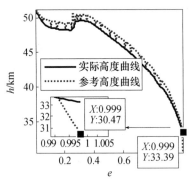

（e）高度曲线

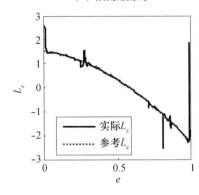

（f）侧向指令剖面曲线

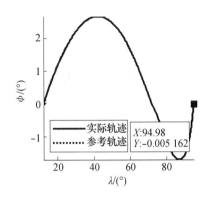

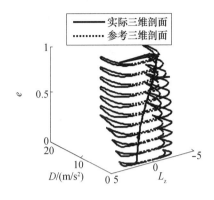

（g）地面轨迹跟踪结果　　　　　　　　　　（h）三维剖面跟踪结果

图7.16　航向角偏差 –10°时基于标准剖面跟踪的仿真结果

进一步,将表7.4的过程偏差加入仿真环境中,仍采用极值拉偏法对标准剖面跟踪制导方法进行仿真实验,并将得到的终端状态的经度误差、纬度误差、高度误差以及速度误差分别用直方图表示在图7.17(a)～(d)中。从统计结果中可以清晰发现,阻力系数和升力系数的偏差对终端经度和纬度误差的影响都要明显高于大气密度变化的,尤其是当阻力系数减少5%时终端经度和纬度误差都超过了0.6°。对于终端高度、速度,虽然仍是气动系数的偏差占主要因素,但此时最大误差出现在升力系数增加5%的仿真场景中,分别超过了3 km 和 –12 m/s。但是当阻力系数增加或者升力系数减小5%时,终端状态控制精度最好,经纬度误差不超过0.5°,高度误差不超过1 km,速度误差不超过5 m/s。因此,在终端

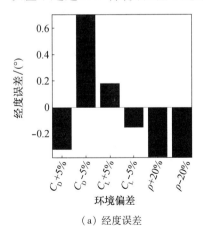

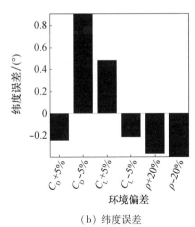

（a）经度误差　　　　　　　　　　　　（b）纬度误差

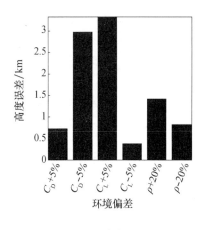

（c）高度误差

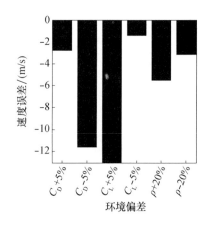

（d）速度误差

图 7.17 考虑过程偏差时基于标准剖面跟踪的终端误差统计结果

误差精度要求相对宽松且环境偏差较小时,采用所提的标准剖面跟踪制导方法可以较好地完成设计任务。

由此可见,当存在初始状态偏差时,设计的三维剖面在线更新策略基本可以通过在线重规划标准剖面的方式有效消除飞行过程中的偏差。但是,当存在过程偏差时,跟踪器缺乏确保高度收敛的控制方式,容易导致剖面更新时无可行解而难以保证终端误差收敛。

2. 基于标准轨迹跟踪的仿真结果分析

针对同一仿真场景,利用 7.3.3 节提出的标准轨迹跟踪制导方法进行仿真实验。取纵向跟踪控制器参数分别为 $\xi_h = 0.707$ 和 $\omega_h = 0.04$,侧向跟踪器参数分别为 $\omega_\sigma = q/q_{\max}$ 和 $k_\sigma = 0.06$。将采用三维剖面在线更新策略和未进行剖面更新得到的终端状态列在表 7.6 中,相应的仿真弹道曲线展示于图 7.18。结合表 7.6 和仿真结果可以清晰发现,相对于未进行剖面更新的结果,通过剖面更新后的终端高度、速度以及位置误差精度都有了很大提高。

表 7.6 标称条件下跟踪标准轨迹的终端状态

剖面状态	h_f/km	$\lambda_f/(°)$	$\phi_f/(°)$	$V_f/(\mathrm{m/s})$	$\theta_f/(°)$	$\sigma_f/(°)$
未更新	30.746	91.082	−0.178	2 497.095	−3.574	31.376
更新后	30.102	95.027	0.131	2 499.603	−2.610	35.733

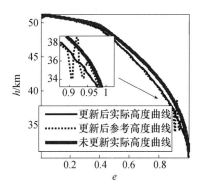

（a）参考高度跟踪

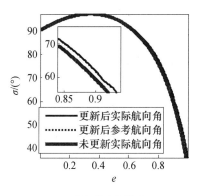

（b）航向角跟踪

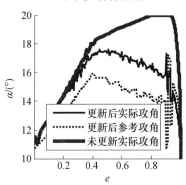

（c）攻角变化曲线

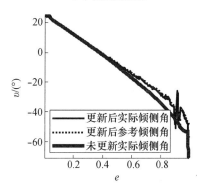

（d）倾侧角曲线

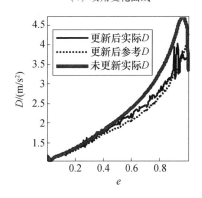

（e）阻力加速度剖面跟踪

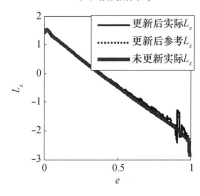

（f）侧向指令剖面跟踪

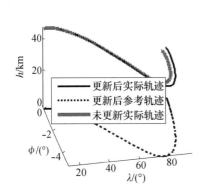

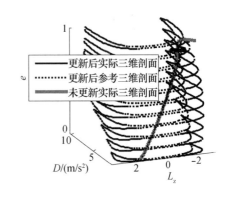

（g）三维轨迹跟踪结果   （h）三维剖面跟踪结果

图7.18　标称条件下基于标准轨迹跟踪的仿真结果

　　具体来看,未进行三维剖面更新时跟踪制导得到的终端高度误差约为0.75 km,但是通过剖面更新后终端高度误差约下降到0.1 km,如图7.18（a）所示。在图7.18（b）中,三维剖面更新后飞行器的参考航向发生了改变,从而确保了飞行器沿参考航向准确抵达终点。由于参考攻角和倾侧角控制量都是通过规划的三维剖面直接解算得到,因此当标准三维剖面进行更新后,参考攻角和倾侧角也都相应地发生了改变,分别如图7.18（c）和（d）所示。而通过分别控制高度误差和航向角误差得到的实际攻角和倾侧角,也相应地随着参考高度和航向角的变化而变化。基于7.1.2节提出的三维剖面更新策略分别得到的纵向阻力加速度和侧向指令剖面分别如图7.18（e）和（f）所示。可见,在每一次的更新过程中,都确保了标准剖面在建立的可行走廊范围内,从而确保了飞行任务的安全性和可靠性。同时,结合图7.18（a）~（f）可以发现,未经过剖面更新的仿真结果中,由于终端阻力加速度突降较大,相应解算的参考高度在末段变化也较快。因此,设计的跟踪器为了使实际高度跟踪上参考值,解算的攻角和倾侧角都开始出现了急剧变化,从而导致了在末段倾侧角的突然"坠落"现象,故末段解算的侧向指令剖面出现了轻微越界现象。但是,通过三维剖面在线更新后,虽然更新点出现了局部小抖动,但是整体轨迹变化平稳,且全都满足给定的约束条件。由此可见,经过三维剖面在线更新得到的弹道更能满足飞行任务需求,也更容易通过工程实现。最后,三维轨迹和三维剖面跟踪结果的对比图分别展示在图7.18（g）和（h）中。相比于未更新的轨迹跟踪结果,终端位置经纬度误差分别从435.7 km降到3.0 km和从19.8 km降到14.6 km,有效提高了终端的位置控制精度。

同样,初始状态偏差仍为表7.4所示,考虑初始状态偏差后得到的终端落点状态分别显示在表7.7中。结合表7.4和表7.7中数据可知,当存在偏差时,终端高度误差最大为0.444 8 km,最大经度和纬度位置误差分别为45 km和37 km,最大速度误差则不超过5 m/s。观察表中数据,经度和纬度的最大误差分别来自纬度偏差−1°和经度偏差+1°的算例中。通过分析知,之所以出现位置较大的偏差,一个重要的原因在于初始较大的位置偏差可能导致飞行器在三维剖面更新迭代过程中在某些局部点无可行解,从而使剖面更新过程无法继续进行。这也说明了采用上述策略的跟踪制导方法可以允许的初始经纬度误差在1°以内。但是,由于三维剖面被严格限制在设定的约束走廊内,因此终端高度和速度都较好地控制在了给定的精度范围。在后续进一步的研究中可以通过改进三维剖面的更新策略提高系统的制导精度。因为所提的三维剖面更新策略基本是围绕设计的侧向二次剖面构型展开,当侧向剖面构型改变,其纵向可行走廊必然调整,从而将会产生新的解值空间。为了更好说明基于标准轨迹跟踪的制导方法在初始状态偏差下的控制性能,仍以航向角偏差−10°的情形为例进行展开分析。

表7.7 初始状态偏差下跟踪标准轨迹的终端状态

初始状态偏差		h_f/km	λ_f/(°)	ϕ_f/(°)	V_f/(m/s)	θ_f/(°)	σ_f/(°)
Δh	+1 km	30.444 8	95.142 1	0.077 6	2 498.268 8	−1.865 8	36.974 4
	−1 km	30.181 3	95.084 6	0.182 8	2 499.294 3	−2.418 4	36.123 4
$\Delta \lambda$	+1°	29.633 5	95.357 1	0.330 5	2 501.425 8	−3.952 6	37.731 4
	−1°	30.215 2	95.194 6	0.131 0	2 499.162 4	−2.681 9	37.520 6
$\Delta \phi$	+1°	30.085 1	95.073 2	0.148 8	2 499.669 0	−2.722 0	37.354 0
	−1°	30.437 0	94.595 1	−0.121 9	2 498.299 1	−2.869 9	31.013 4
$\Delta \theta$	+1°	29.779 3	95.254 4	0.191 4	2 500.858 7	−3.485 5	46.361 8
	−1°	30.330 4	94.887 7	0.031 3	2 498.713 9	−2.254 3	35.875 1
$\Delta \sigma$	+10°	30.256 5	94.712 8	−0.155 4	2 499.001 5	−1.331 1	14.983 9
	−10°	29.949 4	95.293 1	0.147 2	2 500.197 0	−3.219 2	57.950 7

如图7.19(a)和(b)所示,设计的跟踪器都分别较好地实现了对参考高度和航向角的跟踪,得到的攻角和倾侧角变化曲线则分别展示在图7.19(c)和(d)中。在图7.19(e)和(f)给出的阻力加速度曲线和侧向指令剖面变化曲线中

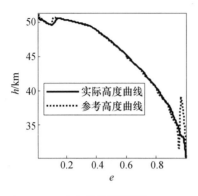

（a）参考高度跟踪

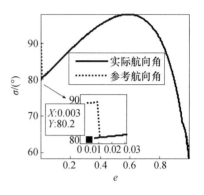

（b）航向角跟踪

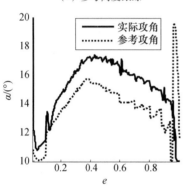

（c）攻角变化曲线

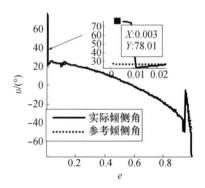

（d）倾侧角曲线

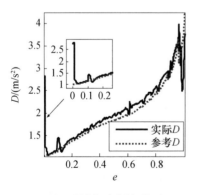

（e）阻力加速度剖面跟踪

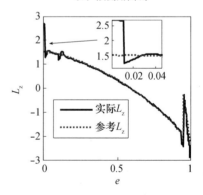

（f）侧向指令剖面曲线

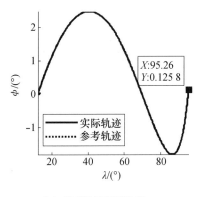

（g）地面轨迹跟踪结果

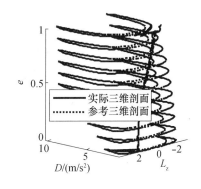

（h）三维剖面跟踪结果

图 7.19　航向角偏差 -10°时基于标准轨迹跟踪的仿真结果

可以清晰看到,为了实现消除初始大航向偏差以及确保终端的状态控制精度,纵侧向剖面都分别进行了多次更新。由于跟踪器确保了飞行器沿着期望的航向飞行,所以实际地面轨迹与设计的标准轨迹较好地重合,如图 7.19(g)所示。通过高度控制确保了终端的高度和速度误差收敛,同时三维剖面不断更新保证了沿标准航向角飞行可以准确到达目标点,从而最终确保了所有运动状态误差都收敛。最后,图 7.19(h)展示了三维飞行走廊中的三维剖面跟踪情况。

考虑表 7.4 的过程偏差,仍采用极值拉偏法对标准轨迹跟踪制导方法进行仿真实验,并将得到的终端状态的经度误差、纬度误差、高度误差以及速度误差分别用直方图表示在图 7.20(a)~(d)中。分析统计结果知,与基于标准剖面跟踪得到的气动系数影响明显不同,气动阻力、升力以及大气密度等过程偏差对基于标准轨迹跟踪的制导方法的影响各有侧重。比如,最大经度、纬度误差出现在升力系数减少5%时,但是最大高度、速度误差则出现在大气密度减少20%的时候。事实上,产生这一现象的主要原因仍然是由于过程误差一直存在,三维剖面不断更新过程中触碰到了边界而无可行解,故剖面更新无法继续。为了确保终端横程误差收敛到容许精度,在当前侧向剖面构型下可调整的纵向阻力加速度边界十分有限。除非重新基于当前位置采用新的侧向剖面构型,再不断迭代产生新的可行三维剖面。但是,这样将会导致在线计算量急剧加大。故对于当前飞行任务,采用设计的三维剖面构型下当前过程偏差已基本达到了该跟踪制导方法的性能极限。

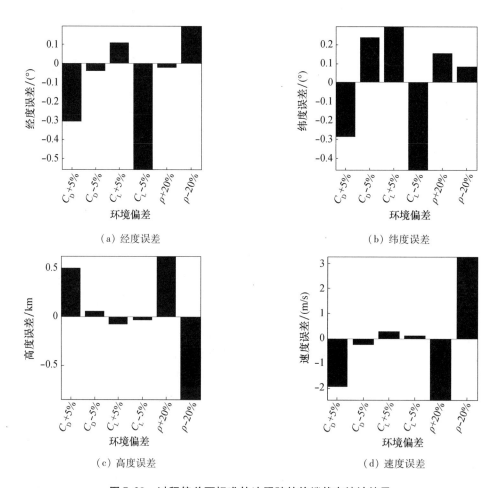

（a）经度误差

（b）纬度误差

（c）高度误差

（d）速度误差

图7.20 过程偏差下标准轨迹跟踪的终端状态统计结果

综上，基于三维剖面在线更新与标准轨迹跟踪器相结合的制导方法较好地完成了给定飞行任务下的轨迹控制任务。通过高度跟踪器，确保了飞行器纵向飞行的高度、速度等状态误差收敛，同时航向角控制器确保了飞行器沿期望方向飞行，然后利用三维剖面在线更新保证了飞行方向的准确性，从而最终实现了终端状态高精度控制的目标。

7.4 基于控制能力按需分配的三维剖面跟踪制导方法

制导律设计的关键在于攻角和倾侧角的控制。为了保证按照控制量生成的三维弹道与降阶侧向运动模型的结果接近,由控制量求得的阻力加速度和侧向制导指令应接近或等于设计值。因此,采用跟踪制导的思路,直接由生成的三维剖面求解需要的攻角和倾侧角。

7.4.1 跟踪律设计

由阻力加速度公式,可得

$$C_D = \frac{2MD}{\rho V^2 S} = \frac{MD}{\rho_0 e^{-\frac{h}{h_s}}(E - gh)S} \tag{7.48}$$

若令阻力系数 C_D 为攻角和马赫数的函数,那么将当前高度 h 和对应的能量 E 代入式(7.48)即可求出参考攻角 α_r。根据 α_r 解出当前需要的升力加速度 L_r,利用设计的侧向制导指令剖面求出需要的参考倾侧角

$$v_r = \arcsin\left(\frac{L_z}{L_r}\right) \tag{7.49}$$

由于忽略了速度倾角对平衡滑翔飞行的影响,因此将式(7.48)和式(7.49)求得的控制量直接用于积分求解动力学方程时生成的弹道会产生弹道跳跃现象。为了平滑弹道、减少跳跃,可以通过将速度倾角的变化反馈到控制量进行跟踪调整。具体方法如下

$$\begin{cases} \Delta\alpha = k_1\theta \\ \Delta v = \text{sign}(v_r)\left[k_2(D_r - D) - k_3(\dot{D}_r - \dot{D}) \right] \end{cases} \tag{7.50}$$

因为攻角 α 直接影响升力加速度 L,调整 α 就可以改变 L 的分量。同时 α 的改变也会造成 D 的变化,因此调整攻角时也需要对倾侧角进行微调。

7.4.2 三维剖面在线更新

由于降阶模型在求解过程中忽略了速度倾角的影响,在初始小角度时得到结果的误差较小,而在最后由于速度倾角较大则会产生较大终端落点求解误差;同时,降阶模型中也没有考虑地球自转的影响,在长时间滑翔后必然会产生较大的位置偏差。因此,飞行过程中需要不断更新剖面。

实际上,剖面更新即剖面的在线重规划。因为纵向阻力剖面主要影响飞行航程,侧向指令剖面则是在保持总航程不变的前提下调整横程误差。因此剖面更新时仍旧按照三维剖面设计的思路,先调整侧向剖面降低横程误差到精度范围内,再将此时的纵程误差加到当前剖面航程中,作为调整纵向剖面的依据。具体方法如下:

Step 1:将纵横程精度分别设置为与航程相关的递减函数,使得剖面更新求解的精度随着总航程的减小而增加,这样既可以减少剖面更新次数,又提高了迭代求解的效率。

Step 2:采用局部剖面依次更新的策略,即仅对当前点到下一个剖面节点之间的剖面进行更新。以侧向剖面规划为例,见图 7.21,对位于固定点 (E_{r0}, L_{zer0}) 之前的状态点,以当前状态点为起点、(E_{r0}, L_{zer0}) 为终点,选择两者原剖面的中点 $(E_1', L_{ze1'})$ 进行调整;同时,保持 (E_{r0}, L_{zer0}) 后面的剖面不变。令 $\phi_t(E_f)$ 为积分得到的终端纬度,则

$$L_{ze1'} = L_{ze1'} - k_{Lz1} \left[\phi_f - \phi_t(E_f) \right] \tag{7.51}$$

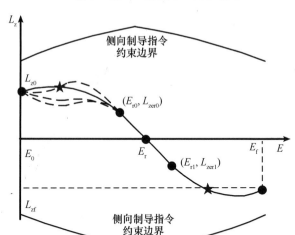

图 7.21　侧向制导指令剖面更新方案

Step 3:同理,对于纵向剖面也是仅调整当前点和 (E_{r0}, D_{er0}) 两点的中点 $(E_1', D_{e1'})$,固化位于其后面的剖面,如图 7.22 所示。令 $\lambda_t(E_f)$ 为积分得到的终端经度,S_t 为当前剖面航程,则

$$D_{e1'} = D_{e1'} - R_0 (\lambda_f - \lambda_t(E_f)) / S_t \tag{7.52}$$

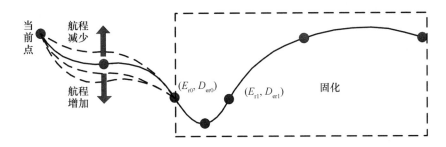

图 7.22　纵向阻力剖面更新

Step 4：按照上述思路，逐次调整纵向和侧向剖面。为保持过渡点的平滑，对固定段剖面不进行调整，即当剖面状态点超过 (E_{r0}, L_{zer0}) 后开始从 (E_{r1}, L_{zer1}) 的剖面开始更新。

当剖面更新后，需要重新解算约束边界，以确保所得不超过约束。

7.4.3　仿真验证与结果分析

采用 CAV-H 模型作为仿真研究对象，并设置其初始高度和速度分别为 $h_0 = 80$ km、$V_0 = 6\,500$ m/s，驻点热流密度、动压和过载约束值分别为 $\dot{Q}_{max} = 2$ MW/m^2，$q_{max} = 100$ kPa，$n_{max} = 2g$。要求终端高度和速度分别为 $h_f = 25(\pm 1)$ km，$V_f = 2\,000(\pm 50)$ m/s。假设飞行器初始位置为 $(0, 0)$，沿赤道向西飞行。初始速度倾角为 0，滑翔段终端位置为 $(74°, -4.5°)$。同时，设置倾侧角和攻角的幅值约束分别为 $v \in [-80°, 80°]$，$\alpha \in [10°, 20°]$，最大倾侧翻转速率为 5 (°)/s，最大攻角改变速率为 5 (°)/s。假设飞行器在滑翔段终端时以最大升阻比攻角保持平衡滑翔飞行。初始下降段采用最大攻角 20° 和零倾侧角再入，得到的终端状态如表 7.8 所示。本章的研究重点在滑翔段三维剖面的制导方法，因此后文给出的仿真直接从平衡滑翔点开始。

表 7.8　初始下降段终端状态

高度/km	速度/(m/s)	经度/(°)	纬度/(°)	速度倾角/(°)	速度方位角/(°)
50.73	6 380.4	12.31	0.00	0	90

假设初始下降段终点满足准平衡滑翔条件，则根据设置的仿真过程和终端约束，设计的侧向剖面和纵向剖面分别如图 7.23、图 7.24 所示。按照先侧向后纵向的思路，设计了图 7.23 中由两段二次曲线光滑连接的侧向剖面。由于侧向

参考剖面的影响,纵向参考剖面的约束走廊变得相对狭窄了很多。因此,为了更好地生成参考纵向剖面,图 7.24 中共设计了 10 个点(图上五角星),通过不断优化获得满足任务需求的剖面。

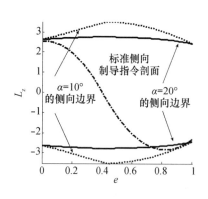

图 7.23 侧向参考剖面设计

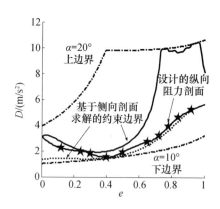

图 7.24 纵向参考剖面设计

根据设计的三维参考剖面,采用 7.4.1 节的跟踪制导方法,跟踪参考剖面得到的仿真结果如图 7.25 ~ 7.28 所示。由图 7.25、图 7.26 可见,设计的制导律可以较好地同时跟踪纵向和侧向参考剖面;由制导律得到的攻角和倾侧角指令严格控制在了给定的约束范围内,尤其是倾侧角的变化过程连续、没有突变,实现了预期的效果(见图 7.27、图 7.28)。图 7.29 为三维再入走廊内三维剖面的跟踪结果,设计的制导律较好地实现了在走廊边界内对参考剖面的跟踪,验证了所提出的三维剖面设计方法的可行性。

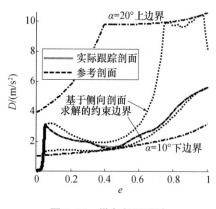

图 7.25 纵向剖面跟踪

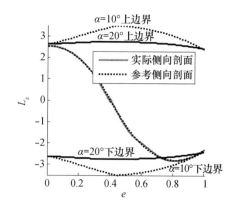

图 7.26 侧向剖面跟踪

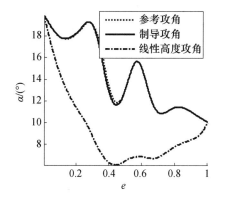

图 7.27　三维剖面需要攻角变化曲线

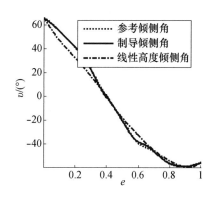

图 7.28　三维剖面需要倾侧角变化曲线

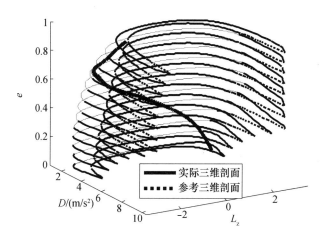

图 7.29　三维剖面跟踪结果

　　利用三维剖面解算出的控制量,积分再入动力学方程得到的滑翔终端结果如表 7.9 所示,可见终端高度和速度都落在了设定的约束范围内,经纬度误差分别约为 68 km 和 17 km,较好地完成了制导任务要求。图 7.30 ~ 7.33 为具体的仿真弹道曲线。在图 7.30 所示的三维弹道中,水平面内的实际弹道与参考弹道基本一致,而纵平面内相差较大。这主要是因为参考弹道的纵向高度采用了线性能量高度,其与实际长时间滑翔飞行的高度相差较大,见图 7.31。在三维剖面规划和生成过程中,基于线性能量高度假设下积分求解侧向降阶运动模型得到的速度方位角与实际制导的结果如图 7.32 所示,可见两者几乎重叠,即速度方位角对高度的变化不是很敏感,从而保证了侧向降阶运动模型快速计算经纬度的高精度要求。但攻角、倾侧角指令则相对较为敏感,尤其是攻角(见

图 7.27)与实际制导得到的结果相差甚远。图 7.33 是整个滑翔段的速度倾角变化曲线,证实了跟踪参考剖面获得的制导控制量可以实现整个过程的准平衡滑翔飞行。

表 7.9　滑翔飞行终端状态

高度/km	速度/(m/s)	经度/(°)	纬度/(°)	速度倾角/(°)	速度方位角/(°)
25.078	1 999.6	73.39	−4.35	−1.05	24.70

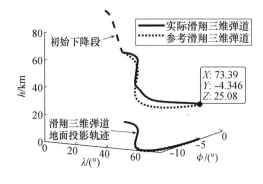

图 7.30　三维弹道

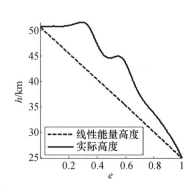

图 7.31　高度变化曲线

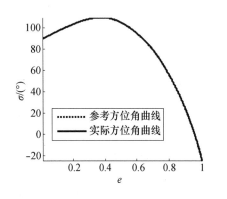

图 7.32　速度方位角变化曲线

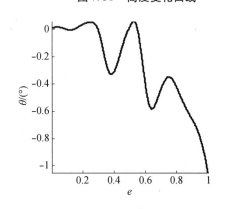

图 7.33　速度倾角曲线

飞行器从初始位置释放或进行离轨再入时,初始状态会存在一定的偏差。利用目前的导航测量手段,可以很容易地得到这些偏差的数值。令 Δh、$\Delta\theta$、$\Delta\sigma$、$\Delta\lambda$ 和 $\Delta\phi$ 分别表示初始高度、速度倾角、方位角以及经纬度的偏差,具体偏差值如表 7.10 所示。按照先正后负的顺序依次进行仿真,得到的滑翔终端结果如

表7.11所示。由表7.11可以看出,根据跟踪三维剖面得到的终端高度和速度均能很好地满足制导任务要求,最大高度误差不超过 0.17 km,最大速度误差在 1 m/s 以内,且终端经纬度位置误差均保持在 50 km 范围内。图7.34 为各种偏差下的三维弹道仿真轨迹曲线。

表 7.10 仿真偏差

Δh/km	$\Delta\lambda$/(°)	$\Delta\phi$/(°)	$\Delta\theta$/(°)	$\Delta\sigma$/(°)
±1	±0.5	±0.5	±0.1	±0.5

表 7.11 考虑偏差状态下的仿真结果

偏差		高度/km	速度/(m/s)	经度/(°)	纬度/(°)	速度倾角/(°)	速度方位角/(°)
Δh	+1 km	25.08	1 999.6	73.67	−4.29	−1.05	−24.74
	−1 km	25.04	1 999.8	73.67	−4.30	−1.06	−24.73
$\Delta\theta$	+0.1°	25.11	1 999.5	73.98	−4.30	−1.04	−24.89
	−0.1°	25.11	1 999.5	73.98	−4.30	−1.04	−24.89
$\Delta\sigma$	+0.5°	25.11	1 999.5	73.96	−4.74	−1.04	−24.65
	−0.5°	25.08	1 999.6	73.79	−4.19	−1.05	−24.94
$\Delta\lambda$	+0.5°	25.08	1 999.6	73.88	−4.23	−1.05	−24.70
	−0.5°	25.16	1 999.2	73.68	−4.32	−1.03	−25.00
$\Delta\phi$	+0.5°	25.11	1 999.5	73.94	−4.06	−1.04	−24.44
	−0.5°	25.04	1 999.8	73.62	−4.08	−1.05	−25.18

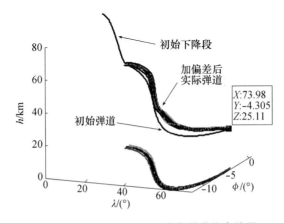

图 7.34 考虑偏差作用下的全弹道仿真结果

本章小结

　　本章首先通过分析三维剖面规划方法的特性,给出了基于三维剖面跟踪制导的总体策略以及三维剖面在线更新策略。然后,针对典型飞行任务,利用设计的初始三维剖面生成器研究了一种基于横程控制的三维剖面在线更新策略,并分别结合基于标准剖面的跟踪器和基于标准轨迹的跟踪器形成了基于标准剖面的三维跟踪制导方法和基于标准轨迹的三维跟踪制导方法。最后,利用 CAV - H 飞行器进行了仿真实验,对比分析了两种方法的制导性能。仿真结果表明,设计的三维剖面在线更新策略有效实现了标准轨迹在线重构的目标。相比于标准剖面跟踪控制器,基于标准轨迹的跟踪器与三维剖面在线更新方法相结合能产生更好的控制性能。但是,基于标准剖面的三维跟踪制导方法在标称条件下对标准弹道的还原效果最好,更适合于对三维剖面弹道规划方法的可行性验证。

第8章 成果与展望

RLV 由于其优良的突防性能和灵活多变的广域机动方式成为当前临近空间领域研究的一个热点飞行器,对决定未来制空权归属有着重要作用。作为影响飞行器突防性能和机动方式的关键技术,弹道规划与制导方法的研究势在必行。本书以此为背景,以解除传统固定攻角方案对飞行器固有机动能力的束缚为导向,围绕如何定量描述飞行器的固有机动能力和充分发挥飞行器的机动能力以完成多样化复杂多约束的飞行任务,开展了一系列基于三维剖面的滑翔弹道规划与制导方法的研究。

8.1 主要研究成果与创新点

本书以 RLV 为研究对象,针对再入段可行弹道规划与制导问题,基于三维剖面研究了三维飞行走廊的建模及机动能力分析、面向复杂飞行任务的三维剖面规划方法、强约束复杂任务的三维剖面弹道优化设计方法以及基于三维剖面的跟踪制导方法。

8.1.1 主要研究成果

本书工作的完成,解决了传统固定攻角剖面约束解除后机动能力的确定问题和如何利用三维剖面实现复杂多约束弹道规划的目标,取得的主要成果如下。

1. 再入飞行走廊建模及机动能力分析方法

1)针对传统攻角剖面给定下的机动能力分析问题,研究了一种基于 $D-E$ 剖面的覆盖区域快速求解方法。首先通过求解 $D-E$ 剖面与轨迹的映射关系,然后利用再入走廊插值产生所有可行剖面,从而通过跟踪剖面获得所有落点,最终求得对应的覆盖区域。

2）为确保规划的三维剖面弹道不超出给定的约束边界，利用滑翔飞行过程中的驻点热流密度、动压以及过载等约束和准平衡滑翔条件建立了纵、侧向分平面的飞行走廊模型和三维飞行走廊模型，并对走廊模型中关键参数进行特性分析，为后续规划可行的三维剖面弹道作铺垫。

3）为进一步探索攻角剖面约束解除对飞行器机动能力的释放程度、明确飞行任务的可行边界，基于建立的三维飞行走廊模型，研究并给出了一种基于侧向优先的三维剖面覆盖区域计算方法。

4）针对 RLV 实际飞行过程中面临的典型飞行器本体与飞行环境不确定性因素进行建模，分析其对三维飞行走廊模型的影响，并给出了一种不确定性因素对覆盖区域影响的快速估算方法。

2. 基于 $D-E$ 标准剖面的改进规划方法

1）研究了一种基于 $D-E$ 剖面的优化设计方法。通过将纵向 $D-E$ 剖面参数化，同时对侧向采用方位误差走廊进行控制并结合降阶运动模型，再利用序列二次规划方法快速优化求解得到满足任务需求的标准剖面，极大提高了标准剖面的生成效率。

2）提出了一种基于准三维剖面的跟踪制导方法。该方法不需要事先确定攻角剖面，通过跟踪剖面就可直接获得需要的攻角和倾侧角。通过解除固定攻角方案的限制，极大地提高了飞行器的自由，为高超声速滑翔飞行器作更复杂的机动飞行打下铺垫。

3）针对考虑航路点、禁飞区等复杂约束条件的飞行任务，提出了一种基于侧向优先的改进 $D-E$ 剖面规划方法。该方法可适应于大升阻比再入飞行器平衡滑翔弹道的快速规划。与现有方法不同，该方法采用了"先侧向规划再纵向规划"思路。首先基于一个降阶运动模型，将考虑航路点和禁飞区约束的复杂弹道规划问题转换为一系列单参数搜索问题进行求解；然后，利用平衡滑翔假设导出了与纵向运动相关的状态参数。仿真结果表明，该算法能在 1 min 之内获得可行滑翔弹道，并可以适应不同射程、不同终端速度和终端高度情况下的弹道规划要求。

3. 面向复杂飞行任务的三维剖面弹道规划方法

1）针对面向飞行任务的三维剖面弹道规划问题，首先给出了其一般性的数学描述。然后，基于建立的数学模型，详细阐述了三维剖面弹道规划的可行性。最后，为了获得满足飞行任务的弹道，给出了一种可行的三维剖面规划策略。

2）针对典型飞行任务的滑翔弹道规划问题，研究了一种基于纵-侧向的三维剖面规划方法。首先,基于建立的纵向飞行走廊,设计满足总飞行航程的参数化阻力加速度剖面。其次,根据纵–侧向运动的耦合关系,建立满足设计阻力加速度剖面以及过程约束的侧向飞行走廊,并通过分析给出了一种可行的侧向剖面求解方法和三维剖面迭代生成方法。最后,采用CAV–H模型对前述三维剖面规划方法开展了数值仿真验证。

3)针对考虑航路点或禁飞区等复杂地理环境约束下的弹道规划问题,提出了一种以满足侧向机动任务需求为主的三维剖面规划方法。首先,基于分平面规划策略,研究并给出了一种基于侧–纵向的三维剖面生成方法。其次,通过对航路点和禁飞区约束建模,设计了一种复杂任务条件下的三维剖面规划策略。最后,利用数值仿真获得的标准轨迹对上述方法进行了仿真验证。

4. 强约束复杂飞行任务的三维剖面弹道优化设计方法

1)为确保规划的三维剖面弹道都是平缓变化,基于三维剖面弹道的高度平滑性分析,探索了一种给定高度剖面约束的三维剖面规划方法,并通过数值仿真验证了所提方法的可行性。进一步,研究了高度剖面约束下的三维剖面覆盖区域生成方法。

2)针对高度剖面给定的复杂任务条件下弹道规划问题,基于准平衡滑翔修正条件的三维剖面规划方法,提出了一种基于SQP的三维剖面优化设计方法。为确保基于SQP的优化计算可以快速收敛,设计了一种基于总航程需求的初始剖面生成器。最后,通过数值仿真对所提方法进行了可行性验证。

3)针对有限航程约束下大吸热模拟的弹道设计问题,利用三维剖面弹道规划思想,研究了一种基于GPM的热试验模拟弹道优化设计方法。首先,建立了增广热流状态的归一化运动模型,为快速优化弹道做准备。然后,基于三维剖面规划思想,利用GPM设计了同时将攻角和倾侧角作为主要控制量的多段弹道优化设计策略。最后,采用通用飞行器模型,以任意给定的大吸热量远距离飞行弹道作为模拟对象,开展了基于GPM的有限航程约束下弹道优化设计方法的仿真验证。

5. 基于三维剖面的跟踪制导方法

1)针对一般跟踪制导问题,结合三维剖面规划方法的特性,归纳阐述了可用于三维剖面跟踪问题的制导策略。进一步,探讨了三维剖面在线更新的可行方式,为三维剖面更新策略的提出做准备。

2)为了跟踪扰动下的标准弹道,提出了基于横程控制的三维剖面在线更新策略,并结合跟踪器形成了相应的三维跟踪制导律。首先,为了更好地将研究重点聚焦于三维剖面的在线更新策略,针对典型飞行任务,设计了一种参数化的初始三维剖面快速生成器。然后,利用横程控制的三维剖面在线更新策略对扰动后的标准剖面进行更新,确保获得的标准剖面满足任务要求并快速收敛。最后,结合标准剖面跟踪器和标准轨迹跟踪器形成了相应的三维跟踪制导律。

3)采用 CAV – H 作为研究对象,针对设置的初始状态和环境参数偏差因素,分别对提出的基于标准剖面和基于标准轨迹的三维跟踪制导方法开展了数值仿真验证,并对比分析了两种方法的制导性能。

4)针对标准三维轨迹,提出一种基于反馈线性化和滑模控制的跟踪制导方法。该方法通过分别跟踪标准速度倾角和横程参数实时获得制导所需的控制指令,较好地实现了对标准轨迹的跟踪制导,达到预期的任务设计要求。

8.1.2　主要创新点

本书在完成上述研究工作的过程中,取得的主要创新点包括:

1)基于 $D – E$ 剖面的轨迹快速预测方法:通过研究阻力剖面与轨迹间的映射关系,提出一种直接基于阻力加速度剖面快速生成轨迹的方法。该方法不需要求解动力学积分方程,利用转弯半径、转角增量等中间变量,结合准平衡滑翔条件就可直接获得对应阻力剖面的地面轨迹。

2)有限剖面调整下的覆盖区域快速求解方法:针对传统方法在求解覆盖区域存在的缺陷,尤其是小范围内调整阻力剖面时覆盖区域计算精度不高的问题,提出了一种基于当前状态点快速求解目标覆盖区域的计算方法。用求解的单条剖面对应可达边界代替两侧终端落点直接连线生成边界的方法,有效提高了小范围内调整剖面时覆盖区域的计算精度。

3)基于侧向优先的标准 $D – E$ 剖面改进规划方法:基于平衡滑翔假设的弹道规划方法可适应于大升阻比高超声速滑翔飞行器平衡滑翔弹道的快速规划。与现有方法不同,该方法创造性地采用了一种先进行侧向弹道规划再进行纵向弹道规划的思路。首先基于一个降阶侧向运动模型,将考虑航路点和禁飞区约束的复杂弹道规划问题转换为一系列单参数搜索问题进行求解,然后利用平衡滑翔假设导出了与纵向运动相关的状态参数。

4)基于侧向优先的三维剖面覆盖区域计算方法:覆盖区域是表征飞行器机动能力的一个重要指标,也是确定飞行任务可行边界,尤其是确定在线重规划飞行任务边界的一个重要依据。沿袭传统二维剖面的纵向优先策略,由于未能充分考虑运动耦合的影响,在求解攻角剖面约束释放后的落点集合时存在求解的局部弹道落点集合与预期不相符的现象。针对这一问题,提出了一种侧向优先的覆盖区域求解方法,并通过多组三维剖面落点集合组合的策略获得了基于三维剖面的覆盖区域。与传统固定攻角方案的覆盖区域相比,基于三维剖面的覆盖区域至少扩大了40%。

5)考虑航路点、禁飞区约束的三维剖面规划方法:针对攻角剖面约束释放后强运动耦合下的滑翔弹道规划问题,提出了一种考虑航路点和禁飞区约束的三维剖面规划方法。该方法充分利用了攻角剖面约束释放后的固有机动能力,通过规划优先满足侧向机动任务需求的三维剖面,既获得了满足任务需求的标准弹道,又能直接产生需要的攻角和倾侧角控制量。与传统方法相比,基于全局规划的三维剖面规划方法获得的满足航路点、禁飞区约束的弹道和控制量曲线变化更为平滑,工程可实现性较好。

6)面向强约束复杂任务的三维剖面弹道优化设计方法:为了适应多样化飞行任务需求和实现广域灵活可达的目标,高超声速滑翔飞行器在完成传统考虑航路点和禁飞区约束的复杂任务中还需额外满足其他约束,比如沿期望高度剖面飞行和在有限航程内完成总吸热量等效的弹道模拟考核等。这对传统滑翔弹道规划方法提出了挑战。针对这一问题,提出了一种面向强约束复杂飞行任务的三维剖面弹道优化设计方法,利用SQP优化算法和高斯伪谱法获得了满足任务需求的滑翔弹道,攻克了强约束复杂飞行任务下可行弹道规划的难题。

7)基于标准轨迹的三维跟踪制导方法:为了解决实际飞行中飞行器本体和飞行环境不确定性因素导致的弹道跟踪误差问题,提出了一种基于标准轨迹的三维跟踪制导方法。该方法设计了一种基于横程控制的三维剖面在线更新策略与标准轨迹跟踪器相结合的制导律,既有效减小了初始状态大偏差和气动系数、大气密度等环境偏差因素干扰下的弹道跟踪误差,又解决了三维剖面在线更新效率与制导精度控制的平衡难题,较好地完成了既定的制导任务。

8.2　进一步研究的展望

本书围绕RLV再入时攻角剖面约束解除后的滑翔弹道规划与制导问题,分别基于三维剖面开展了无飞行任务约束、复杂飞行任务约束以及强约束复杂任务的弹道规划与制导方法研究,取得了一定的成果,但是仍存在以下几个值得继续深入拓展和研究的问题:

1)基于偏差补偿的三维剖面跟踪制导技术:为了消除实际飞行中大气密度以及气动阻力和升力系数不确定性因素的影响,本书基于标准轨迹跟踪制导方法开展了基于三维剖面在线更新的跟踪制导方法研究。但是,由于过程偏差一直存在,为了确保飞行器沿参考弹道飞行仍能准确到达期望的目标点,必须不断更新参考三维剖面。当环境偏差过大时,容易导致三维剖面更新过程中触碰边界而无可行解。为此,有必要结合偏差补偿技术,通过气动辨识、干扰观测器设计等辨识或估计实际飞行中偏差并进行补偿,从而提高制导方法的鲁棒性和可靠性。

2)基于三维剖面的自适应在线规划技术:本书在研究基于三维剖面在线更新的跟踪制导问题中,之所以未能充分发挥三维剖面强机动、大控制范围的优势,一个重要的原因在于所研究的三维剖面在线更新策略适应性还不够强,对飞行任务以及环境变化等因素的适应性还不够。为此,有必要开展适应性更强的三维剖面自适应在线规划技术,进一步提高三维剖面弹道规划方法的适应性和可行性。

3)基于三维剖面的自主飞行控制技术:本书研究的重点仅涉及了考虑飞行器质心运动下的三维剖面弹道规划与制导问题,对于绕质心运动下三维剖面弹道规划与制导技术的研究尚未开展。为了更加真实地贴近飞行器的实际运动过程,早日促进三维剖面弹道规划方法的工程应用,有必要结合绕质心运动开展基于三维剖面的自主飞行控制技术的研究。

参考文献

[1] 沈海军, 程凯, 杨莉. 近空间飞行器[M]. 北京: 航空工业出版社, 2012.

[2] 蔡国飙, 徐大军. 高超声速飞行器技术[M]. 北京: 科学出版社, 2012.

[3] GLASS D, DIRLING R, CROOP H, et al. Materials development for hypersonic flight vehicles[C]//Proceedings of the 14th AIAA/AHI Space Planes and Hypersonic Systems and Technologies Conference, 2006: AIAA 2006 – 8122.

[4] 包为民. 航天飞行器控制技术研究现状与发展趋势[J]. 自动化学报, 2013, 39(6): 697 – 702.

[5] 谢愈, 刘鲁华, 汤国建, 等. 高超声速滑翔飞行器摆动式机动突防弹道设计[J]. 航空学报, 2011, 32(12): 2174 – 2181.

[6] WALKER S, SHERK J, SHELL D, et al. The DARPA/AF falcon program: the hypersonic technology vehicle #2 (HTV – 2) flight demonstration phase[C]//Proceedings of the 15th AIAA International Space Planes and Hypersonic Systems and Technologies Conference, 2008: AIAA 2008 – 2539.

[7] ZIMPFER D, HATTIS P, RUPPERT J, et al. Space shuttle GN & C development history and evolution[C]. AIAA Space 2011 Conference and Exposition, 2011: AIAA 2011 – 7244.

[8] D'SOUZA S N, SARIGUL-KLIJN N. Survey of planetary entry guidance algorithms[J]. Progress in Aerospace Sciences, 2014, 68: 64 – 74.

[9] 朱建文. 助推 – 滑翔飞行器自适应全程制导方法研究[D]. 长沙: 国防科学技术大学, 2016.

[10] CHAVEZ F R, SCHMIDT D K. Uncertainty modeling for multivariable-control robustness analysis of elastic high-speed vehicles[J]. Journal of Guidance, Control, and Dynamics, 1999, 22(1): 87 – 95.

[11] 王鹏. 高超声速巡航飞行器姿态控制方法研究[D]. 长沙: 国防科学技

术大学, 2013.

[12]　田四朋, 房元鹏, 唐万元. 美国近期高超声速飞行试验的经验与教训[J]. 航空工程, 2013(1): 24 – 33.

[13]　牛文, 郭朝邦, 叶蕾. 美国成功完成 AHW 首次试飞[J]. 飞航导弹, 2011(12): 1 – 3.

[14]　何睿智. 高超声速助推滑翔飞行器全程弹道规划方法研究[D]. 长沙: 国防科技大学, 2017.

[15]　王涛. 天地往返飞行器再入预测 – 校正制导与姿态控制方法研究[D]. 长沙: 国防科技大学, 2017.

[16]　科普中国. X – 33[EB/OL]. [2023 – 05 – 25]. https://baike. baidu. com/item/X – 33/0.

[17]　科普中国. X – 34[EB/OL]. [2023 – 06 – 08]. https://baike. baidu. com/item/X – 34? fromModule = lemma_search – box.

[18]　科普中国. X – 37 验证机[EB/OL]. [2023 – 06 – 10]. https://baike. baidu. com/item/X – 37% E9% AA% 8C% E8% AF% 81% E6% 9C% BA? fromtitle = X – 37&fromid = 1532534&fromModule = lemma_search – box.

[19]　科普中国. X – 37B 空天战斗机[EB/OL]. [2023 – 06 – 12]. https:// baike. baidu. com/item/X – 37B% E7% A9% BA% E5% A4% A9% E6% 88% 98% E6% 96% 97% E6% 9C% BA? fromtitle = X – 37B&fromid = 9813878&fromModule = lemma_search – box.

[20]　我们的太空. 美·X – 37B 轨道飞行器简介[EB/OL]. (2020 – 12 – 15) [2023 – 06 – 15]. https://zhuanlan. zhihu. com/p/336837042.

[21]　张远龙. 基于三维剖面的滑翔飞行器弹道规划与制导方法研究[D]. 长沙: 国防科技大学, 2018.

[22]　钱学森. 工程控制论[M]. 北京: 科学出版社, 1958.

[23]　雍恩米. 高超声速滑翔式再入飞行器轨迹优化与制导方法研究[D]. 长沙: 国防科学技术大学, 2008.

[24]　SÄNGER E. From the silverbird to interstellar voyages[C]//Proceedings of 54th International Astronautical Congress of the International Astronautical Federation, the International Academy of Astronautics, and the International Institute of Space Law, 2003.

[25]　Mark Wade. Bomi[EB/OL]. [2023 – 06 – 15]. http://www. astronautix. com/b/bomi. html.

[26] PORTREE D S F. Dyna-Soar's Martian cousin：Bono's Mars glider（1960）
［EB/OL］.（2012 - 10 - 08）［2023 - 06 - 15］. https：//www. wired. com/
2012/10/dyna-soars-martian-cousin-bonos-mars-glider-1960/.

[27] Mark Wade. MiG 105 - 11［EB/OL］.［2023 - 06 - 15］. http：//www.
astronautix. com/m/mig105-11. html.

[28] 李大光. 世界各国高超声速武器发展现状［J］. 国防技术基础,
2007(5)：45 - 48.

[29] 牛文. 美国陆军先进高超声速武器(AHW)第二次试飞失败［J］. 飞航导
弹, 2014(9)：28 - 30.

[30] 刘玉, 廖孟豪. 美国先进高超声速武器试验受挫［J］. 国际航空,
2014(10)：16 - 18.

[31] 廖孟豪. 美国海军潜射型中程高超声速助推滑翔导弹的背景、现状与前
景［J］. 飞航导弹, 2018(3)：21 - 23.

[32] 张绍芳, 武坤琳, 张洪娜. 俄罗斯助推滑翔高超声速飞行器发展［J］. 飞
航导弹, 2016(3)：20 - 22.

[33] 吕琳琳, 王慧. 俄罗斯 Yu - 71 高超声速助推滑翔飞行器［J］. 现代军
事, 2015(11)：76 - 80.

[34] 易建平, 廖孟豪. 新一轮高超声速武器竞赛来临？［J］. 国际航空,
2017(3)：10 - 12.

[35] 张斌, 许凯, 徐博婷, 等. 俄罗斯高超音速武器展露锋芒［J］. 军事文
摘, 2018(15)：37 - 40.

[36] 张灿, 胡冬冬. 美澳马赫数7 + 乘波体高超声速飞行试验分析［J］. 战术
导弹技术, 2017(5)：12 - 15, 21.

[37] 苹岚, 沉舟. 印度可重复使用运载飞行器验证机完成首飞［J］. 飞航导
弹, 2016(6)：2.

[38] 张灿, 胡冬冬, 叶蕾, 等. 2017 年国外高超声速飞行器技术发展综
述［J］. 战术导弹技术, 2018(1)：47 - 50, 78.

[39] 太空锅炉. 中国有航天飞机吗？长城一号, 永远值得被铭记的飞天梦
想［EB/OL］.（2021 - 01 - 28）［2023 - 06 - 20］. https：//www. 163. com/
dy/article/G1ETC7I80535013N. html.

[40] 星舰. 天骄、长城、V2 和 H2, 我国曾发展四种航天飞机, 为何最后全下
马？［EB/OL］.（2021 - 01 - 29）［2023 - 06 - 20］. https：//www. sohu.
com/a/447500801_120399893.

[41] 厦门大学. 第 21 届国际航天飞机和高超声速系统与技术大会在我校举办[N/OL]. (2017 - 03 - 07)[2022 - 11 - 20]. https://news. xmu. edu. cn/info/1002/3113. htm.

[42] 李广华. 高超声速滑翔飞行器运动特性分析及弹道跟踪预报方法研究[D]. 长沙：国防科学技术大学, 2016.

[43] HARPOLD J C, GAVERT D E. Space shuttle entry guidance performance results[J]. Journal of Guidance, Control, and Dynamics, 1983, 6(6): 442 - 447.

[44] HARPOLD J C, GRAVES C A. Shuttle entry guidance[J]. Journal of the Astronautical Sciences, 1978, 27(3): 239 - 268.

[45] ROENNEKE A, MARKL A. Reentry control to a drag vs. energy profile[C]//Proceedings of AIAA Guidance, Navigation and Control Conference, 1993: 837 - 844.

[46] LU P, HANSON J, BHARGAVA S. An alternative entry guidance scheme for the X - 33[C]//Proceedings of the 23rd Atmospheric Flight Mechanics Conference, 1998: AIAA - 98 - 3255.

[47] LEAVITT J A, MEASE K D. Feasible trajectory generation for atmospheric entry guidance[J]. Journal of Guidance, Control, and Dynamics, 2007, 30(2): 473 - 481.

[48] XIA Y Q, CHEN R F, PU F, et al. Active disturbance rejection control for drag tracking in Mars entry guidance[J]. Advances in Space Research, 2014, 53(5): 853 - 861.

[49] YU W B, CHEN W C. Entry guidance with real-time planning of reference based on analytical solutions[J]. Advances in Space Research, 2015, 55(9): 2325 - 2345.

[50] MEASE K D, KREMER J P. Shuttle entry guidance revisited using nonlinear geometric methods[J]. Journal of Guidance, Control, and Dynamics, 1994, 17(6): 1350 - 1356.

[51] LU P. Regulation about time-varying trajectories: precision entry guidance illustrated[J]. Journal of Guidance, Control, and Dynamics, 1999, 22(6): 784 - 790.

[52] TALOLE S, BENITO J, MEASE K. Sliding mode observer for drag tracking in entry guidance[C]//Proceedings of the AIAA Guidance, Navigation and

Control Conference and Exhibit, 2007: AIAA 2007 - 6851.

[53] SARAF A, LEAVITT J A, CHEN D T, et al. Design and evaluation of an acceleration guidance algorithm for entry [J]. Journal of Spacecraft and Rockets, 2004, 41(6): 986 - 996.

[54] HU J X, CHEN K J, ZHAO H Y, et al. An evolved entry guidance and performance analysis for reusable launch vehicles [J]. Journal of Astronautics, 2006, 7(6): 1409 - 1413.

[55] LEAVITT J A, SARAF A, CHEN T, et al. Performance of evolved acceleration guidance logic for entry [C]//Proceedings of the AIAA Guidance, Navigation and Control Conference and Exhibit, 2002.

[56] XIE Y, LIU L H, TANG G J, et al. Highly constrained entry trajectory generation[J]. Acta Astronautica, 2013, 88: 44 - 60.

[57] 张远龙. 基于三维剖面的再入制导方法研究[D]. 长沙: 国防科学技术大学, 2014.

[58] MEASE K D, TEUFEL P, SCHÖNENBERGER H, et al. Reentry trajectory planning for a reusable launch vehicle [C]//Proceedings of the 24th Atmospheric Flight Mechanics Conference, 1999: AIAA - 99 - 4160.

[59] MEASE K D, CHEN D T, TEUFEL P, et al. Reduced-order entry trajectory planning for acceleration guidance[J]. Journal of Guidance, Control, and Dynamics, 2002, 25(2): 257 - 266.

[60] ZHANG Y L, CHEN K J, LIU L H, et al. Entry trajectory planning based on three-dimensional acceleration profile guidance[J]. Aerospace Science and Technology, 2016, 48: 131 - 139.

[61] HE R Z, ZHANG Y L, LIU L L, et al. Feasible footprint generation with uncertainty effects [J]. Proceedings of the Institution of Mechanical Engineers, Part G: Journal of Aerospace Engineering, 2019, 233(1): 138 - 150.

[62] 李昭莹, 张冉, 李惠峰. RLV 轨迹在线重构与动态逆控制跟踪[J]. 宇航学报, 2015, 36(2): 196 - 202.

[63] 施健峰, 刘运鹏, 梁禄扬. 基于改进预测校正的滑翔飞行器再入制导方法[J]. 航天控制, 2017, 35(2): 51 - 55.

[64] ZENG L, ZHANG H B, ZHENG W. A three-dimensional predictor-corrector entry guidance based on reduced-order motion equations [J]. Aerospace

Science and Technology, 2018, 73: 223 - 231.

[65] BRYANT L, TIGGES M, IVES D. Analytic drag control for precision landing and aerocapture[C]//Proceedings of the 23rd Atmospheric Flight Mechanics Conference, 1998: AIAA 1998 - 4572.

[66] MASCIARELLI J, ROUSSEAU S, FRAYSSE H, et al. An analytic aerocapture guidance algorithm for the Mars sample return orbiter[C]// Proceedings of the Atmospheric Flight Mechanics Conference, 2000: AIAA 2000 - 4116.

[67] HANAK C, CRAIN T, MASCIARELLI J. Revised algorithm for analytic predictor-corrector aerocapture guidance: exit phase[C]//Proceedings of the AIAA Guidance, Navigation, and Control Conference and Exhibit, 2003: AIAA 2003 - 5746.

[68] DE LAFONTAINE J, LÉVESQUE J F, KRON A. Robust guidance and control algorithms using constant flight path angle for precision landing on Mars[C]//Proceedings of the AIAA Guidance, Navigation, and Control Conference and Exhibit, 2006: AIAA 2006 - 6075.

[69] LÉVESQUE J F, DE LAFONTAINE J. Optimal guidance using density-proportional flightpath angle profile for precision landing on Mars[C]// Proceedings of the AIAA Guidance, Navigation, and Control Conference and Exhibit, 2006: AIAA 2006 - 6076.

[70] TIGGES M, LING L. A predictive guidance algorithm for Mars entry[C]// Proceedings of the 27th Aerospace Sciences Meeting, 1989: AIAA - 89 - 0632.

[71] XU M L, CHEN K J, LIU L H, et al. Quasi-equilibrium glide adaptive guidance for hypersonic vehicles[J]. Science China Technological Sciences, 2012, 55(3): 856 - 866.

[72] ZHU J W, LIU L H, TANG G J, et al. Highly constrained optimal gliding guidance[J]. Proceedings of the Institution of Mechanical Engineers, Part G: Journal of Aerospace Engineering, 2015, 229(12): 2321 - 2335.

[73] RICHARD W P. Numerical roll reversal predictor-corrector aerocapture and precision landing guidance algorithms for the Mars surveyor program 2001 missions[C]//Proceedings of the 23rd Atmospheric Flight Mechanics Conference, 1998: AIAA - 98 - 4574.

[74] YOUSSEF H, CHOWDHRY R, LEE H, et al. Predictor-corrector entry

guidance for reusable launch vehicles[C]//Proceedings of AIAA Guidance, Navigation, and Control Conference and Exhibit, 2001: AIAA - 2001 - 4043.

[75] FUHRY D P. Adaptive atmospheric reentry guidance for the Kistler K - 1 orbital vehicle [C]//Proceedings of AIAA Guidance, Navigation, and Control Conference and Exhibit, 1999: AIAA - 99 - 4211.

[76] LU P. Predictor-corrector entry guidance for low-lifting vehicles[J]. Journal of Guidance, Control, and Dynamics, 2008, 31(4): 1067 - 1075.

[77] ZHENG X T, HUANG H, LI W. Neural-network-based real-time trajectory replanning for Mars entry guidance[J]. Proceedings of the Institution of Mechanical Engineers, Part G: Journal of Aerospace Engineering, 2017, 231(14): 2634 - 2645.

[78] LI S, PENG Y M. Neural network-based sliding mode variable structure control for Mars entry[J]. Proceedings of the Institution of Mechanical Engineers, Part G: Journal of Aerospace Engineering, 2012, 226(11): 1373 - 1386.

[79] 王俊波, 曲鑫, 任章. 基于模糊逻辑的预测再入制导方法[J]. 北京航空航天大学学报, 2011, 37(1): 63 - 66, 85.

[80] ZHENG Y Y, CUI H T, AI Y H. Indirect trajectory optimization for Mars entry with maximum terminal altitude[J]. Journal of Spacecraft and Rockets, 2017, 54(5): 1068 - 1080.

[81] JORRIS T R. Common aero vehicle autonomous reentry trajectory optimization satisfying waypoint and no-fly zone constraints[D]. USA: Air University, 2007.

[82] JORRIS T R, COBB R G. Three-dimensional trajectory optimization satisfying waypoint and no-fly zone constraints[J]. Journal of Guidance, Control, and Dynamics, 2009, 32(2): 551 - 572.

[83] 赵江, 周锐, 张超. 考虑禁飞区规避的预测校正再入制导方法[J]. 北京航空航天大学学报, 2015, 41(5): 864 - 870.

[84] 王青, 莫华东, 吴振东, 等. 考虑禁飞圆的高超声速飞行器再入预测制导[J]. 哈尔滨工业大学学报, 2015, 47(2): 104 - 109.

[85] ZHANG D, LIU L, WANG Y J. On-line reentry guidance algorithm with both path and no-fly zone constraints[J]. Acta Astronautica, 2015, 117: 243 - 253.

[86] GUO J, WU X Z, TANG S J. Autonomous gliding entry guidance with geographic constraints[J]. Chinese Journal of Aeronautics, 2015, 28(5): 1343 – 1354.

[87] HE R Z, LIU L H, TANG G J, et al. Entry trajectory generation without reversal of bank angle[J]. Aerospace Science and Technology, 2017, 71: 627 – 635.

[88] LIANG Z X, REN Z. Tentacle-based guidance for entry flight with no-fly zone constraint[J]. Journal of Guidance, Control, and Dynamics, 2018, 41(4): 996 – 1005.

[89] LI Z H, HU C, DING C B, et al. Stochastic gradient particle swarm optimization based entry trajectory rapid planning for hypersonic glide vehicles[J]. Aerospace Science and Technology, 2018, 76: 176 – 186.

[90] SHEN Z J, LU P. Onboard generation of three-dimensional constrained entry trajectories [J]. Journal of Guidance, Control, and Dynamics, 2003, 26(1): 111 – 121.

[91] DARBY C L, HAGER W W, RAO A V. An hp-adaptive pseudospectral method for solving optimal control problems[J]. Optimal Control Applications & Methods, 2011, 32(4): 476 – 502.

[92] YU Z S, ZHAO Z D, CUI P Y. An observability-based trajectory optimization considering disturbance for atmospheric entry[C]//Proceedings of AIAA Guidance, Navigation, and Control Conference, 2016: 1 – 15.

[93] MA L, SHAO Z J, CHEN W F, et al. Three-dimensional trajectory optimization for lunar ascent using Gauss pseudospectral method [C]// Proceedings of AIAA Atmospheric Flight Mechanics Conference, 2016: 1 – 12.

[94] ZHAO J, ZHOU R. Reentry trajectory optimization for hypersonic vehicle satisfying complex constraints[J]. Chinese Journal of Aeronautics, 2013, 26(6): 1544 – 1553.

[95] ZHANG Y L, LIU L H, TANG G J, et al. Trajectory generation of heat load test based on Gauss pseudospectral method[J]. Science China Technological Sciences, 2018, 61(2): 273 – 284.

[96] MILLER A T, RAO A V. Rapid ascent-entry vehicle mission optimization using hp-adaptive Gaussian quadrature collocation[C]//Proceedings of the

AIAA Atmospheric Flight Mechanics Conference, 2017: AIAA – 2017 – 0249.

[97] YANG P Y, QI R Y. Reentry trajectory optimization for hypersonic vehicle based on improved mesh refinement techniques[C]//Proceedings of 35th Chinese Control Conference (CCC), 2016: 5473 – 5478.

[98] BURCHETT B T. A Gauss pseudospectral collocation for rapid trajectory prediction and guidance[C]//Proceedings of the AIAA Atmospheric Flight Mechanics Conference, 2017: AIAA – 2017 – 0246.

[99] JIANG X Q, LI S A. Mars atmospheric entry trajectory optimization via particle swarm optimization and Gauss pseudo-spectral method [J]. Proceedings of the Institution of Mechanical Engineers, Part G: Journal of Aerospace Engineering, 2016, 230(12): 2320 – 2329.

[100] 陈小庆, 侯中喜, 刘建霞. 高超声速滑翔式飞行器再入轨迹多目标多约束优化[J]. 国防科技大学学报, 2009, 31(6): 77 – 83.

[101] 陈小庆. 高超声速滑翔飞行器机动技术研究[D]. 长沙: 国防科学技术大学, 2011.

[102] JIANG X Q, LI S. Robust optimization of Mars entry trajectory under uncertainty[C]//Proceedings of 2018 Space Flight Mechanics Meeting, 2018: 1 – 14.

[103] WANG T, ZHANG H B, TANG G J. Predictor-corrector entry guidance with waypoint and no-fly zone constraints[J]. Acta Astronautica, 2017, 138: 10 – 18.

[104] SUSHNIGDHA G, JOSHI A. Re-entry trajectory design using pigeon inspired optimization [C]//Proceedings of AIAA Atmospheric Flight Mechanics Conference, 2017: 1 – 12.

[105] WU Y, YAO J Y, QU X J. An adaptive reentry guidance method considering the influence of blackout zone[J]. Acta Astronautica, 2018, 142: 253 – 264.

[106] BLACKMORE L, AÇIKMEŞE B, SCHARF D P. Minimum-landing-error powered-descent guidance for Mars landing using convex optimization[J]. Journal of Guidance, Control, and Dynamics, 2010, 33(4): 1161 – 1171.

[107] SAGLIANO M, MOOIJ E. Optimal drag-energy entry guidance via pseudospectral convex optimization[C]//Proceedings of AIAA Guidance, Navigation, and Control Conference, 2018: 1 – 22.

[108] AÇıKMEŞE B, PLOEN S R. Convex programming approach to powered descent guidance for Mars landing[J]. Journal of Guidance, Control, and Dynamics, 2007, 30(5): 1353 – 1366.

[109] AÇıKMEŞE B, CARSON J M, BLACKMORE L. Lossless convexification of nonconvex control bound and pointing constraints of the soft landing optimal control problem[J]. IEEE Transactions on Control Systems Technology, 2013, 21(6): 2104 – 2113.

[110] LIU X F, LU P. Solving nonconvex optimal control problems by convex optimization[J]. Journal of Guidance, Control, and Dynamics, 2014, 37(3): 750 – 765.

[111] LU P, LIU X F. Autonomous trajectory planning for rendezvous and proximity operations by conic optimization [J]. Journal of Guidance, Control, and Dynamics, 2013, 36(2): 375 – 389.

[112] YANG H W, BAI X L, BAOYIN H X. Rapid generation of time-optimal trajectories for asteroid landing via convex optimization [J]. Journal of Guidance, Control, and Dynamics, 2017, 40(3): 628 – 641.

[113] MISRA G, BAI X L. Task-constrained trajectory planning of free-floating space-robotic systems using convex optimization[J]. Journal of Guidance, Control, and Dynamics, 2017, 40(11): 2857 – 2870.

[114] CHENG X M, LI H F, ZHANG R. Efficient ascent trajectory optimization using convex models based on the Newton-Kantorovich/pseudospectral approach[J]. Aerospace Science and Technology, 2017, 66: 140 – 151.

[115] CHENG X M, LI H F, ZHANG R. Autonomous trajectory planning for space vehicles with a Newton-Kantorovich/convex programming approach[J]. Nonlinear Dynamics, 2017, 89(4): 2795 – 2814.

[116] LIU X F, SHEN Z J, LU P. Entry trajectory optimization by second-order cone programming [J]. Journal of Guidance, Control, and Dynamics, 2016, 39(2): 227 – 241.

[117] WANG Z B, GRANT M J. Constrained trajectory optimization for planetary entry via sequential convex programming [J]. Journal of Guidance, Control, and Dynamics, 2017, 40(10): 2603 – 2615.

[118] WANG Z B, GRANT M J. Near-optimal entry guidance for reference trajectory tracking via convex optimization[C]//Proceedings of 2018 AIAA

Atmospheric Flight Mechanics Conference, 2018: 1 – 21.

[119] ZHAO D J, SONG Z Y. Reentry trajectory optimization with waypoint and no-fly zone constraints using multiphase convex programming[J]. Acta Astronautica, 2017, 137: 60 – 69.

[120] 雍恩米, 钱炜祺, 唐伟, 等. 考虑禁飞圆的滑翔式机动弹道与气动特性参数耦合设计[J]. 航空学报, 2013, 34(1): 66 – 75.

[121] DSOUZA S N, SARIGUL-KLIJN N. A trajectory generation framework for modeling spacecraft entry in MDAO[J]. Acta Astronautica, 2016, 121: 95 – 109.

[122] LOBBIA M A. Multidisciplinary design optimization of waverider-derived crew reentry vehicles [J]. Journal of Spacecraft and Rockets, 2017, 54(1): 233 – 245.

[123] WANG W K, HOU Z X, LIU D N, et al. Heat-augmented trajectory optimization of hypersonic cruise vehicle [C]//Proceedings of the 21st AIAA International Space Planes and Hypersonics Technologies Conference, 2017: AIAA 2017 – 2156.

[124] ZHAO C, GUO L. PID controller design for second order nonlinear uncertain systems[J]. Science China Information Sciences, 2017, 60(2): 022201.

[125] LIU L H, ZHU J W, TANG G J, et al. Diving guidance via feedback linearization and sliding mode control [J]. Aerospace Science and Technology, 2015, 41: 16 – 23.

[126] DUKEMAN G A. Profile-following entry guidance using linear quadratic regulator theory [C]//Proceedings of AIAA Guidance, Navigation, and Control Conference and Exhibit, 2002: AIAA 2002 – 4457.

[127] 高志强. 自抗扰控制思想探究[J]. 控制理论与应用, 2013, 30(12): 1498 – 1510.

[128] DAI J, XIA Y Q. Mars atmospheric entry guidance for reference trajectory tracking[J]. Aerospace Science and Technology, 2015, 45: 335 – 345.

[129] 杨俊春, 倪茂林, 胡军. 基于强跟踪滤波器的再入飞行器制导律设计[J]. 系统仿真学报, 2007, 19(11): 2535 – 2538.

[130] ZHU J W, ZHANG S X. Adaptive optimal gliding guidance independent of QEGC[J]. Aerospace Science and Technology, 2017, 71: 373 – 381.

[131] LI Q, XIA Q L, CUI Y Y, et al. Reentry predicted guidance algorithm for reusable launch vehicles based on density estimation[J]. Transactions of Beijing Institute of Technology, 2013, 33(1): 84 – 88.

[132] BRUNNER C W, LU P. Skip entry trajectory planning and guidance[J]. Journal of Guidance, Control, and Dynamics, 2008, 31(5): 1210 – 1219.

[133] SARAF A, LEAVITT J, FERCH M, et al. Landing footprint computation for entry vehicles[C]//Proceedings of the AIAA Guidance, Navigation, and Control Conference and Exhibit, 2004: AIAA 2004 – 4774.

[134] VINH N X. Preface[M]//Optimal Trajectories in Atmospheric Flight. Amsterdam, USA: Elsevier, 1981: v – vi.

[135] ZHANG Y L, CHEN K J, LIU L H, et al. Rapid generation of landing footprint based on geometry-predicted trajectory[J]. Proceedings of the Institution of Mechanical Engineers, Part G: Journal of Aerospace Engineering, 2017, 231(10): 1851 – 1861.

[136] LU P, XUE S B. Rapid generation of accurate entry landing footprints[J]. Journal of Guidance, Control, and Dynamics, 2010, 33(3): 756 – 767.

[137] XIE Y, LIU L H, LIU J, et al. Rapid generation of entry trajectories with waypoint and no-fly zone constraints[J]. Acta Astronautica, 2012, 77: 167 – 181.

[138] COBLEIGH B R. Development of the X – 33 aerodynamic uncertainty model[R]. National Aeronautics and Space Administration, 1998: NASA/TP – 1998 – 206544.

[139] BUSEMANN A, VINH N X, CULP R D. Solution of the exact equations for three-dimensional atmospheric entry using directly matched asymptotic expansions[R]. National Aeronautics and Space Administration, 1976: NASA – CR – 2643.

[140] BOGGS P T, TOLLE J W. Sequential quadratic programming[J]. Acta Numerica, 1995, 4: 1 – 51.

[141] 罗建. 序列二次规划(SQP)算法及其在航天器追逃中的应用[D]. 哈尔滨: 哈尔滨工业大学, 2012.

[142] 渠俊锋. 基于序列二次规划算法的电力系统综合无功优化[D]. 郑州: 郑州大学, 2016.

[143] 王青, 余小光, 乔明杰, 等. 基于序列二次规划算法的定位器坐标快速

标定方法[J]. 浙江大学学报(工学版), 2017, 51(2): 319 - 327.

[144] 郑总准, 吴浩, 王永骥. 基于序列二次规划算法的再入轨迹优化研究[J]. 航天控制, 2009, 27(6): 8 - 13,18.

[145] CUTHRELL J E, BIEGLER L T. Simultaneous optimization and solution methods for batch reactor control profiles[J]. Computers & Chemical Engineering, 1989, 13(1/2): 49 - 62.

[146] ELNAGAR G, KAZEMI M A, RAZZAGHI M. The pseudospectral Legendre method for discretizing optimal control problems[J]. IEEE Transactions on Automatic Control, 1995, 40(10): 1793 - 1796.

[147] BENSON D A. A Gauss pseudospectral transcription for optimal control[D]. MIT: Massachusetts Institute of Technology, 2005: 49 - 55.

[148] HUNTINGTON G T. Advancement and analysis of a Gauss pseudospectral transcription for optimal control problems[D]. MIT: Massachusetts Institute of Technology, 2007: 50 - 85.

[149] ZHANG Y L, HE R Z, XU K C, et al. A new three-dimensional tracking guidance based on full state coupling[C]//Proceedings of IEEE CSAA Guidance, Navigation and Control Conference (CGNCC), 2018.

[150] 王鹏, 刘鲁华, 吴杰. 高超声速飞行器 Terminal 滑模控制系统设计[J]. 航天控制, 2012, 30(5): 9 - 14, 20.

[151] 朱建文, 刘鲁华, 汤国建, 等. 基于反馈线性化及滑模控制的俯冲机动制导方法[J]. 国防科技大学学报, 2014, 36(2): 24 - 29.

[152] SHEN Z J, LU P. Dynamic lateral entry guidance logic[C]//Proceedings of the AIAA Guidance, Navigation, and Control Conference and Exhibit, 2004: AIAA 2004 - 4773.

[153] SHEN Z J, LU P. Dynamic lateral entry guidance logic[J]. Journal of Guidance, Control, and Dynamics, 2004, 27(6): 949 - 959.

[154] 方应纯, 卢桂章. 非线性系统理论[M]. 北京: 清华大学出版社, 2009.

[155] 李翔. 可重复使用飞船再入制导方法研究[D]. 南京: 南京航空航天大学, 2021.

附录 A　CAV – H 模型

本书中的仿真计算均采用 CAV – H 飞行器模型,它由美国洛克希德·马丁公司设计,主要包括总体参数和气动参数。

A.1　总体及气动参数

CAV – H 模型的总体参数如表 A.1 所示,气动参数如表 A.2、表 A.3 所示。

表 A.1　总体参数

质量 M/kg	参考面积 S_r/m^2	参考长度 l/m
907	0.483 9	3.187 7

表 A.2　升力系数(C_L)

$\alpha/(°)$	$5Ma$	$8Ma$	$10Ma$	$15Ma$	$20Ma$	$23Ma$
10	0.425	0.400	0.380	0.370	0.360	0.350
15	0.700	0.670	0.630	0.600	0.570	0.557
20	1.000	0.950	0.900	0.850	0.800	0.780

表 A.3　阻力系数(C_D)

$\alpha/(°)$	$5Ma$	$8Ma$	$10Ma$	$15Ma$	$20Ma$	$23Ma$
10	0.170	0.129	0.109	0.109	0.109	0.109
15	0.263	0.224	0.197	0.195	0.192	0.192
20	0.423	0.354	0.310	0.305	0.300	0.300

在仿真计算过程中,可以根据当前攻角和马赫数对上述数表进行二维插值来求对应的气动参数。

A.2　气动系数拟合

直接插值求气动参数的方法,计算效率低,且不能用于解析预测。根据气动参数表,对阻力系数 C_D 和升力系数 C_L 进行最小二乘拟合,拟合函数采用如下多项式形式:

$$\begin{cases} C_D = d_1\alpha^2 + d_2\alpha + d_3 \\ C_L = l_1\alpha + l_2 \end{cases} \tag{A.53}$$

为验证拟合效果,以 $15Ma$ 为例,C_D、C_L 拟合效果如图 A.1 和图 A.2 所示,可见拟合多项式计算结果较精确,函数形式的选取满足要求。

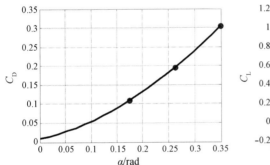

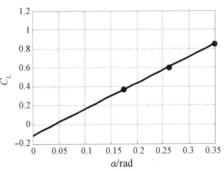

图 A.1　阻力系数 – 攻角拟合曲线　　　图 A.2　升力系数 – 攻角拟合曲线